历史名人的心理传记
PSYCHOBIOGRAPHY OF HISTORICAL CELEBRITIES

◎ 舒跃育 等著

中国社会科学出版社

图书在版编目（CIP）数据

历史名人的心理传记 / 舒跃育等著. — 北京：中国社会科学出版社，2017.9（2019.5重印）
（心理传记学系列）
ISBN 978-7-5203-0809-0

Ⅰ.①历… Ⅱ.①舒… Ⅲ.①人格心理学－研究 Ⅳ.①B848

中国版本图书馆CIP数据核字（2017）第179507号

出 版 人	赵剑英	
责任编辑	黄　山	
责任校对	张文池	
责任印制	李寡寡	
出　　版	中国社会科学出版社	
社　　址	北京鼓楼西大街甲158号	
邮　　编	100720	
网　　址	http://www.csspw.cn	
发 行 部	010-84083685	
门 市 部	010-84029450	
经　　销	新华书店及其他书店	
印　　刷	北京明恒达印务有限公司	
装　　订	廊坊市广阳区广增装订厂	
版　　次	2017年9月第1版	
印　　次	2019年5月第2次印刷	
开　　本	710×1000　1/16	
印　　张	15.5	
字　　数	256千字	
定　　价	62.00元	

凡购买中国社会科学出版社图书，如有质量问题请与本社营销中心联系调换
电话：010-84083683
版权所有　侵权必究

目 录

第一章 .... /1

心理传记的魅力

心理传记是一种什么形式的传记?它与普通传记有何差异?它与心理学又有什么关系?本章拟对心理传记作一个简单的介绍。

第二章 .... /9

爱情在左,婚姻在右
——从心理传记学的视角探析林徽因与徐志摩的感情

"林徽因爱过徐志摩吗?"这是一个一下子难以说清但又的确需要澄清的问题,因为即使给出否定或者肯定的答案,依然会留下丛丛疑云:如果说林徽因爱徐志摩,那她当初为什么选择梁思成而不是徐志摩?如果说纯粹不爱,那么林徽因香山养病期间大量的诗作又说明了什么?林徽因是否爱徐志摩的问题,不仅仅是一个茶余饭后闲聊的话题,而是一个能为人们从一个新的视角重新反思爱情与婚姻关系的问题，爱情到底是不是婚姻的基础，二者之间的关系到底如何？基于对现有史料以及林徽因的诗文、书信的梳理与分析，本章认为林徽因是爱徐志摩的，并且对徐志摩的爱经历了由浅到深的变化。这些变化反映了不同时期林徽因的感情心路。在伦敦的时候，正处于"同一性危机"的林徽因对徐志摩产生了朦胧的爱恋；随着"自我同一性"的获得，林徽因逐渐形成了成熟的爱情观和婚姻观，对徐志摩的爱也渐趋理性；在美国留学期间，遭遇到一系列的变故和"自卑情结"却又强化了林徽因对徐志摩的爱；直至在 1931 年在香山期间，林徽因对徐志摩的爱至为深切，达到了一个顶点。但他们只是在精神上相爱了，外在的压力使得他们到此为止。探析林徽因的心路历程，不难寻出林徽因爱而不择的缘由。对于林徽因来说，爱情和婚姻并不重合。爱情与婚姻就像是两个圆，它们会组合出多种关系，林徽因与徐志摩就是一种"相离"的爱情。而"相离""相切"的这种缺憾的爱情又岂是林徽因一个人呢？

第三章 .... / 39

重瞳子的心灵奈落
——项羽败北的心理传记分析

谈及项羽，总是不由自主地给他贴上英雄的标签。而纵观项羽一生，荣光与悲壮交织、赞叹与唏嘘参半。一代英雄难逃成王败寇的宿命，既是时势所为，更主要是其人格缺陷所致。传统的史学分析只能解释项羽的战略失误、性格的刚愎自用，而通过心理传记分析则可以进一步解释其人格缺陷的根源所在。

目 录

第四章 ...... / 57

行走在分割线上
——对诗仙李白的心理传记分析

作为文人，李白手无缚鸡之力，但在他的诗作中，为什么充满血腥之气？"安能摧眉折腰事权贵，使我不得开心颜。""天子呼来不上船，自称臣是酒中仙。"在我国历史的文人中，李白看似最有"骨气"，他蔑视权贵，这些诗词也常常被后人引用。但是，他为何一生都在表达自己"怀才不遇"的苦闷？如此看来，在江湖之远与庙堂之高中，他的选择并不清晰。本章拟就这两个悬疑性问题进行心理学解析。

第五章 ...... / 73

多尔衮：传奇一生的艰难抉择

多尔衮的一生有三大悬疑点值得深思：第一，多尔衮与皇太极是兄弟、是君臣，曾经因为皇太极，使得多尔衮与帝位失之交臂。可皇太极即位后，多尔衮却表现出对他无限忠诚，那么，多尔衮对皇太极的态度，究竟是"爱"多一点，还是"恨"多一点？第二，多尔衮运筹制胜，入主中原，权倾朝野，称"皇父摄政王"，作为当时清朝的实际掌权者，他随时可以废帝自立，这样，既可以给自己一个更加宽阔的人生舞台，同时也可一解当年皇太极夺权逼母之恨，可他为何始终没有自立为帝？第三，多尔衮拥福临为帝，可"天下只知摄政王不知福临"，多尔衮自己，一方面要求下属不要讨好自己，要尊重皇帝，但他自己又处处表现出对皇帝的僭越，那么，他对福临究竟是服还是不服？本章就从心理传记学的角度来分析和解剖多尔衮传奇一生中的诸多悬疑。

第六章 .... / 109

谁言女子非英物
——武则天行为抉择的心理传记分析

纵观武则天的一生，有三大疑问让人不解：其一，是什么力量驱动弱女子武则天在当时的社会中成就如此霸业？其二，一个手无缚鸡之力的弱女子，究竟是凭借着什么到达了权力的顶峰？其三，武则天当女皇如果说是对男权的蔑视，但她为什么不选择传位于女儿？在经历了那么多的苦难，辛辛苦苦建立了一个属于自己的大周王朝的武则天，到最后为何把江山及朝政归还于李唐王室？又为何丢弃能让她无限荣耀的皇帝之名，以皇后及李家媳妇的身份留于后世？本章拟从心理学角度对这些问题进行解答。

第七章 .... / 139

我是人间惆怅客
——关于纳兰容若的心理传记分析

一个生在富贵之家的人，感慨自己"不是人间富贵花"；一个满清王朝的权贵，却流连于江南落魄汉族文人之中；一个敢爱敢恨却最终孤寂一生的人，他的人生实在让人费解。本章主要分析纳兰容若的这三个悬疑性问题。

目 录

第八章 .... / 169

不死鸟与逝去的红尘
——浅析三毛之死

对大部分人而言,死亡是不可预测的,因为人们既不知道何时在何地以何种方式离开这个世界,也不知道将去往何处。同时,死亡后的世界永远是未知的,它将人置于一种极端的不确定性之中,同时还包括对此前个体所有努力的彻底否定—此前所有的过错,都有重新来过的机会,但死亡则拒绝给予一切以机会,让一切回归到零,因此一旦想到死亡,恐惧油然而生,故而物皆恋命。然而有一些人,总会因为各种原因去主动拥抱死亡。但无论如何,自杀的人总是极少的一部分,自杀者总会为自己寻找充分的提前离开这个世界的理由。但如果有一个人,在没给任何离开的理由就离开了,我们作何理解呢?本章拟对三毛之死进行心理传记分析。

第九章 .... / 187

六合八荒 谁能与之
——千古一帝秦始皇的心理传记分析

昔日邯郸流浪儿,如何成为统一六国的千古一帝,其心理动力何在?作为我国封建王朝的缔造者和始皇帝,史书中为何没有关于其皇后的记载?是没有立皇后,还是疏忽了记录?本章通过对秦始皇的心理传记分析,来回答这两个问题。

第十章 .... / 219

"编制内"的编外人
——关于蒋廷黻入教动机的心理分析

蒋廷黻作为中国近现代史上的风云人物，在中国大陆却鲜有人问津。目前中国大陆只有张玉龙教授对于蒋廷黻的政治思想有比较系统的研究，其他均集中于其他国家和地区，以美国为甚。蒋廷黻入教是其人生中的一件较为重要的事情，然而遗憾的是，在这些为数较多的研究中缺乏对于蒋廷黻入教动机的系统性研究，而入教动机却对了解蒋廷黻有重要意义。本章将心理学知识与史料相结合，可以使蒋廷黻入教动机和人格进一步明晰化。

参考文献 / 233

后　　记 / 238

第一章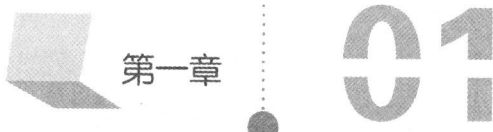

心理传记的魅力

导读：心理传记是一种什么形式的传记？它与普通传记有何差异？它与心理学又有什么关系？本章拟对心理传记作一个简单的介绍。

第一章 心理传记的魅力

心理学专业的人都会被问这样的问题——"你是搞心理学的,你知道我心里想什么吗?"很显然,我们对这个问题的回答总是不能让人满意,但我们也总会给出一大堆的解释,旨在说明"心理学是关于……的科学,而不是读心术"。我们总是理所当然地认为,"你知道我心里在想什么吗?"这个问题属于"心里"而非"心理"。我们把前者归于"常识心理学",把后者视为"科学心理学",但问题在于,如果关于"心里"的问题都不属于心理学的话,那么我们还能把什么归于心理学呢?其实,当人们在问这个问题时,我们完全可以把问题用另外一种方式进行表述,即"你认为我打算干什么?"(对行为的预测)甚至可以进一步表述成"你知道我为什么这么做吗?"(对行为的理解)这类问题。这样问题就很清楚了,人们想知道,心理学能否有效地理解和预测人的行为,心理学是如何探测人类动机的,并且人们一直把对行为的理解和预测当作心理学的分内之事。既然物理学能够解释并预测运动,如果说心理学不能解释和预测人的行为,或者不能"读"心的话,那么,心理学能干什么?换句话说,如果说心理学不解决动机问题的话,心理学能对我们的生活有多大的指导意义?事实上,心理学不仅能够"读"心,能通过对个人人格的系统分析有效地预测其行为,并且已经在这方面作出了巨大的成绩。其中,第二次世界大战期间,服务于美国战略情报局的心理传记学家兰格博士对希特勒心理状况的系统分析就曾对于解释这位战争狂人的基本动机和行为模式,预测战争的发展态势,为尽快平息战争作出了卓越贡献。

希特勒常常让人们捉摸不定,而正是这种捉摸不定,让人们在"第二次世界大战"中作出许多错误的判断。最初,人们还饶有兴趣地看着他的表演。许多人以"他不可能长久"为由而对他的所作所为不加以严肃对待,这种养虎为患的态度最终使这场消遣变成一场前所未有的灾难。事实上这场灾难最初并不明显,那时候希特勒只是兵不血刃地占领了大片土地并征服了大量的人民。而世界却误以为他那只是虚张声势并厌倦了他的威胁时,他却发动了历史上最残忍和最具有破坏性的战争——它险些葬送了我们全部的文明。当战争拉开以后,许多人还天真地以为纳粹德国的疯狂行为只是希特勒的个人行为,以为如果能以某种有效的方

历史名人的心理传记

式（比如暗杀）除掉这个魔头，那么世界将恢复和平。于是，刺杀行动一次又一次地展开，幸运的是这些行动并没有成功——之所以说幸运，是因为人们在缺乏对希特勒的心理动力结构进行有效的分析之前，并不理解如果刺杀希特勒成功只会让整个局势更加糟糕。而另外一些人则轻信了希特勒的承诺并保持中立，其结果是在毫无戒备中让希特勒大获其利。那些寄希望于依靠谈判解决争端的人也高明不到哪里去，因为他们都不了解希特勒的人格和战争的根本动机。

最终，血的教训告诉了我们，如果不了解战争发起者的人格和心理发展历程，我们就不可能对战争做出正确的判断，因而也不可能以有效的方式平息战争。在1943年，兰格博士通过历时一年的研究，为美国军方提供了一份秘密报告，对希特勒的心理状态进行了系统而专业的分析，并对其未来的行为和战争的结束方式进行了精确的预测[①]。在提交这份报告的时候，兰格非常遗憾地说，如果关于希特勒的研究能提前几年进行，那么可能就不会有慕尼黑事件，甚至整个世界的历史都要改写。兰格的遗憾充分表达了这样的观点：在当今复杂的政治格局中，由于技术不断进步，革命和独裁者会越来越多，因而威胁世界和平的潜在因素也就越来越多。这时，如果我们的领袖把全部的信任都交给某些外交官的个人判断或新闻记者的报道，这势必非常危险。在当前的形势下，我们需要专业的心理学家对那些敌对势力的领导人的心理状况的系统分析，才可能提高我们领导人判断的可靠性。事实上，美国曾因为对心理学家的作用不够重视吃过大亏。在1950年秋天，美国政府无视中国政府的警告——中方表示，如果美国继续干涉朝鲜，中国将可能动武。但麦克阿瑟将军在仁川的胜利和当时中国国困民乏的局面让杜鲁门总统觉得中国只是在虚张声势。于是，美国政府对中国的警告充耳不闻。试想，如果当时美国采纳了兰德公司基于对毛泽东的心理传记研究所提出的建议的话（兰德公司认为，中国会出兵朝鲜），那么他们完全可能做出正确的决策。同样，如果他们曾经注重对斯大林的人格进行心理传记分析，那么完全可能产生一个完全不同的《雅尔塔宣言》；对吴庭艳的人格的研究完全可能避免让美国深

---

① 这份报告已通过著作出版，中文版参见［美］兰格《希特勒的心态：战时秘密报告》，程洪雁译，中央编译出版社 2011 年版。

深陷入越南战争；对本·拉登的心理动力的分析就可能避免"9·11"的惨剧……

心理学的研究不能直接解决国际问题，但它却能通过对我们谈判的领导人的心理学因素的了解而避免犯下重大的错误。尽管和平与发展的主题已经成为全世界的共识，民主化进程也在各国不断推进，但是我们不得不面对一个事实——恰如心理学家所阐明的那样——尽管历史按照自己的逻辑向前推进，但历史在具体时空中的表现形式却取决于个别的天才领导人。因此，在当今的世界格局中，缺乏对他国重要领导人人格的专业心理学分析，我们很难做出正确的判断。为了让我们在重大决策中的判断更加准确，我们需要来自跨学科专业人士的精诚合作、专业系统的分析和谨慎的推测。因此，类似于兰格博士所作出的通过间接资料对他国领导人的专业心理传记分析和行为预测研究应该被提到前所未有的高度，以尽可能降低影响和平与发展的潜在危险因素。

可以说，心理学就是通过对人类动机的探析而实现对人性的解释，并因此而服务于人类的，比如，通过对可能影响世界格局或进程的政治家的分析，为促进世界和平而做出贡献。倘若通过改变与某些个别领导人的对话方式，就可能改变历史的进程的话，那么，在历史的演进过程中，是否可以说伟人的作用更大？历史到底是人民大众在书写还是伟人在书写？

简单地说，历史就是对人类发展轨迹的记录。但这个记录并不是像记流水账一样，而是以某些人物或事件而展开的。翻开记录我华夏数千年历史的《二十五史》，从《史记》一直到《清史稿》，这一系列延绵数千年的历史典籍，无一例外地以"纪传体"的方式在书写。换句话说，记录中国几千年历史的文本，事实上就是无数伟人传记的集成，因此，从某种意义上讲，历史就是伟人传记。我们在通过传记书写历史，那么我们为什么需要心理传记？

心理传记学旨在剖析"非凡人物"的心路历程同其人生成就间的关系，运用心理学理论通过传主的幼年经历解释其人格的形成，通过其人格解释成年后的重大抉择，特别是那些让我们难以理解的"悬疑性"问题——它关乎历史人物最隐秘的一面。因此，心理传记区别于仅仅停留在叙述层面的传统传记，它试图借助于透析人性的诸多成果特别是心理学理论，来反思每个独立的生命个体在时间维

历史名人的心理传记

度上的连续性和因果关系，让我们能触摸到一个个可以学习和借鉴的历史伟人。

人类用历史特别是传记来书写人类的共同记忆，来塑造人类自身的形象，并为社会中的个体塑造自身形象时提供模板，因此，阅读传记是青年人自我完善的重要途径。大部分年轻人，特别是有抱负的年轻人都喜欢阅读名人传记。名人，或以他们独到的思想认识而为往圣继绝学，或因他们卓越的军事才能而力挽狂澜，或因他们杰出的政治功勋而兴微继绝，或因他们天才的艺术才能而丰富我们的在世生活……无论他们建立的是哪种功业，抑或制造某种祸端，无论是他们推进了人类的进步，抑或引发了历史的倒退，毫无疑义的是，他们都以自己独特的方式、个性化的人格和能力极大地影响甚至改变了历史的进程和时代的步伐。他们的名字被载入史册，或流芳百世，或遗臭万年。因此，名人，无论是名垂千古的英雄人物（如诸葛亮），还是遗臭万年的时代败类（如汪精卫），他们都不属于"普通人"，因而都可列入"非凡人物"的行列。如果说人民群众推动了历史的进步，或者说人民群众为历史的前进提供了原动力，那么，这些影响时代进程"非凡人物"们的思想气质和行为决策则以时代精神的形式调节着历史前进的方向。这就是说，人民群众只是历史列车的发动机，而"非凡人物"则构成时代列车的掌舵人；人民群众推动着历史的进步，可在那些关键的历史转折点，则是非凡人物在把握历史前进的方向。如果说，历史的蓝图为"非凡人物"所擘画，历史的车轮随着"非凡人物"的思想演进，历史的路径为"非凡人物"所谱写……甚至历史本身，就是一部对"非凡人物"的生命叙事，那么，历史，本身就构成了"非凡人物"的传记，而构成历史的这些传记，就其本质而言，都是为表达对非凡人物的"非凡"的惊叹。因为正是这些"非凡人物"，决定着历史的方向和人性的向度。因此，通过阅读传记，对于处于"同一性危机"阶段的青年人来讲，对于引导青年人塑造完整的人格来讲，对于建构他们自己的生命故事来讲，有着重要的意义。然而遗憾的是，传统的传记大多出于史学家和文学家之手，在这类传记中，主人公总是高高在上、遥不可及，他们一出生就为某种光环所环绕，至于他们之所以能建功立业，则大都通过传记作家们天才的艺术笔触和浪漫手法所演绎，因此，伟大的传主们总是离我们"普通人"很遥远。而我们想知道的是,那些"非凡人物",特别是杰出人物,是否是芸芸众生中的一员?在名不见经传的小人物和成就人物之间,能否存在一座自我实现的桥梁?

另外,传统的传记大多只能处于对传主所经历的事件的描述层面上,它们对于这些事件的原因往往无能为力。即使那些给出的解释,往往也处于主观的推测,一家之言而已。那么,能不能通过系统的研究,通过可靠有效的方法清晰刻画出伟人们的真实生命历程呢?通过这个历程的刻画,我们可以更为深刻地了解究竟是什么样的幼年经历、人际际遇、重大生活事件、核心情结、原型情境影响了传主们的心理发展历程,从而造就了他的独特个性和具体历史条件下的行为决策?如果以诸葛亮为例,对于这个幼年失怙、履历战乱的人,究竟是什么力量造就了后来的千古贤相的呢?是什么力量让他在诸路军阀中选择了势力最单薄的刘备?又是什么力量让他在时机非常不成熟的时候坚持北抗曹魏?很显然,对于那些决定历史进程和时代命运的"非凡人物",我们需要有更加深入和系统的研究。对他们的研究,不仅仅是为了了解历史,更是为了了解共有的人性,是为了了解我们每一个自己。

为了解决这两个问题,心理传记学就应运而生了。一方面,心理传记学将通过科学和系统的分析,试图对传主的人生阅历、心理发展和重大行为决策进行深入的阐释,从而实现对人本身的更深刻的认识,以回答"人格心理学中的人去哪里了"之问;另一方面,心理传记学试图通过对"非凡人物"的心路历程的剖析,分析像诸葛亮、朱元璋、刘邦、希特勒、多尔衮、武则天、秦始皇这样的政治人物,像三毛、李白、玛格丽特、巴里等文学家,分析像弗洛伊德、荣格、埃里克森、奥尔波特、斯蒂文森这样的心理学家,发现他们的幼年成长经历同其人格之间的关系,分析其人格与其行为抉择间的关系,并进一步分析其行为抉择与其人生成就间的关系。客观和系统的分析将使我们认识到,对于这些"非凡人物"中的成就人物而言,他们的幼年也是如此的平凡,但他们青少年阶段的某些性格因素却造就了他们成年后的卓越,于是,普通人与伟人间的界限由此划开。因此,通过分析伟人们幼年的成长对其心理动力结构的影响,将对于理解这些独特生命的形成原因有着重要的意义。通过心理传记学,我们不仅要在普通人和成功人士之间架起一座桥梁，让我们任何一个有梦想的青年人都看到，"人人皆可为尧舜"。同时，我们还要打破这样一个迷信，那就是——学心理学的不知道你心里想什么。心理学至少应该通过对别人行为的理解去理解人性，来理解我们自己，理解我们身边的每一个人。

让我们每个平凡的人，都能经由心理传记学这座精神的桥梁，走向人性的辉煌。

第二章 02

爱情在左,婚姻在右
——从心理传记学的视角探析林徽因与徐志摩的感情

导读："林徽因爱过徐志摩吗？"这是一个一下子难以说清但又的确需要澄清的问题，因为即使给出否定或者肯定的答案，依然会留下丛丛疑云：如果说林徽因爱徐志摩，那她当初为什么选择梁思成而不是徐志摩？如果说纯粹不爱，那么林徽因香山养病期间大量的诗作又说明了什么？林徽因是否爱徐志摩的问题，不仅仅是一个茶余饭后闲聊的话题，而是一个能为人们从一个新的视角重新反思爱情与婚姻关系的问题，爱情到底是不是婚姻的基础，二者之间的关系到底如何？基于对现有史料以及林徽因的诗文、书信的梳理与分析，本章分析了林徽因对徐志摩的感情变化，同时也从心理学角度阐释了不同时期林徽因的感情心路。在伦敦的时候，正处于"同一性危机"的林徽因对徐志摩产生了朦胧的情愫；随着"自我同一性"的获得，林徽因逐渐形成了成熟的爱情观和婚姻观，对徐志摩的情感也渐趋理性；在美国留学期间，遭遇到一系列的变故和"自卑情结"却又强化了林徽因对徐志摩的情感；直至1931年在香山期间，林徽因对徐志摩的情感至为深切，达到了一个顶点。但他们只是在精神上产生共鸣了，外在的压力使得他们到此为止。探析林徽因的心路历程，不难寻出林徽因不择的缘由。对于林徽因来说，情感与婚姻就像是两个圆，它们会组合出多种关系，林徽因与徐志摩就是一种"相离"的情感，而"相离""相切"的这种缺憾的情感又岂是林徽因一个人呢？

第二章　爱情在左，婚姻在右

在民国名人中，徐志摩与林徽因的情感广为人知而又扑朔迷离。林徽因爱过徐志摩吗？这是人们长期以来一直争论不休的问题。自20世纪90年代以来，关于林徽因的传记作品层见叠出，对林徽因与徐志摩的情感一事学界也是各持己见。综合目前这些名目繁多的林徽因传，作者们对于"林徐"之恋的态度，在这些传记作品中展露无遗。

多有详述林徽因与徐志摩的"康桥之恋"，以及后来徐志摩的"穷追不舍"的，如《一代才女林徽因》（林杉著，作家出版社1993年版，后再版易名为《林徽因传》）、《骄傲的女神林徽因》（丁言昭著，上海书店出版社2002年版）、《林徽因》（张清平著，百花文艺出版社2002年版）等。但对于林徽因与徐志摩在香山期间的密切交往以及彼此的感情发展，上述等作品并未多加关注并引以为深究。此外，著名学者韩石山、陈子善诸先生也认为林徽因是爱过徐志摩的。韩石山先生撰文《林情徐爱有多深》，依据史料对此问题加以剖证。近年来也有不少关于"林徐"之恋的相关论文，如《徐志摩、林徽因恋情新证》（王正：《浙江社会科学》2007年3月第2期），《超现实的爱情对话——论林徽因的爱情诗创作》（卢文丽：《广播电视大学学报（哲学社会科学版）》2012年第1期）等，这些论文虽从不同角度对"林徐"之恋进行探讨，加以论证，但却缺乏对林徽因心路历程的分析揣摩和心理传记学视角的探究。

当然，对"林徐"之恋持否定态度的，也不乏其人。比如在林徽因研究方面较有影响力的陈学勇先生和林徽因的长子梁从诫先生等。陈学勇先生在林徽因的研究方面成果卓著，对林徽因的作品、书信整理方面有重要的贡献，但在和众多持异议者的笔伐之中，或为坚守自己的观点，对"林徐"之恋的态度渐趋偏激，对林徽因书信中对于徐志摩感情的流露缺乏客观分析，认为林徽因对徐志摩从未动情[①]，这不是很有说服力。

[①] 参见陈学勇、王一力《徐志摩、林徽因"恋情"考辨》，《上海大学学报》（社会科学版）2002年第5期。

历史名人的心理传记

林徽因生前的好友、美国学者费慰梅[①]著的《梁思成与林徽因——一对探索中国建筑的伴侣》（中国文联出版社1997年版），由于出自于作者的亲身经历，史料翔实，被众多林徽因传记作品所引用。此外，也有《林徽因》（河北教育出版社2003年版）、《一个真实的林徽因》（东方出版社2005年版）、《客厅内外，林徽因的情感与道路》（东方出版社2011年版）等传记作品对"林徐"之恋的态度较为中立客观，值得参阅。但美中不足的是，这些作品对于"林徐"之恋模糊的态度让读者对这段历史难以有清晰的认识。

"林徐"之恋绝非一些作品所渲染的那般缠绵悱恻，似如目睹；也并非如陈学勇先生所言林徽因对徐志摩从未生情。那么林徽因对徐志摩的感情态度究竟是怎样的呢？从1932年（当时徐志摩已经遇难）林徽因致胡适信中的内容，可能对我们有所启发。

> 我觉得这桩事人事方面看来真不幸，精神方面看来这桩事或为造成志摩为诗人的原因，而也给我不少人格上知识上磨炼修养的帮助，志摩 in a way（从某方面）不悔他有这一段苦痛历史，我觉得我的一生至少没有太堕入凡俗的满足，也不算一桩坏事。志摩警醒了我，他变成一种 Stimulant（激励）在我生命中，或恨，或怒，或 Happy 或 Sorry，或难过，或苦痛，我也不悔的，我也不 Proud（得意）我自己的倔强，我也不惭愧。我的教育是旧的，我变不出什么新的人来，我只要"对得起"人——爹娘、丈夫（一个爱我的人，待我极好的人）、儿子、家族等，后来更要对得起另一个爱我的人，我自己有时的心，我的性情便弄得十分为难。前几年不管对得起他不，倒容易——现在结果，也许我谁也没对得起，您看我多冤！
>
> 我自己也到了相当年纪，也没有什么成就，眼看得机会愈少——我是个兴奋型的人，靠突然的灵感和神来之笔做事。现在身体也不好，家常的负担也繁重，真是怕从此平庸处世，做妻生仔地过一世！我禁不住伤心起来。想

[①] 费慰梅（Wilma Canon Fairbank，1909—2002），美国人，著名汉学家，研究中国艺术和建筑的学者。美国汉学大师费正清的夫人，曾任美国驻华大使馆文化参赞，是梁思成和林徽因的好友。

到志摩今夏的 inspiring friendship and love（富于启迪性的友谊和爱）对于我，我难过极了。这几天思念他得很，但是他如果活着，恐怕我待他仍不能改的。事实上太不可能。也许那就是我不够爱他的缘故，也就是我爱我现在的家在一切之上的确证。志摩也承认过这话。①

在这封信中，林徽因说："这桩事人事方面看来真不幸，精神方面看来这桩事或为造成志摩为诗人的原因，而也给我不少人格上知识上磨炼修养的帮助。"那这桩"人事"是什么呢？什么样的人事看起来是不幸的，但却促使徐志摩成为了诗人？结合前后发生的一些事情，这显然是指他们之间这段没有结果的恋情了。林徽因又说："志摩in a way不悔他有这一段苦痛历史，我觉得我的一生至少没有太堕入凡俗的满足，也不算一桩坏事。"林徽因的意思是与徐志摩的这场没有结果的恋情使她没有变的"凡俗"，同时也在人格和知识上得到了提升。在谈完徐志摩在她生命中的重要性之后继而又写道："我只要'对得起'人——爹娘、丈夫（一个爱我的人，待我极好的人）、儿子、家族等，后来更要对得起另一个爱我的人。"在这里她告诉胡适她要对得起除了爹娘、丈夫、儿子、家族之外另一个爱她的人！这个人是谁呢？综合全信语境，这人就是徐志摩。信的最后林徽因又写道："想到志摩今夏的inspiring friendship and love（富于启迪性的友谊和爱）对于我，我难过极了……也许那就是我不够爱他的缘故。"林徽因用了两个英文词组"inspiring friendship"和"love"，前者是指徐志摩在学识方面的影响，而后者"love"则是在感情上的了。最后，林徽因明确地说自己"不够爱他"，并且"爱我现在的家在一切之上"。那可以说明，林徽因是爱徐志摩的，只是在爱的程度上没有爱自己家庭深而已。这也是林徽因爱情观与婚姻观的直接体现。对于林徽因来说，徐志摩是她的爱情，而梁思成则是她的婚姻。在她的心里，爱情始终是难以超越婚姻的。

林徽因写这封信的时候，徐志摩已经去世快两个多月了。古人讲盖棺定论，

---

① 林徽因著，陈学勇编：《林徽因文存：散文·书信·评论·翻译》，四川文艺出版社2005年版，第73、74页。

林徽因的这封信无疑是对她与徐志摩感情的一个最终判定。那么，在与徐志摩相互交往的十余年中，林徽因对徐志摩的感情心路究竟是怎样的？林徽因为什么最终没有选择徐志摩呢？下文将对林徽因与徐志摩的交往过程进行梳理，以此来管窥林徽因的心态变化。

一 雾都初恋——"自我同一性"的混乱

众所周知，林徽因与徐志摩相识于英国伦敦。1920年，十六岁的林徽因与父亲林长民前往欧洲游历。由于林长民需要在伦敦工作，林徽因和父亲便暂住伦敦。在此期间，正在伦敦大学经济学院学习的徐志摩结识了林长民，两人成为忘年交。徐志摩大林徽因八岁，当时在父母之命下已与张幼仪结婚。从小就接受了西方自由民主婚恋观念的徐志摩，对这种传统的包办婚姻极为不满，并且认为张幼仪是"乡下土包子""观念守旧，没受教育"[1]。徐志摩曾对张幼仪说"要做中国第一个离婚的男人"[2]。

随着父亲与徐志摩的交往，十六岁的林徽因与徐志摩逐渐熟悉起来。弗洛伊德认为十六岁正处于身心剧变的两性期（the genital stage）。"这一时期的心理能量主要投注在形成友谊，生涯准备，示爱及结婚等活动中。"[3] 此时的林徽因渴望爱情，害怕孤寂。二十年后的林徽因是这样回忆她那时的心境的：

> 差不多二十年前，我独自坐在一间顶大的书房里看雨，那是英国不断的雨。我爸爸到瑞士国联开会去，我能在楼上嗅到顶下层楼下厨房里炸牛腰子和咸羊肉，到了晚上又是在顶大的饭厅里（点着一盏灰暗的灯）独自坐着，垂着两条不着地的腿和刚刚垂肩的发辫，一个人吃饭一面咬着指头哭，——闷到

---

[1] 张邦梅：《小脚与西服》，台湾智库股份有限公司1997年版，第94页。
[2] 同上书，第105页。
[3] 李晓东、孟威佳编：《发展心理学》，北京大学出版社2013年版，第30页。

第二章　爱情在左，婚姻在右

实在不能不哭！理想的我老希望着生活有点浪漫的发生，或是有个人叩下门走进来坐在我对面同我谈话，或是同我同坐在楼上炉边给我讲故事，最要紧的还是有个人要来爱我。我做着所有女孩做的梦。①

这是抗战期间林徽因写给沈从文的一封信。信中描述了她在伦敦时期切身的感受。它真切地表达了林徽因当时的心境——异国他乡的孤寂、苦闷，和所有那个年龄的女孩子一样渴求爱情，而徐志摩的出现恰恰填补了她内心的寂寞。

她的好友费慰梅回忆说："我有一个印象，她是被徐志摩的性格、他的追求和他对她的热烈感情所迷住了。""她爱慕着他，并对他打开她的眼界，唤起她的新的感情和向往充满感激，这是毫无疑问的。"②

张幼仪后来也回忆道："那时，伦敦到沙士顿之间的邮件送得很快，所以徐志摩和他的女朋友至少每天都可以鱼雁往返，他们的信里写的是英文，目的就是预防我碰巧发现那些信件。"③他们的感情也在这种密切的交往中迅速升温。

林徽因在1932年致胡适的信中也是这样写的："一方面，我又因为也是爱着康河的一个人，对康河英国晚春景子有特殊情感的人。"④1921年4月和5月，正值晚春时节，徐志摩转入剑桥大学王家学院。在此期间，徐志摩曾写下《我所知道的康桥》《再别康桥》等众多散文诗歌。诸多迹象表明，信中林徽因所指"爱着"的那个人就是徐志摩。

可以看出，十六岁的林徽因的确是对徐志摩产生了朦胧的爱恋。这种爱恋不仅仅是对于徐志摩单纯的爱恋，不仅仅是出于两性之间的，更多的是源自于青少年期的"自我同一性危机"的解决，因此，林徽因对徐志摩的依恋可能是因为徐志摩在此时恰能担当林徽因整合理想自我的合理榜样。埃里克森认为："在12岁

---

① 林徽因著，陈学勇编：《林徽因文存：散文·书信·评论·翻译》，四川文艺出版社2005年版，第91、92页。
② [美]费慰梅：《梁思成与林徽因——一对探索中国建筑的伴侣》，曲莹璞、关超译，中国文联出版社1997年版，第15、16页。
③ 张邦梅：《小脚与西服》，中国台湾智库股份有限公司1997年版，第134页。
④ 林徽因著，陈学勇编：《林徽因文存：散文·书信·评论·翻译》，四川文艺出版社2005年版，第74、75页。

历史名人的心理传记

到20岁之间,青少年面临职业选择、交友、承担社会责任等方面问题。由于他们不能肯定自己是什么样的人,于是产生了'我是谁'的疑问。在自我探索的过程中,如果能将在自己各方面的角色同一起来,就会顺利地度过青春期,否则就会感到迷惘、痛苦。"[1] 林徽因此时正处于同一性危机时期,这个时期,由于自我意识的觉醒,她需要通过身边的榜样不断建构自己的未来形象,而这位比自己年长八岁的兄长就扮演了这样一个角色。尽管也不排除此时也包含少男少女之间的那种彼此的爱慕,但从林徽因单方而言,此时的爱恋并不全是因为徐志摩本人而引起的,实质上只要是一个较为成熟优秀的男子都会使林徽因产生这样的情愫,只不过徐志摩恰好出现在这个时期罢了。

在彼此交往了约两个月之后,徐志摩向林徽因写信求爱,却被林长民父女婉拒了。从一封1920年12月1日林长民写给徐志摩的信中可以知晓。信的原文如是:

> 志摩足下:长函敬悉,足下用情之烈,令人感悚,徽亦惶恐不知何以为答,并无丝毫 mockery(嘲笑),想足下误解耳。星期日(十二月三日)午饭,盼君来谈,并约博生夫妇。友谊长葆,此意幸亮察。敬颂文安。弟长民顿首,十二月一日。徽因附候。[2]

从"徽亦惶恐不知何以为答,并无丝毫mockery(嘲笑),想足下误解耳"中可看出,当时的林徽因面对徐志摩如此热烈的表白不知如何去面对,试图有所回应,但被徐志摩误解了。面对如此局面,父亲林长民只好出面邀徐志摩见面长谈。信中末尾写道"友谊长葆,此意幸亮察",委婉地拒绝了徐志摩。

徐志摩才华出众、风流倜傥,与林长民又是忘年之交,对林徽因情深意切,并且,他们的交往也有一段时间了,按理来说,徐志摩与林徽因的情感发展应该是水到渠成的事。但当徐志摩真情表白的时候,为什么林氏父女要婉拒呢?仔细

---

[1] 李晓东、孟威佳编:《发展心理学》,北京大学出版社2013年版,第31页。
[2] 韩石山:《林徐情爱有多深——从史料看林徽因与徐志摩的爱情》,载《中华读书报》2000年5月31日。

剖析当时林家的家庭环境、林长民的婚姻经历以及婚恋观,林徽因的幼年经历以及当时的社会背景,不难体会林氏父女拒绝的缘由。

在赴欧洲游历之前,林长民就有让女儿与梁启超的长子梁思成结为连理的想法。早在林徽因十四岁的时候,林长民就与梁启超相识了。"1919年,两个年轻人被'正式介绍'认识了……尽管两位父亲都赞成这门亲事,但最后决定还得由他们自己来做主。"① 所以当徐志摩向林徽因求爱时,林长民从心底已经有了人选。他觉得徐志摩和爱女谈一谈恋爱是可以的,但毕竟徐志摩比自己女儿大八岁,并且已为人夫、为人父,谈婚论嫁还是不适合的。

另外,林徽因幼年的经历,是她不会优先选择徐志摩的重要因素之一,与她拒绝徐志摩有很大的关系。林长民有一妻二妾。由于发妻叶氏不能生育,林长民娶了林徽因的母亲何雪媛。她生了三个孩子,除了林徽因,其他的都夭折了。何雪媛是商人之女,文化程度不高,又没有生下男孩,所以不被包括林长民在内的林家人喜欢。林长民后来又娶了第二房妾程桂林,她为林长民生了一女四子。"这第二个妾和她的孩子们是住在他们北京家里一个很大的前院里。这里充满了快乐的孩子们的喧闹。徽因和她母亲则住在后面一个较小的院子里。徽因的母亲对第二个妾则是满怀嫉妒……林徽因对母亲的愤怒表示同情,同时她又爱着父亲,并且明知道他也爱着她。"② 林徽因就是在对母亲的同情和对父亲的深爱中长大的。

幼年的经历在林徽因的心里留下了难以磨灭的记忆,随着年龄的增长,这段幼年的创伤性记忆被重新建构和创生,记忆里包含了对女人命运的同情与无奈,同时也包含着试图破译女人宿命的努力。一个女人,一方面要让自己的命运掌握在自己手里,但与此同时,也不能将自己的幸福建立在牺牲另一个女人的基础上。而对林徽因幼年而言,母亲的不幸是与另一个女人有关,是另一个女人导致了母亲的不幸,因为这个女人的出现,母亲被人"遗弃"。于是,女人给女人带

---

① [美]费慰梅:《梁思成与林徽因——一对探索中国建筑的伴侣》,曲莹璞、关超译,中国文联出版社1997年版,第13页。
② 同上书,第12页。

来的伤害，就构成了林徽因潜意识中一根敏感的神经。心理学认为："成年的各种行为特征、处事方式以及成人为了适应自己所生活的社会环境而遇到的困难，往往都起源于童年的生活经历与遭遇。"[①] 在幼年所受到的各种生活经历与遭遇中，父母和家庭的影响尤为重要。很显然，从林徽因的幼年经历来看，"遗弃"是触发她早年伤痛的导火索，在未来的生活中，只要这根导火索被触发，她就会重新感受到幼年被压抑到潜意识中的痛苦。

在伦敦的时候，徐志摩为了她而不惜与张幼仪离婚，这让她难以接受，因为张幼仪的痛苦与早年母亲的感受是一致的——因为一个女人，而让另一个女人被"遗弃"，林徽因不能忍受的是，自己就是给另一个女人带来悲惨命运的那个人。

费慰梅后来回忆说："徐志摩对徽因说他想离婚，并向她求婚。徽因爱慕和景仰志摩，他打开了徽因的视界，唤起徽因的新感情和新向往，徽因当然也充满了感激。至于婚姻呢？思成曾亲口对我说，不管这段插曲造成了什么困扰，但这些年徽因和她伤透了心的母亲同住，使她一想起离婚就恼火。在这起离婚事件中，一个失去爱情的妻子被抛到一旁，而她自己却要去顶替她的位置。徽因不能想象自己走进一种人生的关系，竟使她自然联想到母亲一样的羞辱。"[②] 很显然，在徐志摩离婚的事件中，林徽因幼年被遗弃的导火索被重新触发，她不愿意成为被遗弃的对象，因而也不愿意成为别人被遗弃的原因。童年复杂而又不美满的家庭环境的影响成为林徽因不能接受徐志摩的一个重要因素。

此外，林徽因所受的家庭、学校、社会教育也影响着她。她曾说："我的教育是旧的，我变不出什么新的人来。"[③] 处于"同一性危机"时期的青少年会有追求独立的倾向，会建立起自己的伙伴关系，变得独立自主。随着年龄的增长，林徽因有追求自由恋爱的勇气，但她也无法冲破来自家族、社会的束缚

---

① 梅珍兰：《童年的意义、困境与出路》，《全球教育发展》2013 年第 3 期。
② ［美］费慰梅：《梁思成与林徽因——一对探索中国建筑的伴侣》，曲莹璞、关超译，中国文联出版社 1997 年版，第 16 页。
③ 林徽因著，陈学勇编：《林徽因文存：散文・书信・评论・翻译》，四川文艺出版社 2005 年版，第 73、74 页。

与无形的制裁。美国著名心理学家威廉·麦独孤曾解释说：婚姻制度和父母义务都伴随着最严肃的社会制裁。随着睿智的远见在调节本能活动中力量的增加及习惯的形成，自我中心的冲动必然会压制父母本能的运作。因而，社会的制裁也会变得更加强有力[①]。

如果林徽因当时选择了徐志摩，这种传统的观念会使她饱受来自社会、家族等各方面的压力。单是社会上的流言蜚语，她都是难以承受的。举一例来说，在徐志摩离世之后，有关徐志摩日记的纠葛引发了"八宝箱"事件。"八宝箱"是徐志摩保存他自己的日记、书信的箱子。徐志摩交给好友凌叔华保管。徐志摩遇难后，林徽因通过胡适向凌叔华索要徐志摩遗留的日记，凌叔华交出了"八宝箱"，但仍留有一册林徽因想要的《康桥日记》。经过胡适再三催要后，凌叔华交出了此册日记，但并不完整，日期只截止到徐志摩认识林徽因之前。为此林徽因大为恼火。

胡适1932年1月21日的日记中记载："为了志摩的半册日记，闹得北京满城风雨，闹得我在南方也不得安宁，今天日记到了我的手中，匆匆读了，才知此中果有文章。"[②] "此中果有文章"至少可以说明，徐志摩在日记中确实记载了许多不为人知的事情，而这些事情就是林徽因坚持索要"八宝箱"的原因。她担心《康桥日记》中有关记载他们亲昵的言语抑或是行为，在社会上被添油加醋地流传，以至于被认为是她造成了徐志摩婚姻的不幸。她担心别人认为林徽因不但拆散了徐志摩的家庭，而且在徐志摩为了林徽因离婚之后又拒绝了徐志摩。单是一部徐志摩的日记就闹得满城风雨，更不要说其他的呢！这种来自各方面的传统婚恋观的压力，也是造成了林徽因当时爱而不择的一个原因。

再者，此时的林徽因对徐志摩的依恋还没有特别强烈，如同"小荷才露尖尖角"般，对徐志摩的情感并不深切。当受到来自父亲、家庭、社会等各方面因素负面性影响的时候，只好毅然退却。

1921年10月，林徽因父女回国。回国后林长民希望与梁启超把梁思成和林徽

---

① ［美］威廉·麦独孤：《社会心理学导论》，俞国良，雷雳，张登印译，北京大学出版社2011年版，第132、133页。
② 胡适著，曹伯言编：《〈胡适日记〉全编（六）》，安徽教育出版社2001年版，第172页。

因的婚姻关系确定下来。"徽因和她的父亲于1921年下半年回国又把徽因和思成的婚姻问题重新提了出来。"[①] 但梁启超认为趁孩子们还年轻,学业为重,婚事不宜过急,这样也好让孩子们的感情自然发展。此后林徽因和梁思成在两家的许可下开始交往,并且关系迅速升温。

1923年5月,梁思成因参加游行被车撞伤,林徽因常去看望和照顾他,彼此畅谈,给梁思成宽心。"林徽因每天坐在梁思成床边,安慰他,和他谈心或开玩笑,还用湿毛巾给梁思成擦汗,当时正值夏天,梁思成有时热得只穿一件背心,而林徽因就坐在他的床边。"[②] 林徽因的这种颇为开放的行为使梁启超夫人李蕙仙感到震惊。也就在这个时候,受林徽因影响,梁思成决定要学建筑。林徽因在英国伦敦住留期间,受到她的房东——一位女建筑师的影响,对建筑产生了浓厚的兴趣。[③] 车祸导致梁思成的腿部残疾,却使他们的感情日益深厚。

这时的林徽因已是桃李年华,处于"同一性的巩固时期"。"寻找职业道路,发展与伴侣的亲密关系,形成与家庭联系的新方式,发展一切有意义的价值观以带到成年的生活之中"[④],通过这些方式,林徽因已经逐渐走出了"同一性危机",并在与梁思成的交往中获得了她的感情、理想、人格的同一性。

离了婚的徐志摩对林徽因仍是锲而不舍。"据说当时梁思成和林徽因常在北海公园的快雪堂松坡图书馆相聚,徐志摩常借故去凑热闹,梁思成不堪其扰,特意在门上贴了一张纸条,上写'Lovers want to be left alone'(情人不愿受干扰)。"[⑤] 梁启超担心徐志摩这样意气用事会对徐志摩本人以及林梁两家造成负面影响,因此他曾致信劝诫徐志摩。信中说:"万不能以他人之痛苦,易自己之快乐,弟之此举,其于弟将来之快乐能得与否殆茫然如捕风,然先已予多数人无

---

① [美]费慰梅:《梁思成与林徽因——一对探索中国建筑的伴侣》,曲莹璞、关超译,中国文联出版社1997年版,第20页。
② 丁言昭:《骄傲的女神林徽因》,上海书店出版社2002年版,第26页。
③ 田时雨:《一个真实的林徽因》,东方出版社2005年版,第12页。
④ 周天梅:《论自我的发展——青少年发展心理学研究》,西南交通大学出版社2007年版,第372页。
⑤ 高文翔:《无辜的爱 幸运的诗——林徽因与徐志摩的爱情经历及爱情诗写作》,《广东培正学院学报》2011年第1期。

量之痛苦。"① 而徐志摩却一意孤行，回信说："我将于茫茫人海中访我唯一灵魂之伴侣；得之，我幸，不得，我命，如此而已。"②

面对徐志摩的一片痴情，林徽因并不是无动于衷的。

1923年12月，林徽因发表了她的译作《夜莺与玫瑰》，这是一篇英国文学家王尔德的著名童话故事。作品主要说的是一个年轻人爱上了一个女孩，想和她跳舞。女孩答应了他，但条件是要他采得一枝红玫瑰。寒冷的冬天，根本就找不到红玫瑰。年轻人因为采不到红玫瑰而伤心欲绝，这时候被一只夜莺看到了。它为年轻人的痴情所打动，决定亲自去采到一枝红玫瑰，来帮助这个年轻人实现他的爱情之梦。它一遍遍地寻找，然而一遍遍地失望。最后找到了一棵红玫瑰树，可是玫瑰树却拒绝了夜莺，并告诉它：只有用它的胸膛顶住玫瑰树上的一根刺来唱歌，唱上整整一夜，并要用它胸中的鲜血来染红玫瑰，才可以有红玫瑰。夜莺同意了玫瑰树的要求，但它让那个年轻人答应它，要他做一个真挚的恋人。当这个年轻人带着夜莺用生命换来的玫瑰去见心爱的女孩的时候，却遭到了女孩的拒绝。年轻人的爱情瞬间就被碾碎了，随手也丢弃了夜莺用生命换来的玫瑰！在这个故事中，只有夜莺是相信爱情的，为了爱情，它勇敢地付出了生命。

故事中所表达出的爱情观对当时的林徽因应该有极大的触动，否则她也不会心血来潮地去翻译。故事中与现实中的人有着怎样对应关系？唯一区别的是，现实中的人，一直没有丢掉这枝用生命换来的玫瑰。这种"爱是不求回报的付出，极尽所能的给予，即使是无望，也要坚贞不渝地对待"的爱情观与徐志摩的表现非常契合，在追求林徽因的过程中，徐志摩正是只求努力、不求结果。但是，爱情并不等于婚姻，爱情观的契合并不一定代表婚姻观念的一致。那么，在翻译这本书的过程中，林徽因感受到的是什么呢？她的感受，对后来徐林二人的关系有何影响呢？

在这一点上，林徽因深受父亲的影响。父亲林长民的婚姻并不幸福。前文已述，林长民虽有一妻二妾，但两妾是在不得已的情形下再娶的。再娶的程桂林

---

① 陈从周：《徐志摩：年谱与评述》，上海书店出版社2008年版，第31页。
② 同上。

也只是略通文字。林长民渴望真正的爱情，这在他为数不多的文章《致仲昭书》（有著作亦称为《一封情书》）中有着清晰的体现。缘此，他对"恋爱"与"婚姻"也有过深入的思考。他曾作《恋爱与婚姻》一文，文中表达了他对这一问题的看法。他认为："这种用情缠绵婉转处叫作情结，或是断的，或是续的，都算是爱情。"[①]对于婚姻，他则认为："婚姻问题，关系社会经济的状况，财产的制度，也极重大。"[②]林长民的婚恋观对于林徽因有着潜移默化的影响，此时的她对这一问题也有了自己的认识。徐志摩的紧追不舍并没有改变林徽因的最终态度，但林徽因的内心世界却是复杂的，表面的平静掩盖了内心翻滚的波涛。

著名诗人泰戈尔无意间成为了这段单恋的见证。1924年4月泰戈尔访华期间，林徽因常伴左右，而徐志摩担任泰戈尔的翻译。与林徽因的频繁接触使徐志摩爱火难熄。"在频繁的接触中，徐志摩对林徽因的爱情之火又开始复燃，他私下告诉泰戈尔他热爱着林徽因，泰戈尔曾代为求情，但没有使林徽因回心。"[③]泰戈尔也很无奈，他留下了一首诗："天空的蔚蓝/ 爱上了大地的碧绿/ 他们之间的微风叹了一声/ '唉'！"

二 留美三载——频遭变故形成"自卑情结"

1924年6月，林徽因和梁思成赴美国宾夕法尼亚大学攻读建筑学。此后，他们在美国留学三年。这三年，是林徽因与梁思成学有所成的三年，也是他们感情磨合的三年，更是林徽因心力交瘁的三年。

早在梁思成遭受车祸住院期间，梁思成的母亲李蕙仙对林徽因的一些做法就十分不满（上文已述），认为林徽因不懂礼节，过于新潮。加上和徐志摩在泰戈

[①] 陈新华：《林徽因》，河北教育出版社2003年版，第52页。
[②] 同上。
[③] 高文翔：《无辜的爱　幸运的诗——林徽因与徐志摩的爱情经历及爱情诗写作》，《广东培正学院学报》2011年第1期。

第二章　爱情在左，婚姻在右

尔访华期间的种种传言，让李蕙仙对这桩亲事极为反对。"梁思顺在给梁思成的信中屡屡谈及对林徽因的不满，导致梁思成和林徽因无形中要承受很大压力。"[①] 1924年，梁思成的母亲去世，这种压力有所减轻。

但另一件更大的压力却又降临到了林徽因的身上，这就是父亲的意外去世。1925年12月24日，林长民在参与郭松龄反对张作霖的战争中遭流弹击中，不幸身亡。父亲的死对林徽因打击非常大，她几次想要放弃学业回国。由于梁启超在精神上的慰藉和经济上的支持，林徽因才得以坚持下来。

在林徽因的早年经历中，父亲在她生命中扮演极其重要的角色。父亲林长民是一个有政治抱负的人。他"两度赴日留学，攻政法，毕业于早稻田大学。回国积极倡导宪政，曾担任民国参议院、众议院秘书长和段祺瑞政府司法总长"。[②] 林长民的遇难也与他积极参加反对张作霖的战争有关。可以说林长民一生都在追求他的政治理想。

"他发起组织了'共和建设讨论会'，拥戴流亡日本的梁启超为领袖，并促他回国。在他看来，只有梁启超才配做改革时代的领袖。从此，他与梁启超引为知己，共同为建设一个民主共和的国家而奋斗。"[③] 因此，林长民想与梁家结为秦晋之好。"他们想用启超家的爱子思成和长民家的爱女徽因之间的婚姻把两家进一步连接在一起，这个想法是毫不奇怪的。"[④] 因此，甚至可以说与梁启超结为亲家也渗透着林长民的政治因素。

由于林长民没有嫡长子，而传统中国人对长子，尤其是嫡长子特别重视。所以在林长民心中，林徽因扮演了嫡长子的角色，背负着林家的诸多期望。林长民在许多方面都对林徽因刻意加以培养。林徽因十四岁的时候，林长民就写信给林徽因说："每到游览胜地，悔未携汝来观，每到宴会，又幸汝未同受困也。"[⑤]

---

① [美]费慰梅：《梁思成与林徽因——一对探索中国建筑的伴侣》，曲莹璞、关超译，中国文联出版社1997年版，第30页。
② 陈学勇：《才女的世界》，昆仑出版社2001年版，第199页。
③ 张红萍：《林徽因画传——一个纯美主义者的激情》，二十一世纪出版社2005年版，第20页。
④ [美]费慰梅：《梁思成与林徽因——一对探索中国建筑的伴侣》，曲莹璞、关超译，中国文联出版社1997年版，第12页。
⑤ 陈学勇：《才女的世界》，昆仑出版社2001年版，第201页。

历史名人的*心理传记*

在与父亲同赴欧洲游历之前，林长民就告诉她携她赴欧游历的原因："我此次远游携汝同行。第一要汝多观览诸国事务增长见识，第二近我身边能领悟我的胸次怀抱……第三使汝暂时离去家庭烦琐生活，俾得广大眼光养成将来改良社会的见解和能力。"① 父亲的引导和培养，使林徽因逐渐拥有不同于一般小女子的宽阔的视野和宏大的志向。

在民国时代，林徽因能选择学习建筑学，这个在国外都很少有女子学习的专业（注：林徽因赴美国宾夕法尼亚大学攻读建筑学时，当时的宾大就不招女生）就可以看出林长民对女儿的期望；亦可看出，林徽因内化了父亲的这种潜移默化的培养，不仅如此，她甚至内化了父亲的男性品质，以至于她终身所从事和追求的事业通常都只能由男性担任。

可以说，在林徽因身上体现出了较多的阿尼姆斯（animus）——女性身上所表现出的男性气质。荣格认为：如男人的阿妮玛（男性身上的女性品质）性格由其母亲为其构形一样，对于女人的阿尼姆斯产生决定影响的是她的父亲。她的阿尼姆斯转化为一种难能可贵的内心伴侣赋予她男性的特征，给予她创造能力、勇气、客观态度和精神智慧。② 在父亲在世的时候，林徽因无论是管理家务，还是游历欧洲；无论是选择职业还是选择爱情，她性格中的阿尼姆斯一直在发挥着作用。

但父亲的突然离世，让她有种寄人篱下的自卑感(the Sense of Inferiority)。加之梁家人又不喜欢自己，这让林徽因感到痛苦无助。阿德勒认为每个人存在着不同程度的自卑感。"当一个人面对一个他无法适当应付的问题时，他表示自己根本无法解决这个问题，他就会表现出自卑情结。"③ 如今父亲离世，留下来一大堆后事要办理，而她远隔重洋，孤身一人，这种自卑情结使她变得敏感而又倔强。"因为自卑感会给人带来巨大的压力，所以他们就会用一种优越感来释放自己。"④ 因此她常和梁思成吵架、发生矛盾。她用这种"优越感"来补偿自己心

---

① 陈学勇：《才女的世界》，昆仑出版社2001年版，第201、202页。
② ［瑞士］荣格：《潜意识与心灵成长》，张月译，上海三联书店2009年版，第165页。
③ ［奥地利］A.阿德勒：《超越自卑》，徐家宁、徐家康译，吉林人民出版社2007年版，第36页。
④ 同上。

中的自卑感。"上大学的头一年，徽因和思成之间经历了感情的斗争，有时竟爆发为激烈的争吵。他们二人脾气秉性很不相同，在结婚之前的这段时间里需要好好进行调整。"①梁启超在致梁思顺的信中这样写道："今年思成和徽因已在佛家的地狱里待了好几个月。他们要闯过刀山剑林，这种人间地狱比真正地狱里的十三拷问还要可怕，但如果能改过自新，惩罚之后便是天堂。"②

又一件使林徽因黯然神伤的事，来自大洋彼岸的徐志摩。在遭受林徽因的拒绝后，徐志摩转而追求京城名媛陆小曼。彼时陆小曼已是他人之妻，徐志摩无所顾忌地追求，闹得沸沸扬扬。后如徐志摩所愿，陆小曼和丈夫离了婚，并于1926年10月3日在北京与徐志摩再婚。

徐志摩和陆小曼结婚，证婚人是胡适苦苦说情才勉强答应的梁启超。

在证婚时，梁启超对这对新婚夫妇毫不客气，极为严厉地说："徐志摩，你这个人性情浮躁，所以在学问方面没有成就。你这个人用情不专，以致离婚再娶。以后务要痛改前非，重新做人！""徐志摩、陆小曼，你们听着！你们都是离过婚，又重新结婚的，都是过来人！这全是由于用情不专，以后要痛自悔悟，希望你们不要再一次成为过来人。我作为你徐志摩的先生——假如你还认我为先生的话——又作为今天这场婚礼的证婚人，我送你们一句话，祝你们这是最后一次结婚！"③第二天，梁启超专门给远在海外的儿女们写了封信，并在信后附上了这段训词。

梁启超将这段训词附在给林徽因等子女的信上，本是对梁思成、林徽因等子女的一种诫训。可林徽因更关忧的是徐志摩的境况——他担负着来自家庭、师长、朋友，以及社会各方面的压力。尽管这与自己并无直接的关系，但林徽因还是不免感到隐隐的内疚。

接二连三的压力向她袭来，在这种孤立无助的情况之下，林徽因写信给当时

---

① [美]费慰梅：《梁思成与林徽因——一对探索中国建筑的伴侣》，曲莹璞、关超译，中国文联出版社1997年版，第30页。
② 丁文江、赵丰田编：《梁启超年谱》，1925年7月10日，上海人民出版社2009年版，第676、678页。
③ 刘炎生：《绝代才女林徽因》，广州出版社2000年版，第52页。

*历史名人的*心理传记

在美国讲学的胡适。信中如是说:"我这两年渴望北京和最近惨酷的遭遇给我许多烦恼和痛苦。"① 1927年3月15日,林徽因在一封写给胡适的信中,其中一段谈到了徐志摩:

> 请你告诉志摩,我这三年来寂寞受够了,失望也遇多了,现在倒能在寂寞和失望中得自慰和满足。告诉他我绝对的不懂他,只有盼他原谅我从前种种的不了解。但是路远隔膜误会是在所不免的,他也该原谅我。我昨天把他的旧信一一翻阅了,旧的志摩我现在真真透彻的明白了,但是过去的算过去,现在不必重提了,我只永远纪念着。②

这段话充分展现了林徽因生活中接连叠踵的遭遇强化了她对徐志摩的怀念。

然而,这依旧没有改变林徽因的选择。梁思成殊人的才华、宽厚的性格,对林徽因深深的爱以及异国他乡的相互扶持都在逐渐化解着他们之间的隔阂。时人曾拟了一副对联来调侃梁思成对林徽因的用情至深——"林小姐千装万扮始出来,梁公子一等再等终成配"。③他们两家的父辈关系,以及梁启超对她的关爱等都使林徽因与梁思成的婚事水到渠成。梁启超在林长民离世后不仅料理了林长民的后事,还照顾林长民的眷属。在对待林徽因上,如同对待自己的女儿一般,在经济上给予支持,在精神上给予慰藉,这让林徽因重新获得了"父爱",表现出了对父爱的"移情"(Transference)。弗洛伊德认为移情是指"患者把分析者看成自己童年或者过去某一重要人物的再现或化身,结果无疑把用于原型的感情和反应用于分析者身上,分析者通常被患者当成自己的父亲或母亲"④。林徽因在梁启超"父爱"的关怀下,逐渐走出了阴影,正如梁启超所言,他们从"刀山剑林"上下来之后便进入了"天堂"。

---

① 林徽因著,陈学勇编:《林徽因文存:散文·书信·评论·翻译》,四川文艺出版社2005年版,第63页。
② 同上。
③ 田时雨:《一个真实的林徽因》,东方出版社2005年版,第53页。
④ 熊哲宏:《心灵深处的王国——弗洛伊德的精神分析学》,湖北教育出版社1999年版,第167页。

1927年夏天，林徽因从宾夕法尼亚大学美术学院毕业。

1928年3月，林徽因和梁思成结婚，之后前往欧洲度蜜月兼参观游览。同年8月，夫妻俩途经苏联回国。

三　香山诗恋——潮落又潮起

林徽因夫妇回国后，受聘于东北大学建筑系。1929年1月19日，梁启超在北京逝世；8月，林徽因生下女儿梁再冰。由于过分劳累，加之对东北寒冷气候的不适应，1930年秋，林徽因病倒了。徐志摩得知这一情况后专程赶到沈阳看望，并劝其回北平治病。1931年2月，林徽因的病情加重，经诊断是肺病，按医嘱，必须停下工作静养半年。是年3月，林徽因到北京香山养病，而梁思成因东北大学建筑系的事务仍须在沈阳工作。

从1931年的3月到9月，林徽因在香山养病长达半年，这期间徐志摩常往探视。徐志摩给陆小曼的信中写道："此次相见与上回不相同，半亦因为有浮言，格外谨慎……如今徽因偕母挈子，远在香山，音信隔绝，至多等天好时，与老金、奚若等去看她一次（她每日只有两个钟头可见客）。"[1]徐志摩还常和林徽因的堂弟林宣一起去探望。"徐志摩挑选了一些书带给林徽因看，探视期间谈论最多的是拜伦、雪莱、勃朗宁和他们的作品。他们白天在一起聚谈讨论、用餐，晚上徐志摩和林宣就住到附近的甘露旅馆。"[2]随着交往的频繁，双方关系又密切起来。

他们彼此谈论诗歌、文学、艺术、人生，这对林徽因在诗歌、小说创作上的影响极大。可以说林徽因文学创作的开始是在香山养病的这半年（现存的林徽因文学作品中，在此之前只有一篇译作《夜莺与玫瑰》）。她的好友费慰梅曾回

---

[1] 徐志摩：《爱眉小札》，北方妇女儿童出版社2010年版，第157、158页。
[2] 高文翔：《无辜的爱　幸运的诗——林徽因与徐志摩的爱情经历及爱情诗写作》，《广东培正学院学报》2011年第1期。

历史名人的心理传记

忆:"在多年之后听她(引者注:她指林徽因)谈到徐志摩,我注意到她的记忆总是和文学大师们联系在一起——雪莱、基兹、拜伦、曼斯菲尔德、弗吉尼亚、沃尔夫以及其他人!在我看来,在林徽因的挚爱中徐志摩可能承担了教师和指导者的角色,把她导入英国诗歌和戏剧的世界,以及那些把他自己也同时迷住的新的美、新的理想、新的感受!"[1]

在这半年的时间里,林徽因共创作了九首诗歌(《谁爱这不息的变幻》《那一晚》《笑》《深夜里听到乐声》《情愿》《仍然》《激昂》《一首桃花》《山中一个夏夜》)和一篇小说《窘》。约半年的时间里创作出这么多的作品,而且大部分是爱情诗,这在林徽因的创作历程中是没有过的。那么在此时期的林徽因为什么会有如此密集的诗歌创作呢?诗作可以说是一种精神上的表达,精神上的需要。心理学认为"需要"一旦被人所意识,就会以动机的形式表现出来。人的精神需要有两种:一种是生理性欲望满足的精神补偿,另一种是文化性欲望满足的精神补偿。[2] 身出名门,受过良好教育的林徽因创作的动机倒不是出于后者,更多的是来自于生理性欲望满足的精神补偿。而这些诗歌的创作与徐志摩频繁地探望、接触,彼此交流畅谈有极大的关系。

从一个十六岁的女孩到如今为人妻、为人母,林徽因不能不感慨这世事的变化。这从林徽因现存的第一首诗中就可以看出。林徽因的第一首诗,是写于1931年4月12日的《谁爱这不息的变幻》。这首诗以"徽音"为笔名,发表在当年徐志摩主编的《诗刊》第二期上。

谁爱这不息的变幻,她的行径?/催一阵急雨,抹一天云霞,月亮,/星光,日影,在在都是她的花样,/更不容峰峦与江海偷一刻安定。/骄傲的,她奉着那荒唐的使命:/看花放蕊树凋零,娇娃做了娘;/叫河流凝成冰雪,天地变了相;/都市喧哗,再寂成广漠的夜静!/虽说千万年在她掌握中操纵,/她

---

[1] [美]费慰梅:《梁思成与林徽因——一对探索中国建筑的伴侣》,曲莹璞、关超译,中国文联出版社1997年版,第15页。
[2] 朱寿心:《文艺心理发生论——人文视野中的心理学研究》,吉林人民出版社2009年版,第25页。

第二章　爱情在左，婚姻在右

不曾遗忘一丝毫发的卑微。/难怪她笑永恒是人们造的谎，/来抚慰恋爱的消失，死亡的痛。/但谁又能参透这幻化的轮回/谁又大胆地爱过这伟大的变幻？①

这首诗里，林徽因塑造了许多冷漠的"意象"，把"不息的变幻"比作是一个女子，来感叹岁月变幻，世事无常；"看花放蕊树凋零，娇娃做了娘；/叫河流凝成冰雪，天地变了相；/都市喧哗，再寂成广漠的夜静"。"意象以其显象性和表意性的有机统一来实现其近乎概念的表达作用。"②依此，这些意象具有暗示性和象征性。林徽因叹息"难怪她笑永恒是人们造的谎，来抚慰恋爱的消失，死亡的痛"。这里"死亡的痛"是暗指梁启超的去世，那"恋爱的消失"应该是指她与徐志摩曾经的康桥之恋了。最后她又反问："谁又大胆地爱过这伟大的变幻？"

弗洛伊德认为，艺术作品之所以具有吸引力，就是因为它既不损害内心的"超我"，又和"自我"甚至"本我"相协和。艺术的形式只是隐秘个人性欲得以满足的过度物，形式之下或者背后的内容才是真正使人得到快乐的情绪对象。任何艺术形式都透露着掩饰着变了形的欲念。因而对艺术作品的符号加以剖析，最终都可以达到艺术家艺术深层的内容。③在林徽因的这些诗作里是可以寻找出隐秘在她内心深处的一些情愫。

在同期的《诗刊》上，林徽因又以"尺棰"为名发表了《那一晚》：

那一晚我的船推出了河心，/澄蓝的天上托着密密的星。/那一晚你的手牵着我的手，/迷惘的星夜封锁起重愁。/那一晚你和我分定了方向，/两人各认取个生活的模样。/到如今我的船仍然在海面飘，/细弱的桅杆常在风涛里摇。/到如今太阳只在我背后徘徊，/层层的阴影留守在我周围。/到如今我还记着那一晚的天，/星光、眼泪、白茫茫的江边！/到如今我还想念你岸上的耕种：

---

① 林徽因：《花开一季，暖到落泪——最美人间四月天》，福建人民出版社2012年版，第5页。
② 朱寿心：《文艺心理发生论——人文视野中的心理学研究》，吉林人民出版社2009年版，第232页。
③ 同上书，第37、38页。

历史名人的心理传记

/红花儿黄花儿朵朵的生动。那一天我希望要走到了顶层,/蜜一般酿出那记忆的滋润。/那一天我要跨上带羽翼的箭,/望着你花园里射一个满弦。/那一天你要听到鸟般的歌唱,/那便是我静候着你的赞赏。/那一天你要看到零乱的花影,/那便是我私闯入当年的边境!①

这一首诗是追忆他们分手的"那一晚"。尽管有许多林徽因的传记作品里都记载着在1924年6月赴美留学的前夜,林徽因曾约徐志摩详谈两人的感情之事,但是却缺乏确凿的史料印证,但从这首诗中可以端倪出他们两人确实曾谈分手的事宜。

诗中林徽因回忆道:"那一晚你和我分定了方向,/两人各认取个生活的模样。"这是分手的情形,现在呢?"到如今我的船仍然在海面飘,/细弱的桅杆常在风涛里摇。/到如今太阳只在我背后徘徊,/层层的阴影留守在我周围。"这是一种"想象"的手法。"想象作为人的一种心理活动,同时或直接或间接地关联着人的欲望表达,人的伦理诉求,人的审美情趣。也就是说,想象对于人的生活世界来说,它既是超越性的意识现象,又是现实性的意识现象。"②从这种想象中可以说明,现在的她生活并不快乐,内心还有期盼和徘徊。但她是不会忘记与徐志摩曾经的爱恋——"到如今我还记着那一晚的天……到如今我还想念你岸上的耕种"。最后一节,林徽因的笔调明显变得欢快了。"那一天我希望要走到了顶层,……那便是我私闯入当年的边境!"最后一句"那便是我私闯入当年的边境"含蓄地承认了当初与徐志摩恋爱的往事。

这首诗既可以证明她与徐志摩曾经的情感,又可以体现出当时林徽因伤感、无奈而又喜悦甜蜜的矛盾心境。同样体现这种心境的还有林徽因在1931年9月《新月诗选》上发表的《深夜里听到乐声》。诗中写道:"一声听从我心底穿过,/忒凄凉。/我懂得,/但我怎样应和?/生命早描定她的式样,/太薄弱,/是人们的美丽

---

① 林徽因:《花开一季,暖到落泪——最美人间四月天》,福建人民出版社2012年版,第8页。
② 朱寿心:《文艺心理发生论——人文视野中的心理学研究》,吉林人民出版社2009年版,第94页。

第二章　爱情在左，婚姻在右

的想象。/除非在梦里有这么一天，/你和我，/同来攀动那根希望的弦。"①

诗中作者无奈地哀叹"你"的爱意，"我懂得，但我怎样应和?生命早描定她的式样，太薄弱"。即使生命如此无奈，但还是有希望的。林徽因笔锋一转——"除非在梦里有这么一天，/你和我，/同来攀动那根希望的弦"。这首诗表达了她对现实的无奈感和宿命感，同时又有不失希望的幻想。

林徽因又以"尺棰"为笔名，在1931年9月的《新月诗选》上发表了《仍然》。在《仍然》中，她深情地写道："你的眼睛望着我，不断地在说话；/我却仍然没有回答，一片的沉静/永远守住我的魂灵。"②

这首诗的诗名就比较耐人寻味，"仍然"？"仍然"什么呢？仔细一读，方才知晓彼此仍然还是爱着对方。而她两次用的笔名也很有考究。"'尺棰'的内涵比较隐晦，有'短鞭鞭打'之意，其中的'尺'是长度单位，起偏正作用，用以限说'棰'之木棍之短，而'棰'又同'箠'，意谓'鞭子'或'鞭打'。"③从这个笔名中透露出的是林徽因面对一份情感的苦楚与彷徨，以及所忍受的痛苦。虽然彼此相爱，可是现实无法成就。双方都已有归属，只能理智地相爱，理智地去表达、去倾诉彼此的情感。

不单是林徽因，徐志摩也选择了用诗这种隐晦而又明朗的方式，在1931年《诗刊》第3期上，徐志摩专门为林徽因写了一首《你去》：

你去，我也走，我们在此分手，/你上哪一条大路，你放心走，/……等你走远了，我就大步向前，/这荒野有的是夜露的清鲜;/也不愁愁云深裹，但须风动，/更何况永远照彻我的心底;/有那颗不夜的明珠，我爱你!④

很显然，徐志摩的《你去》是对林徽因《那一晚》的应和。他不要彷徨，让

---

① 林徽因：《花开一季，暖到落泪——最美人间四月天》，福建人民出版社2012年版，第10页。
② 同上书，第15页。
③ 索斌：《试论林徽因的情诗心迹及其意象对象》，《延边大学学报》（社会科学版）1999年第3期。
④ 徐志摩、林徽因：《你我相逢在黑夜的海上——徐志摩林徽因诗歌精选集》，新世界出版社2011年版，第171页。

*历史名人的*心理传记

林徽因"放心走",他不会去在现实中纠缠的。但他却又直白地向她表示"我爱你"!于是她便在无奈中又写下了《情愿》(也载于1931年9月《新月诗选》)。在《情愿》中,林徽因写道:

> 忘掉曾有这世界;有你;/哀悼谁又曾有过爱恋;/落花似的落尽,/忘了去/这些个泪点里的情绪。/到那天一切都不存留,/比一闪光,一息风更少/痕迹,你也要忘掉了我/曾经在这世界里活过。

这首《情愿》用极其悲伤的笔调诉说自己"情愿"忘掉对方,也不忍受现实的折磨。既然木已成舟,覆水难收,那就忘掉彼此吧。"当时林徽因得了不治之症(当时肺结核被认为是不治之症),为此她才用《情愿》近答和遥答徐志摩为她而写的《你去》及《偶然》,请他也要忘掉自己曾在这世界里活过。"[①]

被学界研究最多的一首,是这首《别丢掉》:

> 这一把过往的热情/现在流水似的/轻轻/在幽冷的山泉底,/在黑夜,在松林,/叹息似的渺茫,/你仍要保存着那真!/一样是月明,/一样是隔山灯火,满天的星,只使人不见,/梦似的挂起,/你向黑夜要回/那一句话——你仍得相信山谷中留着/有那回音!

诗的最后一句"你问黑夜要回/那一句话——你仍得相信山谷中留着/有那回音!"中的"回音"谐音"徽因"。"那一句话"即徐志摩的诗《你去》中那句"我爱你"。"据蓝棣之先生考证,此诗作于徐志摩去世的后一年,只是到了1936年才发表!"[②]

此外林徽因还写了短篇小说《窘》。在这篇小说中,她描写了一个独居北京、

[①] 索斌:《试论林徽因的情诗心迹及其意象对象》,《延边大学学报》(社会科学版)1999年第3期。
[②] 转引自卢文丽《超现实的爱情对话——论林徽因的爱情诗创作》,《广播电视大学学报》(哲学社会科学版)2012年第1期。

三十四岁的大学教授"维杉"对他朋友十六岁的小女儿"芝"的爱。这是林徽因在小说方面的初次尝试。她细腻地描述了维杉在优雅聪慧的"芝"面前一系列窘迫的形象和心态。林徽因写这篇小说,其实是旨在向徐志摩进行委婉的解释,解释当年婉拒徐志摩的原因。小说里维杉教授的"窘"实指自己当年面对徐志摩的求爱"惶恐不知何以为答"的"窘"。

综合林徽因在香山养病期间所写的这些诗作,可以确定这些诗作都是写给徐志摩的。诗作中大量运用了"你""我""这""那"这样的指示代词。"'你''我''这''那'之类的语词一般用于对话的语境,便于诗人倾吐内心真实的情感,揭示潜在的心理秘密。"[1]

林徐二人的情感只是停留在精神上的、心灵上的。也就是说,林徽因用诗歌理性而又真切地表达出了对徐志摩的情感,同时又表达出现实对于彼此的无奈、伤感。

有人认为诗歌、小说是一种抽象的、模糊的文学表达方式,并不一定能真实反映出作者的真实情感。但可以确定的是,对于诗歌创作,林徽因最讲求真实,最讲求"诚"。这在她的《文艺丛刊小说选》题记、《究竟是怎么一回事》《唯其是脆嫩》等文艺评论文章中说得很清楚。她说:"作品最主要处是诚实。诚实的重要还在题材的新鲜、结构的完整、文字的流丽之上。即是作品需诚实于作者客观所明了,主观所体验的生活。小说的情景即使整个是虚构的,内容的情感却全得力于迫真的、体验过的情感,毫不能用空洞虚假来支持着伤感的'情节'!"[2] 她是这么理解"诗"的:诗是"内心流动的情感穿过繁复的意向时,被理智所窥探而由直觉和意识分着记取的符录"[3],写诗要"忠于情感,又忠于意象,更忠于那一串刹那间内心整体闪动的感悟"[4]。林徽因是用她所倡导的创作

---

[1] 卢文丽:《超现实的爱情对话——论林徽因的爱情诗创作》,《广播电视大学学报》(哲学社会科学版)2012年第1期。
[2] 林徽因著,陈学勇编:《林徽因文存:散文·书信·评论·翻译》,四川文艺出版社2005年版,第73、144页。
[3] 同上。
[4] 同上。

理论来评价文学作品的，当然，她也使用她所倡导创作理论来创作的。自然，她的诗作对于窥探其内在情感世界是有帮助的。

1931年9月，林徽因结束了在香山的静养。时值"九一八"事变前夕，梁思成辞去东北大学建筑系的职务回到北京。这一年11月19日，徐志摩为听林徽因的讲座，因所搭乘的飞机失事而遇难。徐志摩遇难后林徽因悲痛欲绝，托梁思成在事发地取得飞机残骸一块悬于卧室之中，终年不去。林徽因也多次写文章悼念徐志摩，比如著名的《悼志摩》《悼念志摩去世四周年》等。她的好友费慰梅回忆说林徽因"从来没有停止说话来思念他"！[①]

当惊闻徐志摩失事遇难噩耗的时候，林徽因心里是有说不出的自责。尽管这并不是她的过错，但她的潜意识里认为造成徐志摩并不幸福的婚姻并不是与她没有关系，她与徐志摩的命运似乎存在着千丝万缕却又说不清的联系。或许正因为康桥的那段并不完美的"人事"，使得徐志摩的命运开始转变。而徐志摩恰恰又是为了听她的讲座才去北京的，谁知却是一场空难呢。在此之后，徐志摩的死一直是她心中的一个阴影，成为她心中难解的一个"十字架"。这从徐志摩去世一年后，她给胡适的信中就可以看出："我今年入山已有月余，触景伤怀，对于死友的悲念，几乎成个固定的咽梗牢结在喉间，生活则仍然照旧辗进，这不自然的缄默像个无形的十字架，我奇怪我不曾一次颠仆在那重量底下。"[②]正因为对徐志摩的愧疚与自责，这才有开篇至胡适的信中所说的"要对得起另一个爱我的人"。

四 结语

回首来看林徽因与徐志摩的长达十余年的情感，可以看出，林徽因对徐志

[①] [美]费慰梅：《梁思成与林徽因——一对探索中国建筑的伴侣》，曲莹璞、关超译，中国文联出版社1997年版，第74页。
[②] 林徽因著，陈学勇编：《林徽因文存：散文·书信·评论·翻译》，四川文艺出版社2005年版，第76页。

摩的感情经历了这么几个阶段：处于"同一性对角色混乱"时期，对徐志摩是一种朦胧的爱恋，这种爱恋只是填补了她内心的空白，并没有更加深刻地爱上徐志摩；在与梁思成的交往中逐渐建立同一性，并对爱情与婚姻有了理性的思考；留美时期因为彼此巨大的变故，遭受到心理创伤而加深了对徐志摩的情感以及对这段旧情的怀念；香山养病的时候，面对十多年的情感过往，深入的交流使彼此对对方有了更为深入的了解，在这个过程中，他们以诗歌为媒，彼此倾诉衷肠，达到了精神上的共鸣。

林徽因与徐志摩的情感留下了有缘无分的缺憾，但是在缺憾之中又包含着必然的因素。"爱情心理学上有一个公式，初恋成功率与初恋激发阈成正比。激发阈即激起初恋的内外刺激强度，主要由评价爱情价值的理智水平P值所决定。"[1] 林徽因与徐志摩的情感，更多的是由于文艺兴趣这种不稳定的易冲动的情感而产生的，作为理智水平的P值较低，因此不容易成功。

有人认为："爱情是一种男女之间的心理感受，属于主观的范畴，具有感性、随意性、易变性、隐私性，尤其是多样性的特点……作为一种男女之间相互作用的特殊心理感受，爱情大体上可以表现为两种典型的状态：浪漫的爱和伴侣之爱。"[2] 林徽因与徐志摩就属于"浪漫的爱"，而林徽因与梁思成则属于"伴侣之爱"。"浪漫的爱具有可遇不可求，易变不稳定，自然也就是不太持久，不怎么可靠的感情。"[3]

当时林徽因与徐志摩所处的时期，正是新文化运动时期。这是一个思想文化社会各方面急剧转变的时期。人们在婚姻、家庭等多方面的观念不断地被冲击改变。梁启超就认为他理想中的婚姻制度是："由我留心观察一个人给你们介绍，最后的决定在于你们自己。"[4] 梁启超对儿女的婚恋态度与传统相比，已经有了很大的进步，但仍有父母干涉的余痕。

人们就爱情与婚姻的关系也进一步地进行了思考和讨论。当时，有人就主

---

[1] 王正：《徐志摩、林徽因恋情新证》，《浙江社会科学》2007年第2期。
[2] 闫恒：《论婚姻与爱情及其关系》，《中华女子学院山东分院学报》2001年第2期。
[3] 同上。
[4] 陈新华：《林徽因》，河北教育出版社2003年版，第108页。

历史名人的心理传记

编了《中国妇女问题讨论集》，将当时人们对此问题的讨论收集成书。[①] 1923年初，北京大学张竞生在《晨报副刊》上发表《爱情的定则与陈淑君女士事的研究》一文。文章认为爱情是基于生理的、心理的、社会的等诸多因素的极其繁杂的现象，爱情的定则主要有四项：一、爱情是有条件的；二、爱情是可比较的；三、爱情是可变迁的；四、夫妻为朋友的一种。[②] 这一论断立刻引来了许多年轻人的批驳争论[③]。许多人在抛弃了之前"父母之命，媒妁之言"的传统婚姻观念之后刚刚接受"爱情至上""爱情是无条件的"这种西方观念，可现在又认为爱情是有条件的，这使得许多年轻人难以接受。因而从这些争论中就可以看出，当时的人对于爱情与婚姻的认识正处在一个复杂变化而又由非理性逐渐向理性过渡的时期，而这种过渡是需要漫长的时间。

就处于这个时期的林徽因而言，爱情与婚姻并不重合。与梁思成婚姻的建立包括很多因素，除了双方彼此的爱恋之外，双方家庭的相似程度、父辈的交往、父辈的对儿女的婚姻意向，以及林徽因家庭的变故这些因素都占了很大的比重。我们无从谈起林徽因与梁思成的爱情本身在他们的婚姻关系中占了多大的比重，但在香山养病的时候，虽然与徐志摩精神层面产生共鸣，但林徽因依旧选择了维护现有的婚姻。

马斯洛的需要层次理论表明，人的需要包含五个层次，按从低级到高级分别为生理需要、安全需要、归属与爱的需要、尊重与自尊的需要，以及自我实现的需要。很显然，在这不同的需要层级里，爱情和婚姻所占据的阶梯等级略有区别。婚姻作为一种社会制度，若没有爱情填充，它只能满足人的低级需求，如生理需求、安全需求。而爱情则是人的一种高级需求，在爱情里，人可以获得归属与爱的需要并部分地自我实现。一般人认为爱情是婚姻的基础，其实爱情与婚姻很多时候是出于不同的心理需求，二者可能相互促进，但也可能相互冲突。它们

[①] 《中国妇女问题讨论集》由梅生主编，于民国十二年（1923年）在上海文化书社出版，收录了许多当时知名人士对婚姻与爱情这一问题的文章。
[②] 参见张竞生《张竞生文集》（上卷），广州出版社1998年版，第277页。
[③] 参见尹旦萍《爱情是什么——五四新文化运动时期关于爱情的讨论》，《湖北行政学院学报》2010年第3期。

就像是两个圆一样，它们有可能"重合"，也有可能"相交"，也有可能"相切"，更有可能"相离"。林徽因与徐志摩在香山上的"诗恋"就是爱情与婚姻的"相离"。爱情可以超越婚姻，而婚姻却不能左右爱情。

爱情在左，婚姻在右！

第三章 03

重瞳子①的心灵奈落②
——项羽败北的心理传记分析

---

① 重瞳子：在古代相传是一种帝王之相。其代表性人物有六人，分别是：仓颉（造字圣人）、虞舜（华夏上古部落首领）、姬重耳（晋文公）、项羽（西楚霸王）、高洋（北齐开国皇帝）以及李煜（南唐后主）。
② 奈落：出自佛经的"那落迦"，佛经中形容永不超生的无间地狱。

导读：谈及项羽，总是不由自主地给他贴上英雄的标签。而纵观项羽一生，荣光与悲壮交织、赞叹与唏嘘参半。一代英雄难逃成王败寇的宿命，既是时势所为，更主要是其人格缺陷所致。传统的史学分析只能解释项羽的战略失误、性格的刚愎自用，而通过心理传记分析则可以进一步解释其人格缺陷的根源所在。

第三章　重瞳子的心灵奈落

英雄气，魂断西楚忆。力拔山兮只不过一出戏，人生一大梦，俯仰多悲寂！

古人云："羽之神勇，千古无二。"

谈及古代英雄，若未提及项羽，犹如华章遗失了前奏、丹青缺少了容颜。

项羽出身豪门，武艺过人，战略兵法谙熟于心，坐拥天下之精兵，技压世间之豪杰。司马迁亦以"重瞳子"（帝王之相）相称来揭示其堪比尧舜、卓尔不群……似乎所有的优势都为他一人独揽，但为何最终兵败垓下、乌江自刎，留下令世人叹息的千古绝唱？换句话说，项羽如何将优势用到山穷水尽的地步？的确，相对他的对手刘邦而言，二者之综合实力不啻云泥。论及家庭出身，项羽为王侯将相之家；刘邦系蝇营狗苟之辈。谈及教育经历，项羽自幼涉猎诗书文武、研习兵法权谋；刘邦发于畎亩之中、行于市井之间、胸无点墨、不学无术。言及个人情况，在起义前夜，项羽正处风华正茂之年、拥兵自重、睥睨天下、掌控江东；刘邦已近天命之年、为沛县小吏、苟且偷安、尸位素餐……综上所言，项羽之于刘邦犹如凤凰之于鸱鸮[①]，刘邦之于项羽犹似燕雀之于鸿鹄。凡斯种种，更使人对项羽最终的功败垂成难得其解。

而事实上，项羽的人格缺陷早为他的人生悲剧埋下伏笔，他的失败既在意料之外又在情理之中。要解开这个谜题，就要剖析三个至关重要的悬疑性问题——第一，战场和政坛之上的心狠手辣与对待刘邦的心慈手软之间的矛盾：杀宋义、弑怀王、屠戮中原的项羽为何三番四次放走势不两立的刘邦？第二，自幼处尊居显同其行事爱慕虚荣之间的矛盾：以王公贵胄之尊享尽荣华、以西楚霸王之位遗世独立，为何却因好面子迁都故土、敌友不分、断送前程？第三，兵败垓下之初有几线生机为何却慷慨赴死——放弃初困垓下的乔装逃脱、谢绝江东亭长的临危救驾，甚至在乱军之中自投罗网？

[①] 鸱鸮：即猫头鹰。《庄子·秋水》中用凤凰与猫头鹰的寓言来揭示庄周与惠施之间的志趣优劣。

一　冷酷无情、当机立断为何却对刘邦常怀妇人之仁，屡失先机

毋庸置疑，项羽之壮志犹如神骥出枥、用兵堪比吕尚乐毅。如同当年秦孝公，"有席卷天下、包举宇内、囊括四海之意，并吞八荒之心"。[①] 其行事并非完全像司马迁所云讲究英雄仁义。但俗语有云："慈不掌兵、情不立事、义不理财、善不为官。"项羽身处乱世，位居庙堂、纵横沙场之时也不得不遵守这条虽蔑伦悖理但字字珠玑的古训，这同时也是他安身立命、驰骋秦末的保障。

项氏家族在起义初期也并非拥有以镒称铢之势，而是在项羽性格中当机立断的果敢、履险如夷的勇猛、万夫莫敌的武艺以及暴戾恣睢的嗜血所主导之下，使天下改朝易主、沧海桑田。

首先，项羽拥有当机立断的果敢。众所周知，项氏家族原为楚国将门，但是并非楚国唯一的贵族，项羽在登上历史舞台之前就在楚国宫廷中展现出过人勇气和果断的性格，最典型的例子就是通过政变，杀元老宋义以夺取楚国军政大权。宋义乃楚国前朝令尹，料敌如神，曾经料定项梁必败于章邯，有"卿子冠军"的美誉。项羽认为宋义是他个人发展中的最大阻碍，常与其政见不合，并利用一次是否出兵救援赵国的争执，以宋义"畏战不前"而发动政变，将其诛杀。从此楚国之大权尽落项羽一人之手。由于项羽性格中的冷静、果敢使项氏家族在楚国权变之后捷足先登，也为日后称霸天下奠定了基础。

其次，项羽亦有勇有谋、胆识过人。为名正言顺，经范增建议立楚怀王熊心为义帝。项羽与刘邦约定，谁先入关中谁先称王。刘邦选择了相对容易的进攻路线先入咸阳，怀王便答复照原约办。项羽没有预料到刘邦的军事实力，更没有想到傀儡皇帝会自作主张，眼看刘邦将要窃取胜利果实，自己与天下将要失之交臂之际，仍不动声色地佯尊怀王为义帝，徙长沙郴县之时，暗中令英布等人弑怀王于长江之中、毁尸灭迹。在千钧一发之际阻止了刘邦称王野心的过早实

[①]（西汉）贾谊：《过秦论》。

现。可见，项羽智勇双全、胆识过人的品质也成为他化解危机、扫清障碍的铁血手腕。

最后，项羽也具备履险如夷的勇猛和不避斧钺的坚韧等这些豪杰必备的素质。在战场上项羽用兵如神、骁勇善战，常令敌军闻风丧胆；以弱胜强、破釜沉舟，也让后人啧啧称奇；但由于时势所迫他的嗜血残暴更令人不寒而栗。战争不可避免生灵涂炭，项羽也在烽火连天的秦末制造了一系列的大屠杀：仅《史记·项羽本纪》记载就有五次大屠杀：第一次襄城屠城，第二次城阳大屠杀，第三次新安大屠杀，第四次咸阳大屠杀，第五次破齐大屠杀。尤其是咸阳一役，坑杀章邯二十万秦兵，屠戮手无寸铁的降兵有违基本道义，数量之大更令人胆寒。但项羽也身不由己，在尚未实行屯田的秦末，若收编弹尽粮绝、刀钝人乏的降卒便难以供给；若遣散降兵实则放虎归山，因为难保其不因穷途末路而再度揭竿。但入主咸阳后赐死秦王子婴实在是失策。历史记载"子婴性格仁爱，有节制"。秦暴政并非其所造成，况且已经弃暗投明，项羽仍旧痛下杀手，实不应该。之后又将咸阳宫付之一炬，其残暴程度堪比秦始皇和秦二世……这些都无疑表明，项羽非柔弱之人，反而能展现其性格中当机立断、无所畏惧、蹈锋饮血的气魄。

可见，项羽无论在官场还是战场都可谓是技压群雄，甚至可以用拥有铁血手腕来形容。可对待刘邦却屡屡心慈手软、错失良机，确实让人费解。其一，在鸿门宴上，项羽未听范增的建议，反而听信了刘邦的花言巧语，放走刘邦而痛失良机。其二，灭秦之后，分封刘邦为汉王，放他去蜀地发展，留下后患。其三，刘邦背信弃义攻打彭城，战败后被围困于荥阳。项羽又疏于防范，再次相信刘邦诈降，致使其成功逃脱。而刘太公和吕雉被项羽俘获但只是作为人质要挟，未伤及他们半根汗毛。其四，在两军势均力敌之际又不加防范地接受刘邦的议和，并送还刘邦的父母妻子，以鸿沟为界，西属汉、东归楚，平分天下。这也为其最后的垓下之围种下祸根。

首先，项羽对刘邦的仁慈，从可谓千古一叹的鸿门宴上便可见一斑。此时两军对垒，兵力悬殊。项羽以四十万精锐之师屯兵新丰鸿门，刘邦仅有十万军队驻扎霸上。项羽的兵力无论在战斗力还是在数量上都占有绝对优势，此时若与刘

历史名人的心理传记

邦正面交锋必定势如破竹，以手到擒来之势将刘邦俘获。刘邦被逼赴鸿门之宴，身边所跟随侍从不过百余人，谋臣武将不过张良、樊哙二人而已。在谋臣范增的策划下，鸿门之宴早已布下天罗地网，若不出意外必定如瓮中捉鳖将刘邦生擒诛杀——以四十万大军为强大后盾，内有项庄为拔萃刺客、外有曹无伤为超群细作，里应外合可谓天衣无缝。但项羽在刘邦并不高明的花言巧语的蒙蔽下便开始自乱阵脚。先是允许足智多谋的张良与刘邦同行，使敌在谋略上犹如先声夺人地筑起了森严壁垒。而后不假思索地供出了卧底曹无伤，开始敌友不分、拔刀向内。紧接着，范亚父多次示意捉拿敌首，而项羽却在沉默中迷乱。然后，在项庄行刺沛公失败之后亦没有亡羊补牢。再后来，居然让浑身是胆的樊哙进入牙帐，既给刘邦增加了安全砝码，又给自己增加了"五步之内，血溅王身"的风险。最后，竟不可思议地让刘邦以如厕之名逃之夭夭。千载难逢的大好良机，就这样付之东流！

其次，将刘邦外放蜀地，留下了无穷无尽的祸根。项羽入主咸阳之后便开始分封群臣。碍于刘邦曾先入关中又拱手相让三秦之地的"义举"，对其不加官晋爵便难以服众。便效法当年秦皇嬴政对于吕不韦的"恩泽"将刘邦封于巴蜀之地，自作聪明地以为藩地道阻且跻、荒无人烟，虽为俊杰也进退维谷。项羽这点幼稚的仁慈，又给鹰视狼顾的刘邦以可乘之机。刘邦利用蜀地得天独厚的自然条件发展生产，不忘对三秦之地虎视眈眈，明修栈道、暗度陈仓、出其不意、攻其不备地将关中收入囊中，逆转战局，从偏安一隅走向了分庭抗礼。可以说，对于处置胸怀大志而知人善任的刘邦，项羽又犯了麻痹大意的低级错误。事实上，处置刘邦至少有上中下"三策"可行——其一，将刘邦安置于朝堂之上，加以有名无实之爵位，待江山坐稳罗织罪名将其轻而易举地诛杀，此为上策。毋庸置辩，这里的"上策"实为一个封建君王维护统治的基本政治手腕，历史上此类案例比比皆是——所谓"伴君如伴虎"，并非虚言妄语。朱元璋对于功高震主的开国元勋刘伯温便是授其伯爵而留任京师，严密监视其一举一动。而待刘伯温告老归田不久便离奇暴毙，其中玄机不言自明。此外，同为明初宿将的徐达，其命运与此相近。所谓"将在外军令有所不受"，将士远离王畿便存在藩镇割据的隐患，更何况像刘伯温此等神机妙算的英雄豪杰如若外放，必留后患。因此，刘伯温外放之日便亦是其绝命之时。换句话说，遭君王猜忌的大臣要安身立命必定要远离统治中心的泥淖。晋公子重耳便是以出奔流亡的方式才逃过一劫继而东山再起，三国时期刘表长子刘琦为避祸亦用此策。其二，将刘邦分封于京畿之地，但削其兵权、缩其封地，再以龙且、章邯等猛将为羽翼严密监视，此为中策。其三，将刘邦外放藩地、远离中原，以蛮荒之地困厄其行，此为下策。而将刘邦封于看似山穷水尽实际柳暗花明、潜力无限的蜀地，实为下下之策。

再次，项羽困刘邦于荥阳，又一次相信刘邦的诈降使其趁机出逃；其间俘获其妻儿老小却最终没有对他们痛下杀手、快意恩仇。刘邦封于蜀地之后，卧薪尝胆、伺机而动，挥师吞并三秦之地足以显现其逐鹿中原之雄心。此时项羽因分封厚此薄彼而招致齐梁二诸侯国的揭竿而起，仅凭张良修书一封又打消了项羽对刘邦一举歼灭的念头，转向对彭越、田荣等精锐之师的应战，而使战局陷入了胶着。对虎视中原的刘邦疏于防范，以至于刘邦率五路诸侯之兵，倾尽举国之力，以直捣黄龙之势向项羽的都城进军。迫使项羽都城失守、腹背受敌险些酿成大祸。后来，项羽背水一战，不仅击退了刘邦的压境大兵，而且乘胜追击将溃不成军的刘邦围困在荥阳。此时，对于刘邦而言，兵力悬殊、粮草不济，陷入危急存亡之境。刘邦在陷入困兽之围的泥淖中难以自拔之时，犹如死马当活马医一般，望以诈降之计全身而退。而项羽再次对刘邦的投诚动了恻隐之心，刘邦命手下纪信穿帝王服饰正襟危坐于黄屋车内以蒙蔽楚军，自己趁着暮色苍茫混入百姓之中脱身出围。本应旗开得胜的项羽再失良机，刘邦如"鳌鱼脱却金钩去，摆尾摇头不再回"。

刘邦虽遁逃，但妻儿老小沦为项羽的人质。几次交锋下，项羽恨不得将阴险狡诈而屡屡得手的刘邦食肉寝皮，但苦于刘邦侥幸脱逃便以刘太公为要挟、扬言将其烹杀。对于杀人如麻、屠城泄愤的项羽而言，杀刘邦之父想必不难。但刘邦不以为然地放出"必欲烹而翁，则幸分我一杯羹"的无耻之言又使他犹豫不决，继而小觑了人质的价值。

最后，项羽在局势为势均力敌之际又不加防范地同刘邦议和，以至于转入

历史名人的心理传记

最终败局。刘邦脱逃之后，励精图治、东山再起。而项羽在此期间却时运不济、损兵折将，优势逐渐消弭。但在这场战局此消彼长的博弈当中，楚汉两军此时的实力并不悬殊、可谓棋逢对手：一方面，项羽骁勇善战、兵强马壮、威震四方，但由于多线作战粮草吃紧、人困马乏；另一方面，刘邦粮草充盈、以逸待劳，但用兵不精、进退失图。而且此时猛将韩信自封齐王，有另立门户的企图。这些都使刘邦不得不静观局势、步步为营。而此时刘邦先发制人，提出"议和"明显别有用心。项羽竟鸣金收兵接受议和，同意以鸿沟为界，西属汉、东归楚，平分天下、井水不犯河水。而正当项羽班师回朝之际，刘邦率军趁其不备从后方突袭、击其暮归，以十面埋伏之势围困项羽于垓下，为楚军奏响了最后的挽歌。

要解决项羽性格中匪夷所思的矛盾，首先要分析项羽残暴的缘由。

出身于动荡年代，项氏家族又是武将世家，项羽从小受到"尚武"家学的熏陶，项燕、项梁也是戎马一生，项羽在此期间耳濡目染。从心理学的角度来讲，人的学习主要有两种方式：其一是通过自己的亲身经历，通过直接感受社会的反馈而习得某种行为；其二是通过对他人的行为及结果的观察而间接习得，即"观察学习"。对人类而言，由于需要后天学习的行为众多，大部分行为都不可能通过亲身经历来完成，因此间接学习对人类具有特别重要的意义。班杜拉在其社会学习理论中阐述，观察学习是通过观察他人（榜样）所表现的行为及其结果而进行的学习[1]。即是说，在观察学习的过程中，个体是通过观察榜样的行为以及此行为所带来的社会认可之间的关系进而习得行为的。在观察学习中，通过社会对行为的反馈从而间接强化儿童对榜样的模仿。项羽从小的生活环境使他感受到项氏家族的名誉和地位是通过战争换来的，于是，名誉和地位不仅掩盖了战争的残酷和无情，反而强化了项羽潜意识中蠢蠢欲动的好战个性。兵权与战争在他眼里逐渐演化成一种具有工具性价值、达到目的的有效手段，并不断地受到强化。在战乱频发的秦末，受社会背景与家庭环境的影响，对战争暴力这些反复出现的刺激逐渐熟悉，从而对战争、血腥、死亡的态

---

[1] 林崇德：《发展心理学》，人民教育出版社2014年版，第44页。

度以及承受能力逐渐历练成非常人所能及,换句话说,特殊的环境造就了他的"浑身是胆"与冷血无情的个性特征。

此外,暴秦的统治引发人们的极端复仇情绪,为项羽释放"力比多"(libido)提供了很好途径。精神分析的创始人弗洛伊德认为,性的冲动构成了人类大部分行为的心理动力根源。性的冲动是力比多的具体表现形式,力比多才是性欲冲动的力量之源。在他看来,力比多是促使生命本能去完成目标的能量,是自然状态的性欲,是身心两方面的本能及能量的表示。[①]但是,力比多只为生命提供了动力,这些力量将释放往何处,则取决于个体幼年时期重要的人生经历和情绪体验。依据精神分析的观点,早期的情绪体验"爱"和"恨"以及相关的人或事物都可能为个体释放力比多提供相应的渠道。对项羽而言,早期的国恨家仇以及由此而引燃的极端情绪体验将成为他释放力比多的渠道。秦始皇统一六国并以严酷的刑罚去统治他们,这必然引燃许多人的复仇心理。在这些国家中,楚国尤为突出。"楚虽三户,亡秦必楚"口号的广为流传就是这种复仇情绪的真实体现。此外,项羽家族与秦朝之仇不共戴天——项羽的祖父项燕、叔父项梁等俱葬身于秦将之手,国恨家仇交织在一起,势必加重项羽的复仇情绪,同时也为其释放力比多找到一个合理的途径。因此他不择手段先夺取楚国军政大权,进而发动一系列的农民起义,他的满腔愤懑在释放和发泄的过程中,往往会由于冲动将仇恨移植到其他人甚至是手无寸铁的降将和百姓身上。分析心理学家荣格认为,每个人身上都有人类集体无意识积淀下的"阴影",项羽由于后来的身处高位,心中那种原始的"阴影":邪恶、血腥与残暴,只要稍不加克制就容易酿成人类的灾祸(这点同战争狂魔希特勒尤为类似),何况这种好斗的能量已经被仇恨所引燃。从这里就能看出项羽发动五次大屠杀的心理动力根源。

但是,俗话说"虎毒不食子",残暴是对待敌人而言的,有时可能会泛化到无辜的人,但一般不会对待亲人或者挚友。因为在人际关系中,自我与他人的关系按亲疏可以分为不同的层次。杨国枢教授将中国人的人际关系分为"家人、熟

---

① 沈德灿:《精神分析心理学》,浙江教育出版社2005年版,第100页。

历史名人的心理传记

人和生人"三个层次[①]。而在项羽眼中的刘邦一直扮演着在"家人"与"敌人"之间摇摆不定的特殊角色。不难看出，刘、项二人之间并非纯粹的针锋相对，至少在起义初期二者情同手足、互为刎颈之交。由于他们之间颇有渊源也导致后期关系藕断丝连。项羽和刘邦的关系经过了：同舟共济、同床异梦、同室操戈三个阶段。然而遗憾的是，两人关系在这三个阶段的变化中，刘邦对人际关系策略做出了恰如其分的调整，而项羽则一直将其对手放在"自己人"的范畴，这种僵硬的人际交往策略是其失败的重要根源之一。

起初，二人同为起义军将领，并歃血为盟，结为义兄弟。二人惺惺相惜、互为知己，虽非血亲，甚似"家人"。在"家人"的关系中，彼此以责任原则相交，而不以对等回报进行权衡利弊亦可理解为"社会交换预期最低"[②]。起义初期，刘邦和项羽关系亲密到"不分你我"地开始规划未来雄霸天下的宏图伟业。故有后来的灭秦约定，谁先进入关中攻占咸阳谁就封王，完全不计较付出的比例与权重。结果刘邦以弱胜强先攻入咸阳，使项羽意识到"关中称王"并非蝇头小利而是关乎百年大业，便背盟败约直取咸阳亦成为了他们裂隙产生的开端。尽管咸阳之役与鸿门之宴，早已彰显出刘邦并非池中之物，对其掉以轻心必然后患无穷。但毕竟项羽背信弃义在先，对刘邦或多或少都心存愧疚。加之暴秦余党未除、各路诸侯又割据中原，再加上他一直认为刘邦的实力远不如己，不值得一提便收入麾下封于蜀地、镇守西南边陲，实际上亦有将其纳入"自己人"阵营，以拱卫王室。对峙中期，刘邦拔除三秦壁垒、睥睨中原乘虚而入攻打彭城，却因指挥不力（军力56万与3万的悬殊）大败而归困于荥阳，项羽之所以再相信刘邦献城归降也是因为心念旧情，对昔日的兄弟"家人"网开一面。不杀刘邦妻儿老小亦是同理，项羽被刘邦一句"吾翁即若翁，必欲烹而翁，则幸分我一杯羹"的激将之语而优柔寡断、最终作罢便可见一斑。项羽在"兄弟之父即自己之父"的问题上踌躇不决可见项羽的内心深处至少还残存或者说预留着刘邦这个"家人"的"一席之地"。最后，项羽愿意与同室操戈已久的刘邦签署鸿沟协定、平分天

[①] 杨宜音：《"自己人"：信任建构过程的个案研究》，《社会学研究》1999年第2期。
[②] 同上。

下，一是迫于现实之急，更重要的是群雄割据的战火未熄。在割据战局夜雨未霁之时，项羽仍认为沛公非真劲敌，毕竟曾经视为"手足知己"尚且有斡旋的可能。想以一纸协定来解决后顾之忧，以便专心致志地对抗已呈掎角之势的"外敌"——彭越、韩信，也就是这最后的信任酿成了追悔莫及的悲剧。

归根结底，项羽未弄清政治博弈中的"敌我关系"，或者说他对敌我关系的认识太过僵硬，缺乏弹性。关于"敌我关系"的真知灼见，令我们耳熟能详的便是英国首相帕麦斯顿的那句："没有永恒的朋友，也没有永恒的敌人，只有永恒的利益。"这句话深刻阐释了，在复杂的政治和军事斗争中，任何敌友关系都是有弹性并且是随着时事而变化的。譬如，我们熟知的《三国演义》中，稳坐江东的孙权，便时常扮演着蜀魏双方的"制衡砝码"。尽管曹魏在赤壁大战大败而归，日后长江边境也鲜有宁日，但在大局面前却利用孙刘阋墙之机冰释前嫌册封孙权为吴王。尽管西蜀在同东吴明争暗斗中损兵折将，关羽、张飞命丧黄泉，刘备也在猇亭之战中客死异乡，但在魏国大兵压境之时，亦以"唇亡齿寒"之契机同东吴同盟。古往今来"利益"以一线串珠的形式，成为政治军事斗争的重要纽带，而项羽却在攫取利益之余被不必要的感情羁绊从而奠定败局，而这失败的根源，就在于他对敌我关系缺乏弹性的估量。

综合所述，此对矛盾看似匪夷所思，实际上符合逻辑，对待敌人的角色定位不清，战略思路缺乏弹性成为造成悲剧结局的性格根源之一。

二 出身豪门望族却爱慕虚荣，埋下祸根

一般而言，人们极力追求的事物往往是自己觉得重要而又缺乏的，比如爱慕虚荣之人往往缺乏真正的"荣誉"，需要不断用华而不实的外物来填补内心自卑的沟壑。内心空虚之人则需要用外表华美的衣服来掩盖自己内在的虚无。辜鸿铭就曾讲述了他曾在苏格兰的见闻，说衣着华丽的往往是仆人，而衣着朴素的才是真正的贵人，原因是"凡贵人欲观人者也，故衣朴素；贱者欲取观于人

历史名人的心理传记

也，故衣华丽"[①]。因为真正的"贵人"——"高贵"之"贵"而非"富贵"之"贵"——内心充实，生活境界超然物外，观世界而非取悦世界，故而衣着朴素。而低贱之人则不同，因为无知而多欲，以取悦他人、吸引他人的眼球为乐，故衣着华丽，其实是为了掩盖自己内在的无知而已。由此可见，人们过于追求某种事物，往往是为了弥补其他方面的缺乏。

依据心理学的观点，幼年基本需要的极度缺乏，容易引发成年后的过度补偿，但这个观点似乎很难解释项羽对"虚荣"的执着。项羽这个含着"金汤匙"呱呱坠地，一身武艺、胸怀韬略，名、利、权也尽收囊中、处尊居显的王公贵胄似乎应该同"虚荣"二字风马牛不相及。但难以理解的是，他居然三番五次地因为虚荣而痛失良机甚至于最终自掘坟墓，其原因何在？

项羽在入主咸阳之后，放弃三秦之地的天然屏障与已建好的基础设施，纵火烧毁咸阳宫并下令屠城。然后还振振有词地认为"富贵不还家如锦衣夜行"，错误地将都城定在家乡徐州，以示荣归故里。徐州地处平原地带，水陆交通便利但不易防守，自古少有以此等地盘为根据地的，项羽也因此留下后患，以至于后来都城失守。然而，项羽乃兵形势代表人物，并非不懂兵法之人，为何出此战略败笔？

项羽的确太爱慕虚荣，他出此下策与爱慕虚荣之间有着必然的因果联系。

爱慕虚荣首先表现在他不能容忍别人对他的"面子"的冒犯。

秦朝灭亡、天下未定。但项羽的弑义帝、屠城池、专横独断令朝野不满、百姓敢怒而不敢言，而习惯于他人歌功颂德的项羽丝毫未意识到这些。终于，其暴行被谏官所讽，韩生以沐猴而冠讽谏项羽要对天下施以仁义。一意孤行的项羽听后并未反省自身的专断暴戾，而是感到自尊心严重受挫。或许韩生过于鞭辟入里的比喻对一介武夫的项羽可谓是当头棒喝，但《礼记》有云："刑不上大夫，礼不下庶人。"更何况韩生身为谏官，对君王忠言纳谏有不让之责，可能表达方式上有冒犯之嫌，但行为本身却并无不妥。项羽却因为其冒死进谏令他在朝堂之上"无地自容"便冒天下之大不韪，不分青红皂白地将其残忍烹杀。以杀鸡儆猴之

[①] 辜鸿铭：《张文襄幕府纪闻·上流人物》，转引自孔庆茂《辜鸿铭评传》，百花洲文艺出版社2015年第2版，第27页。

势令朝野上下陷入了万马齐喑。

项羽的爱慕虚荣、维护自己的英雄脸面还体现在其他的一些细节上。比如，鸿门设宴之时，刘邦简单地阿谀奉承为自己开脱便令项羽放松警惕、信以为真，还把责任推卸到为自己出生入死、通风报信的间谍曹无伤身上，以维护自己"义薄云天"的英雄荣耀。再比如，在垓下之围，危难当头之际，不是做最后的战略撤退或紧急安排而是还想给剩余的二十八骑表演骑术和武艺："我再为你们斩他一将。"以维护他最后的英雄形象。

项羽出身名门望族，有诸多实实在在的荣耀，"虚荣"似乎不应该是他想要追求的东西。项羽是个能人，胸怀大志、力能举鼎、用兵如神、战功赫赫，但终究是个凡人，因而亦有人类共有的"人格面具"。荣格认为，人类集体无意识中包含了人格面具，指在公开场合中表现出来的符合自己此时身份的行为模式，目的在于树立一种对自己有利的良好形象以便得到社会认可。如果一个人过分热衷和沉湎于自己所扮演的角色，将自己视同于这种角色，人格的其他方面就会受到排斥，本人也会成为群体中的受害者[①]。项羽的错误就在于，他不明白人格面具是因时而异、因地而异，是一个非常具有弹性的东西——这与刘邦形成鲜明的对比。项羽过分执着于他的英雄形象，并试图时时事事保留着自己英雄的尊严。可是，他错误地将"英雄"曲解为"万人敌"（不计后果地想让世人敬仰和胆寒），他将这张华而不实甚至虚无缥缈的人格面具戴到了脸与面具难分的地步。为了这张人格面具能够永远焕发荣光，就有一系列的不明智的举动：不顾战略考量放弃了三秦要塞之地，而在不具备条件的家乡彭都，只为"衣锦还乡"为面具上添加才能和显赫；在鸿门宴上听信了刘邦的花言巧语后立马出卖了为自己出生入死的卧底曹无伤，为面具上添加的是器量和讲究道义；在兵败垓下危难之时，不是考虑最后如何保存有生力量以图东山再起而是仍然想在部下面前逞威风，来证明战败不是因为自己无能；在身处绝境的时候，他最看重的是如何展现自己的无畏和英勇——纯粹的匹夫之勇。而当有直言纳谏的臣子提出警示时，他却觉得

[①] 郭本禹等：《潜意识的意义——精神分析心理学》（上），山东教育出版社 2009 年版，第 94 页。

自己因此英名扫地而残忍地将谏官烹杀，是人格面具被人揭下的惶恐和反抗。

另外，项羽出身显赫，他所追求的自然不应该是低层次的饮食男女，而应该是马斯洛所说的"自我实现"的最高层次。然而，身为三军统帅的他，缺乏长远的战略眼光，而仅仅将自己定位于征战沙场的将军，他的荣誉不是来自于在为更多人谋取幸福中实现自己的人生价值，而仅仅是对一城一池的攻取和征战，仅仅是马革裹尸的悲壮。很显然，从需要层次上讲，项羽还没有上升到"自我实现"的层次，还没有上升到更高的精神境界，而仅仅在虚荣与自尊中徘徊，在理性与情感中迷失。他的理想往往与善于权术的兵家作风以及秦末动荡年代的要求背道而驰，不曾念及祸乱交兴的光景下，几人仕途困厄、几人归隐田舍、几人袖藏美人策、几人一梦南柯……时常不计后果的我行我素，难以自拔地沉醉于自己的英雄大梦之中，最终断送前程、悔恨千古。

事实上，项羽在自己的"英雄情结"中所展现的，也并非真正英雄人物所特有的"勇敢"，而仅仅是一种"匹夫之勇"。苏轼在《留侯论》中谈道："匹夫见辱，拔剑而起，挺身而斗，此不足为勇也。天下有大勇者，卒然临之而不惊，无故加之而不怒；此其所挟持者甚大，而其志甚远也。"按照苏轼的标准，项羽之勇不过匹夫之勇，与真正的英雄豪杰还是参商有殊。项羽心中的"英雄"只不过追求"万人敌"的穷兵黩武、令诸侯黔首俯首称臣而不是一统河山后的天下归心，其所"挟持"者甚小。性格决定命运，气度影响格局，可以说，拥有看似远大实际模糊不清的理想，在缺乏对自己恰当的定位之时就去追逐不合时宜的英雄光环是他人格的又一缺陷。

三 垓下一败有几线生机，却自刎赴死

尽管项羽在逐鹿中原的博弈中屡屡败北，在与刘邦的斗智斗勇中失之东隅，但是垓下并不应该成为他折戟沉沙、坐以待毙的枯鱼之肆。遥想越王勾践沦为亡国之奴，依然忍辱负重、卧薪尝胆，最终三千越甲可吞吴。相比之下，项羽却在

并非道尽途殚之地多次放弃求生的机会，最后宁愿以身首异处来血祭江东父老的殷切期盼。

首先，初困垓下可乔装脱逃。项羽驻扎在垓下时的基本情形是手头上虽有精兵但粮草不足，濒临弹尽粮绝的边缘，而此时并未形成绝境，至少比刘邦的荥阳之困处境要好得多。项羽选择的是带领手下八百轻骑突围，很明显，他是选择九死一生的殊死搏斗，基本上视为放弃了巧妙逃脱的机会，是要一战到底，这种困兽之斗实为下策。若效法刘邦当年让纪信顶包赴死，而自己乔装逃离，则可以较容易地离开围困的境地。

其次，拒绝了乌江亭长的接应。项羽逃亡乌江附近，乌江亭长舣船以待，并对项羽说："江东虽小，地方千里，众数十万，亦足王也。愿大王急渡。今独臣有船，汉军至，无以渡。"若项羽登船不仅可解燃眉之急，同时，也为将来扭转乾坤提供可能。杜牧在《题乌江亭》中也有这样评论："胜败兵家事不期，包羞忍耻是男儿。江东子弟多才俊，卷土重来未可知。"项羽倘若渡过乌江、重整旗鼓，历史也许会改写。可是项羽婉言谢绝，并认为自己无颜见江东父老，还把乌骓马赠送予亭长，使自己处境更为艰难——对项羽而言，面子思想还是太重了，他永远只使用一个人格面具。

最后，乱军之中可生死一掷。在信息不发达的古代，并未多少人见过项羽。在乱军之中，生还的概率确实不高，但若有一定智慧和能屈能伸也有可能逃过一劫，仍能在敌军眼皮底下死里逃生。而项羽却令残余部队皆下马步行，持短兵接战。虽然独当一面，斩杀汉军数百人，但也寡不敌众，其间看到汉骑司马吕马童，还送上门去说："若非吾故人乎？"马童面之，对王翳说："这就是项羽"，顿时成为众矢之的。最后项羽虽是自刎而死，但被众汉军哄抢尸体、死无全尸、身首异处。

项羽为何暴殒轻生而慷慨赴死呢？项羽对刘邦心慈手软，到最后一次同刘邦签订合约，以鸿沟为界，以为如此可以平息战火。没想到被刘邦杀了个回马枪，击其暮归，以至于局势扭转，被困垓下。大业未成优势却一点点地断送，刚愎自用的项羽在此时此刻才明白"成王败寇"，痛悟前非。项羽本以为能与之匹敌之人必

历史名人的*心理*传记

定是经世之豪杰、盖世之雄才，假若惜败于光明磊落之士、运筹帷幄之将，也心悦诚服、虽败犹荣，筹划东山再起、他日一决雌雄何为不可。可他想不到自己谙熟兵法、身经百战却败给一个自己以前都不入法眼的泼皮无赖，深感无地自容、有负重托、无颜再见江东父老。

林语堂先生一针见血地指出"面子、命运和恩典"可称为统治中国的三大女神，而"面子"居首，可见其堪为中国人社会心理的首要羁绊。燕良轼教授按运作层面，将"面子"划分为：地位性面子、才能性面子等[①]。刘邦在战场上打败楚军迫使项羽陷落于十面埋伏之境地，将士尸横遍野，逃兵亦是与日俱增，留下的将领更处于风声鹤唳之中，在此情形下自己作为西楚霸王、三军统帅却无计可施，"地位性面子"早已不复存在，可胜败乃兵家常事，富贵亦可险中求，并不会马上让身经百战的项羽心如死灰。然而，最刺痛项羽内心深处的"才能性面子"的荡然无余使自己名誉扫地，恃才傲物却指挥不力将父老付以重托的子女引向穷途末路。这是使项羽并无逃脱之心而束手就擒的一大关键。另外更想不到自己在双方势力旗鼓相当的情况下提出议和让步得到的却是被赶尽杀绝的下场，同时在回顾同刘邦斗智斗勇的战争后期节节败退、垂翼暴鳞，逐渐对一统天下失去了当年"三户亡秦"的信心。因此，才能性面子的丧失，致使项羽的自我效能感降低，这才成为他放弃生还机会的重要原因。

班杜拉认为，自我效能感是指个体对自己是否有能力为完成某一行为所进行的推测与判断[②]。事实上，我们并不一定很清楚了解自己的能力和水平，而只能通过过去特别是最近参与事务的成败来推断自己的能力。项羽在垓下之围身处劣势，或许是他征战以来最大的挫折，自我能效感大大受挫，由于屡失先机，他已经不相信自己能够在战场上继续叱咤风云。最后甚至言之凿凿："天亡我，非用兵之罪也。"明显地将自己的失败归因于运气和任务的容易程度，[③]而完全没有反思自身用兵不善、谋划失策、观人失察、用人失当等内部因素。

---

① 燕良轼等：《论中国人的面子心理》，《湖南师范大学教育科学学报》2007年第6期。
② 全国十二所重点师范大学联合编写：《心理学基础》，教育科学出版社2008年版，第88页。
③ 同上书，第85页。

第三章　重瞳子的心灵奈落

对于归因,心理学家韦纳将其分为三个维度:内部归因和外部归因、稳定性归因和非稳定性归因、可控归因和不可控归因。与此同时将人们活动成败的原因即行为责任归纳为六个因素,即能力高低、努力程度、任务难易、运气(机遇)好坏、身心状态和外界环境等①。此时此刻,项羽首先回想起后期与刘邦两军交锋节节败退最后还被反将一军,便将任务难度夸大到无以复加的地步。其次认为身处穷途末路之围,闻垓下四面楚歌、观周遭十面埋伏,便将外界环境评判为九死一生的绝境。最后对比自己早期和刘邦的判若天渊到南征北战中的此消彼长再到最终自己的兵力羸弱,使他陷落了"冥冥之中皆有定数""自己时运不济才会一败涂地"的认知黑洞。将自身的成王败寇消极地归因于外在的、不可控的因素之中,使他最终丧失了基本的求生本能(动机降低),用天命难违的荒诞"宿命论"为自己的失误开脱(认知障碍),以及起初对刘邦背信弃义的愤懑转向霸王别姬悲观绝望地为自己"料理后事"(情绪失调)。与其说其临危不惧,不如说其坐以待毙。因此,即使乌江亭长临危救驾、极力劝阻,也不愿卧薪尝胆去重振江东。

项羽回想起义初的独当一面与时至今日的败势残局,自我谴责、自我痛恨。对于此种情形弗洛伊德在死亡本能理论中便有入木三分的精彩论断。他认为死亡本能是生命本能的一种极端表现,它的终极目的就是从生命状态回到恒定不变的无机状态。它有两种表现形式:一种是向外投射,表现为破坏性、攻击性、挑衅性、侵略性,或争吵、斗殴、挑起战争等。另一种是向内投射,表现为自我谴责、自我痛恨、自我惩罚、自我毁灭、自我寻死等。当向外侵犯受到严重挫折时,它往往就有可能退回到自我,形成一种自杀的念头或倾向②。项羽此时是深受挫折而引起死亡本能的向内投射,他悔不当初,一恨自己对不起江东父老;二恨自己不听范亚父之言;三恨自己过于轻敌。因此他放弃了垓下之围之初的乔装逃离,谢绝了乌江亭长的及时解救,连在最后乱军之中也没有本能地逃跑……在百感交集中选择了慷慨赴死。

---

① 全国十二所重点师范大学联合编写:《心理学基础》,教育科学出版社 2008 年版,第 84 页。
② 郭本禹等:《潜意识的意义——精神分析心理学》(上),山东教育出版社 2009 年版,第 44 页。

不难看出，项羽在垓下之围由于认为自己在两军对垒中颜面扫地、节节败退便自暴自弃，最后便在自我悔恨当中英勇就义。可见，只能享受成功的荣华，而难以承受失败的压力成为他最大的人格障碍。

四 结语

项羽的人格缺陷导致了他刚愎自用的行为模式，在优势时狂妄自大、不可一世导致过分轻敌断送前程；在劣势时自怨自艾、怨天尤人失去重整旗鼓的勇气。项羽除了留下了千古悲壮外，还留下了警钟长鸣的启示：一是正确认识自己，充分考量自己的优势与不足，悦纳自我，而不是一味用虚荣来掩盖自身的缺陷。二是要看清社会的基本形势，结合自身的特质，趋利避害，为成功不断积累优势，能够厚积薄发，同时要不断调整自己应对环境的策略，不可思维僵化。三是要有切合实际的目标与理想，目标太高、理想太虚幻，容易导致失败和失败后的挫败感，从而一蹶不振。试想，如果项羽能做到这些，历史恐怕要出现沧海桑田的巨变。

英雄祭，魂骨归楚地。白驹过隙，更漏迢递①，枉叹流年不利！

---

① 更漏：古代夜间计时工具。"更漏迢递"形容光阴荏苒。

第四章 04

行走在分割线上
——对诗仙李白的心理传记分析

导读：作为文人，李白手无缚鸡之力，但在他的诗作中，为什么充满血腥之气？"安能摧眉折腰事权贵，使我不得开心颜。""天子呼来不上船，自称臣是酒中仙。"在我国历史的文人中，李白看似最有"骨气"，他蔑视权贵，这些诗词也常常被后人引用。但是，他为何一生都在表达自己"怀才不遇"的苦闷？如此看来，在江湖之远与庙堂之高中，他的选择并不清晰。本章拟就这两个悬疑性问题进行心理学解析。

开元十四年（公元726年），一艘木船顺江东下，从徂徕山而出，途经大运河，缓缓向吴越之地飘去。船上一位丰神俊朗、身佩长剑的青年，望着滔滔江水，思绪万千。谁也未曾想到这个年轻人将在唐朝诗坛掀起一阵狂潮，将浪漫主义诗歌推向了巅峰。他就是被后人称作"诗仙"的李白。

他五岁诵六甲，十岁观百家，十五做赋，自言可比司马相如，足迹遍布名山大川。在四十二岁时奉召入宫，成为翰林，荣华一时：御手调羹，贵妃捧砚，力士脱靴。这般荣华只是人生灰色悲剧书的一个短短的亮色段落，随之而来便是排挤，于是自傲的他声称"安能摧眉折腰事权贵，使我不得开心颜"（《梦游天姥吟留别》），故自请赐金放还。虽离京而去，他却坚守"天生我材必有用"（《将进酒》）的信念。在安史之乱中，这份信念支撑着他建功立业的愿望。效忠于永王李璘的他，平白遭受皇储争权的牵连，最终被判长流夜郎。途经南浦时，获得赦免，得以安然。作为一名爱国诗人的他，在听闻吐蕃的军队势如破竹、大有入主中原之势的时候，重病的他留下《临终歌》后，像屈原一般化为水中的精灵。

这位诗人一生匆匆，如同扑火的飞蛾一般，在极短的时间内释放了一生的璀璨。他的经历如同一个高速旋转的走马灯一般灿烂而灵动。同时这位一生匆匆的诗人也给我们留下了一系列的谜团。

一　血染长歌的仁君子

君子，儒家文化的最高典范。那么君子与普通人有何不同？——"君子所以异于人者，以其存心也。君子以仁存心，以礼存心。仁者爱人，有礼者敬人。"自汉"罢黜百家，独尊儒术"始，以"仁"为中心的儒家文化成社会主流文化。何为仁？——"刚、毅、木、讷，近仁。"[①]那仁如何表现出来呢？——"君子之

---

① 杨伯峻译注：《论语译注·子路篇第十三》，中华书局1983年版，第143页。

历史名人的心理传记

于禽兽也,见其生,不忍见其死;闻其声,不忍食其肉。是以君子远庖厨也。"歌者,咏也。歌是用来书写自己的想法与感受的方式。李白,一位受到儒家文化影响的诗人,他的诗作屡屡散发出杀伐血腥之气,如《白马篇》《结客少年场行》等,让人难以理解。

受儒家文化影响的李白,本该以"仁"为己任,崇尚君子之风,可为何他的诸多诗作却充满血腥之气?

首先,引入一些例子:

> 杀人如剪草,剧孟同游遨。(曹植)《白马篇》
> 笑尽一杯酒,杀人都市中。(孔绍安)《结客少年场行》
> 腰间延陵剑,玉带明珠袍。我昔斗鸡徒,连延五陵豪。
>
> (李白)《叙旧赠江阳宰陆调》

这些仅仅是李白包含血腥之气诗作的一个剪影而已,杀人偿命大家都知道,并且《唐律》中有这么一条"诸斗殴杀人者,绞;以刃及故杀人者,斩;虽因斗而兵刃杀者,与故杀同"。综上,可以看出这些诗作中提到的杀人的血腥场景是虚构的。毕竟杀人是需要偿命的,律法可不吃素,更何况在以"仁"为本的儒家学说中,对宰杀牲畜都会产生不忍之心,就不要说人了。既然如此,那么李白为何要写这种类型的诗作?

根据海德的归因理论[①],任何事件在对其发生原因进行分析归因时,均存在内部归因与外部归因两个方向,即人们通常试图将个体的行为或者归结为内部原因(例如个人性格),或者归结为外部原因(例如人们所处的情景)。李白为什么要写这种类型的诗作,也可以从以上两个角度思考:外部因素与内部因素。

就外部因素而言,外在的社会环境对一个人有很大的影响。作为一个生活在社会中的人,他的一举一动都会受到社会背景的约束与影响。在李白生活的盛

---

① [美]戴维·迈尔斯:《社会心理学》,侯玉波、乐国安、张智勇等译,人民邮电出版社2006年版,第62页。

唐时期[1]，当时就流行这种风格的诗作。"盛唐之始，反齐梁轻艳、复汉魏风骨之运动，声势浩大、波澜壮阔，人才辈出、俊彩星驰。盛唐诗有山水诗和边塞诗两大流派。……开元初期，玄宗积极开拓疆界。一些年轻文人投身戎幕、奔赴边塞，战争生活、边塞风光再现于诗作。李颀开辟边塞诗一派，其诗流畅奔放，慷慨悲凉，广为流传。王昌龄七绝成就甚高，其诗内涵丰富、语言流丽，音节爽朗悠扬，格调天然优雅。高适，傲岸自负，大半生落魄流浪，其诗慷慨豪放，昂扬奋发。岑参，其诗急促高亢，以奇峭俊丽的风格，描绘光怪陆离、变幻莫测、瑰奇壮丽之边塞风光，乃边塞诗人中最卓越之代表。其他还有崔颢、王之涣、王翰等。山水诗和边塞诗两大流派之兴盛，标志盛唐之第一特征风骨已全然形成。"[2]

作为生活在这个时代的李白也不能免俗，自然会写出这类诗作。

在这个时期，有很多的此类作品：

> 少年负胆气，好勇复知机。仗剑出门去，孤城逢合围。杀人辽水上，走马渔阳归。（崔颢）《游侠篇》
>
> 义士频报雠，杀人不曾缺。（王昌龄）《杂兴》
>
> 白刃雠不义，黄金倾有无。杀人红尘里，报答在斯须。（杜甫）《遣怀》

这些只是此类诗作的一小部分，唐朝尤其是在李白生活的时代，国家内部可以说是安定的，但边疆几乎可以说是年年战乱，没有停歇。许许多多的随军文人用诗作描画出血腥的战场，这类充满着边疆血腥与苍凉的边塞诗成为了这个时代的主流题材之一，比较著名的文人大都写过充满肃杀血腥的边塞诗。就连一直以怜惜众生疾苦深入人心，对于鸡吃虫、人吃鸡这类事情都会抒发感慨，写下《缚

---

[1] 李白（公元701—762年），初唐（公元618—712年），盛唐（公元713—766年），中唐（公元766—835年），晚唐（公元836—907年）。

[2] 黎传绪：《论盛唐诗歌特征及其成因》，选自《南昌教育学院学报》2003年第18卷第3期，第25页。

历史名人的心理传记

鸡行》①的杜甫也写过这种诗篇，更何况曾学过剑术，"袖有匕首剑"②的装扮、好任侠的李白了。

由此可以看出，在外部条件的影响下，即处在以血腥肃杀为诗作主要题材的唐代，李白写这类诗歌实际是做了一个跟随大众潮流的选择，从心理学角度而言就是从众③。从众是人们在真实的或想象的群体影响和压力下，放弃自己的意见而采取与大多数人一致行为的心理状态，即判断、信仰和行为表现与群体中的多数人保持一致的现象④。心理学家所罗门·阿希（Solomon Asch）曾通过实验的方法来研究从众心理，结果表明，个体在作抉择时，从众现象会经常发生，所以从众是影响人们行为抉择的一种普遍心理。在当时大多数人都以战争的杀伐作为诗歌的主题时，李白会写这类诗作也是很自然的。

血腥肃杀类的边塞诗正处于高产量的社会为李白提供了创作的题材以及条件，即社会环境的外部因素使得李白写了这类诗歌。值得注意的是：据说李白生前留有诗作大约3000首，现存近1000首，大约有50首边塞诗，还有游侠诗、送亲友参军的诗作总计近乎50首，总计此类血腥诗作占了现存诗歌的十分之一。那什么样的内部因素使李白写了如此多的此类诗作？如果仅仅是屈从于社会的影响，那么此类诗作应该只是寥寥几首，但李白的此类诗作近百首，在他的诗歌中占了很大的比例。这证明李白写这类诗并不仅仅是简单地随大流，而与他个人本身有一定的关系，即李白有很强大的内部因素推动他写下此类诗作。

唐朝是封建文化达到高峰的时代，国力昌盛，尤其在"开元盛世"的时期，国家安宁，百姓安居乐业，这是大家对于这个时代的普遍认识。但是这些是对当时社会的一个片面的看法，这仅仅是国家内部状况，边疆却是烽火连绵。李白主要生活的睿宗、玄宗时期也是如此——国家的内部繁荣昌盛，边疆战火纷飞，少

---

① 小奴缚鸡向市卖，鸡被缚急相喧争。家中厌鸡食虫蚁，不知鸡卖还遭烹。虫鸡与人何厚薄，吾叱奴人解其缚。鸡虫得失无了时，注目寒江倚山阁。
② 崔宗之：《赠李十二白》。
③ [美]戴维·迈尔斯：《社会心理学》，侯玉波、乐国安、张智勇等译，人民邮电出版社2006年版，第153页。
④ 姚本先：《心理学》（第二版），高等教育出版社2009年版，第400页。

有停歇。从《新唐书》中的《本纪第五·睿宗玄宗》①可以看出唐朝的战火是经久不息。玄宗曾几次下诏，寻求游侠义士为国效力消灭叛军，平息战乱。所以，唐朝的男子出人头地有两条路可选：一是文，即通过科举考试入朝为官；二就武，即通过参军建功立业。李白本人，先后师从赵蕤、裴旻学习剑术，并且也从过军，但最终以文采，而不是文武全才而出名。可以得知李白在军队里可能充当的是随军文人的角色，就算当兵也没有成长为一名优秀的战士，所学的剑术是没有表现出来，更没有派上用场。

李白学过剑术，便希望他的剑术可以派上用途，最好是能有一定的名气，当时的选择便是成为侠客与征战沙场。但就李白的后世名声而言，说的都是他的文采，却未提及他征战沙场以及侠义之名，就从反面证明了李白没能做到通过征战沙场来获取功名，也没能做到靠侠义助人获得名声。李白即使学了剑术，可以战斗，却没成为优秀的士兵，更不要说成为指挥千军万马的统帅了。毕竟统帅不仅仅要一身好武艺，还要有良好的军事才能。

李白自己所学剑术无法做到让自己成为一名侠士或者征战沙场获取功名，因而将此种感情寄于诗作之中。就像弗洛伊德所说的，当个体的本能欲望和冲动如果不能在某种对象上得到满足，就会转移到其他对象上，以寻求替代满足。这也就是弗洛伊德自我防御机制中提出的移植②，在移植中，本能的目的与根源保持不变，但本能的对象却发生了变化，即个体把应该对某人或某物的情感转而表达给另外的人或物。

李白无法通过征战沙场获取功名，也不能凭借自己的剑术像侠客一般仗义行侠，还遭遇了斗鸡事件③，让其颜面全无，从此将兴趣的重点逐渐从"武"转向"文"，情寄诗词。所谓的斗鸡事件简略点说就是，在开元九年（公元721年）

---

① （宋）欧阳修、宋祁：《新唐书·卷五·本纪第五·睿宗皇帝李旦玄宗皇帝李隆基》，中华书局1975年版，第115—121页。
② 郭本禹等：《潜意识的意义——精神分析心理学》（上），山东教育出版社2009年版，第59页。
③ 《叙旧赠江阳宰陆调》所提到的一件事，即在长安北门参与斗鸡赌博事件，遭遇五陵豪的围攻，在一段时间内李白对于任侠失去了兴趣。原诗内容为：风流少年时，京、洛事游遨。腰间延陵剑，玉带明珠袍。我昔斗鸡徒，连延五陵豪。邂逅相组织，呵吓来煎熬。君开万人丛，鞍马皆辟易。告急清宪台，脱余北门厄。

历史名人的心理传记

的春天，李白与陆调同游长安期间，李白因为在北门斗鸡赌博的事情与贵门子弟发生争斗，而贵门子弟集结了五陵一带的游侠之人，围攻殴打李白，幸好陆调及时告知了御史台巡官，解救了李白。此次事件向李白展示了自己的剑是多么的无用，任侠是多么的不切实际。可是，为了彰显自己的剑术是有用的，李白毅然从军。在战争结束后，李白并未获得任何封赏。总而言之，这些经历表明李白的剑术虽然经过专业的培训，但从未派上过真正的用场。他花费精力学习的剑术没有带给他任何荣誉，带来的只有失望与屈辱，所以李白将这种情感移植到他的诗作、装扮甚至言谈之中。前面提到了诗作，后面就简要地说一下装扮以及言谈。

袖有匕首剑，怀中茂陵书。双眸光照人，词赋凌子虚。（崔宗之[①]）《赠李十二白》[②]

少任侠，不事产业，名闻京师。（刘全白[③]）《唐故翰林学士李君碣记》

少任侠，手刃数人。（魏颢[④]）《李翰林集序》

这些是友人描写李白形象的诗文，首先崔宗之的描写就比较具体："袖有匕首剑，怀中茂陵书。双眸光照人，词赋凌子虚。"李白是一个袖中藏有短剑、怀中装着诗作文稿的人。他眼中的光彩夺目照人，他的诗赋凌驾于司马相如之上。刘全白的话就比较概括，平铺直叙一些。李白少年时代喜欢任侠，不管理家中的产业。而魏颢所说的的"手刃数人"这话的可信度就不是很高，因为李白是没有杀过人的，毕竟律法在那里，杀人是需要偿命的。那么魏颢为什么会这么写？魏颢可以称作李白生前第一铁杆粉丝，为了见李白一面，可谓是千里追星，比现在的粉丝可疯狂多了。就他本人不太幸运，往往是他听说李白在哪，等他赶过去的

---

① 崔宗之，名成辅，以字行。日用之子，袭封齐国公，与李白同为酒中八仙。
② 崔宗之的代表作，其中有关李白的是"思见雄俊士，共话今古情。李侯忽来仪，把袂苦不早。清论即抵掌，玄谈又绝倒。分明楚汉事，历历王霸道。担囊无俗物，访古千里余。袖有匕首剑，怀中茂陵书。双眸光照人，词赋凌子虚。酌酒弦素琴，霜气正凝洁。平生心中事，今日为君说。"
③ 刘全白，自幼能诗，在池州任上写《唐故翰林学士李君碣记》。
④ 魏颢，又名魏万，号王屋山人，主要作品《金陵酬李翰林谪仙子》，为李白身前极具代表的粉丝。

时候就被告知李白已经离开了此地。于是，魏颢就从黄河流域追到江南，一直追到浙江的天台山人还没见到，而后又从江南到江北，最后在广陵终于见到了李白。两人一见如故，李白委托其整理自己的诗作，因此魏颢在李白生前就将李白的诗作整理成诗集并为诗集写序，诗集前的序言就是《李翰林集序》。对于《李翰林集序》中李白的生平事件应该是根据李白口述完成的，可以说基本属实，但也不能避免李白在描述过程中将自己美化，其中提到的"手刃数人"就是李白对于自身的美化之词。李白没有杀人，却学过剑术，李白吹嘘自己的任侠事迹也无可厚非，作为铁杆粉丝的魏颢对李白所说的事情自然深信不疑，对于李白所说的关于自己的事情不辨真伪直接写进文章中实属正常。

所以说，在李白不能用剑杀敌，无法用剑任侠的情况下，将侠士还有战士提剑杀人的豪迈之情移植到个人装扮，言谈以及诗作之中，所以才会写下大量的沾染上血腥肃杀之气的诗作。

二 庙堂之高，江湖之远？

中国文人有一个比较有意思的现象—想要建功立业，却又不愿让人说自己追名逐利。故而范蠡、陈平这类的人是中国文人比较倾慕的榜样。他们建立了卓越的功绩，而且不贪慕名利。作为中国文人一员的李白面对这个题目究竟是选择了什么？

如果要说李白的选择的话，基本上都会认为李白的选择是处江湖之远，因为有诗为证——"安能摧眉折腰事权贵，使我不得开心颜。"[①] 由于这首诗被选入了语文课本，这一句基本上家喻户晓，最重要的是表现诗歌主旨的就是这一句，所以大家对李白的印象就是一个不喜为官，而且身具文人的傲骨与清高。另外李白的忘年交杜甫对于李白形象的刻画也是让大家产生这种印象的原因之一。杜甫

---

① （唐）李白：《梦游天姥吟留别》，选自《李白全集》，上海古籍出版社1996年版，第697页。

历史名人的心理传记

眼中的李白是这样的——"李白斗酒诗百篇,长安市上酒家眠。天子呼来不上船,自称臣是酒中仙。"[①] 这两句诗中的李白是一个文采斐然、好酒、不喜做官的人,毕竟连天子呼都不愿上船而想沉浸在酒中的人。这两句诗又广为人知,所以大家就对李白形成了一个好酒、厌恶官场的印象。而且李白学道且受过道箓,换句话说就是拥有资格证的道士,道家是讲老庄无为的。故综合以上得出李白绝对会选择处江湖之远,不愿做官。那么在实际情境中的李白选了什么呢?可以说他的选择颠覆了大多数人心目中的印象——入仕做官。他走了古代文人老路,毕竟"学而优则仕",而且一两首诗也代表不了一个人一生的追求。随之而来就有一个问题:既然李白选择了入仕,那为什么不参加科举呢?唐朝著名诗人中只有李白没有参加过科举,这是为什么?用李白自己的话说我是天才,不需要考试。可是反过来说,既然是天才,就可以轻松通过,可以早日建功立业,试想一下,如果李白十几岁考取进士,不就可以很早实现自己的入仕梦想吗?

实际上,李白是无法参加科考的,即没有参加科举考试的资格。在《人物春秋》中,周涵对于李白的评价就是:没资格参加科考的大文豪。那为什么李白没有参加科考的资格呢?这就与唐代的科举制度有关。

唐朝科举制度比起后世较为宽松,但是仍有一定的限定要求。"唐代科举制中有常科和制科考试,以常科为主。常科考试分两步进行。第一步是预选性的考试,称为'解送试'。第二步是报考者通过预选后才可以参加全国性正式考试,即省试。解送试分别在地方和学校中进行。应举的士子参加地方举行的解送试需要先到所在县报名,填写履历和家状,然后参加高级行政区划单位州(府)试。州(府)试一般在秋季进行,各科及第者经刺史或府尹审批写好举状后,解送中央尚书省礼部参加省试。……在科举考试中,无论是常科还是制科,考场管理都是非常严格的。考场围墙周围遍插荆棘,围墙外面有巡逻的军士。考生必须经过逐个点名、核对举状书无误,并查明没有挟带书籍小抄等后,才可以进入考场。"同时又是公平竞争,"所谓'公平竞争',即士子不分年龄、出身(除

---

① 李白:《饮中八仙歌》,选自《李白全集》,上海古籍出版社1996年版,第1478页。

了作奸犯科、刑徒奴婢、州县胥吏、倡优艺人外）和贫富都可以报考"。[1] 故而在科举考试中，首先，要通过审察，审察要注明"郡县乡里名籍""父祖它名"，此外中国古代"商"这个阶层的人是不算在科考之列的，罪人的后代更不可以。根据《唐律•职制律》[2]来说，之所以注明郡县乡里名籍、父祖它名还有一个目的，一旦考试通过需要担任一定官职时，你的官职不能与父祖名讳相同。例如，你的父亲名字里有"安"这个字，你就不能在长安做官；你的父亲名字里有"卿"这个字，那么就不能担任有"卿"这个字的官职。

在范传正所作的《唐左拾遗翰林学士李公新墓碑》里称李白的父亲为李客，而这是根据李白之子伯禽"手疏十数行"而写，可靠性比较高。其中这样描述李白的父亲——"神龙初，潜还广汉，因侨为郡人，父客，以逋其邑，遂以客为名。高卧云林，不求禄仕。"而到了现在，李白祖父是谁，大家都不清楚。而且在李白的认识中他的身份是这样的——"白，本家金陵，世为右姓。遭沮渠蒙逊难，奔流咸秦，因官寓家，少长江汉。"[3] 既然是这种情况，李白祖上至少有人有罪名，而且不轻，否则不可能使人"奔流咸秦"，而此人极可能是李白的祖父，不然李白不会如此清楚，并且不提祖父姓名。因此，李白的科举审察是无法通过的，那么就没有资格参加科举。便只能选择另外一种路径——干谒名士，广造名声，后经人引荐，再获得皇帝征召入朝为官。诗作是可以随性而发的，但书、表、赋之类的长篇文章必须是经过一定思考的，而李白的书、表、赋中均反映了李白的求仕心理。在这里大家或许依然会说李白没有选择入仕。毕竟书、表、赋从数量上共计十七首，就算他写了一些序，还有赞，以及碑文，就算这些都是表现求仕的诗文也不多，还不足一百篇（首），更何况李白还有些大量表明隐逸学道诗，怎么会选择入仕？在李白的生涯中，有一个写学道诗的时间——学道诗基本均作于干谒失败之后。对于只能选择干谒之路入仕的李白来说，干谒失败之后，让道为自己疗伤，有何不可？对于时间上的问题在后面的李白诗作

---

[1] 宋中选：《从唐代科举看其政治功能》，西北师范大学硕士学位论文，2009年，第17页。
[2] （唐）长孙无忌等：《唐律疏议卷第十职制•凡一十九条》，中华书局出版社1983年版，第206页。
[3] （唐）李白：《上安州裴长史书》，选自《李白全集》，上海古籍出版社1996年版，第1232页。

历史名人的心理传记

年表附录中进行展示。做任何事都有内部动机的,那么李白为什么要入仕?

首先,在李白的自我认知里,他是拥有高贵血脉的人,有例为证——"李白,字太白,陇西成纪人,凉武昭王暠九世孙。"[1] 这是李白生命的最后时间里,自己口述,李阳冰写的,李白不会拿自己的身世开玩笑,而且当时的李白病重到几乎死掉的地步,人之将死,其言也善,对身世的说法应该比较准确。追溯上去凉武昭王暠九世孙和唐代开国皇帝李渊是一支,然而自认为出生与血统高贵家族中的他,却被判为"绝嗣之家"[2],导致"难求谱牒"[3],最终连科举都无法参加,这给李白造成了严重影响,使他的内心十分自卑。

对于自卑情结,著名心理学家阿德勒是这样定义的:当一个人面对一个他无法适当应付的问题,他表示他无法解决这个问题时,此时出现的便是自卑情结。……由于自卑感总是造成紧张,所以争取优越感的补偿动作必然会同时出现,但是其目的却不在于解决问题[4]。李白因为无法使自己的身份光明正大而自卑——他虽然知晓自己拥有高贵的皇族血统,但却无法像其他皇室子弟一般获得皇室子弟应有的尊荣,甚至都不能像普通人一般坦荡地说出自己的身份。所以李白只能通过从别处取得优越感而得到补偿。表现在行为上就是一面诉说自家是"世为右姓",一面又很少提及自家的父亲、祖父等人。除了由李阳冰写的《草堂集序》,其他关于李白的身世从来都是简单带过,没有详细的说明。

出现的这些宣称自己不爱做官之类的话,实际上就是自我防御机制中的合理化[5]。合理化就是指用一种能接受的理由代替自己的真实动机,其典型代表就是酸葡萄心理,就像狐狸吃不到葡萄就说葡萄酸一样。李白就说朝廷不重用我,不是我无能,而是我才不屑做官,我才不是那些追名逐利的人,我追求的是快乐,"使我不得开心颜"的权贵我不会"摧眉折腰"服侍。通过这种想法让自己内心

---

[1] (唐)李白:《草堂集序(李阳冰)》,选自《李白全集》,上海古籍出版社1996年版,第1433页。
[2] (唐)李白:《唐左拾遗翰林学士李公新墓碑并序(范传正)》,选自《李白全集》,上海古籍出版社1996年版,第1454页。
[3] 同上。
[4] [奥地利] A.阿德勒:《超越自卑》,刘泗译,经济日报出版社1997年版,第76页。
[5] 郭本禹等:《潜意识的意义——精神分析心理学》(上),山东教育出版社2009年版,第60页。

第四章 行走在分割线上

得到平衡，李白想要做官，却得不到重用，并且被排挤，他毅然决定上请赐金放还，并且用自己是不屑做官的这种自己能接受的理由来代替想当官的内心愿望。

粗略估计李白的经历，从十四岁左右就开始了拜谒的历程。李白的拜谒不仅仅是为了寻求族谱，以正己名，更是为了可以建功立业。开元九年（公元721年），受到斗鸡事件影响的李白参军，过了一段军营生活，但在最后论功行赏之时却没有李白的份。李白拜谒之路可谓是艰苦万分而且百折不挠。李白为了让玉真公主引荐，听闻玉真公主前往终南山修道，便在玉真公主别馆从初夏居住到玉真公主走后，仍坚持待到了九月，在此期间为了拜谒玉真公主写下了《玉真仙人词》。李白为了拜谒写了《大鹏赋》《明堂赋》，还有为了拜谒所写的诗歌表书，可以说不计其数。得到征召成为翰林的李白在受到疏远后，毅然上书请辞，得到赐金放还的命运。在赐金放还后，李白一度待在长安，希望可以得到再次录用。天宝十一年，五十一岁的李白竟然还在幽州一带边疆游猎视察，并赴蓟州、安东护府报告情况，没被重视，又向哥舒翰报告情况。就算受到永王李璘事件的影响，流放夜郎，但李白的报国之志仍未改变。比如，六十一岁的李白听闻金陵一带刘展叛乱，便前往金陵，但未到金陵，刘展已平。又听闻李光弼对史朝义进行讨伐，遂往投之，半道生病，返回金陵。可以说李白一生都在追求功名，从开始的拜谒，到最后的参军，关注边情，可以说这位诗人的报国思想没有改变，想获得功名的心理从未改变。而推动他不断前行的动力其中很大一部分就是他的那个让他无法参加科举的身份产生的自卑，也让他不断追求超越与优越感，为他提供了真正的原动力。因为自己在建功立业后，获取皇上信任，就可以让自己获得自己真正的身份。自己本是拥有高贵血统的皇室子弟，却因遗失谱牒无法获取自己的真正身份，甚至不能像普通人一样正大光明地说出自己生父，一个生而高贵的皇室子弟在谈到身世比平民百姓更难开口，使得他内心极其自卑。而在建功立业，获取皇上信任后，自己自言自己身世会获得查证，最终会拥有自己真正的身份，而不是被落下冒认皇亲的罪名。让自己由于无法诉说自己身世的自卑心得到补偿，这可以说是李白追求功名的内心因素。

追求功名可以理解，可李白的追求功名的方式都快比得上自虐了，是什么

历史名人的心理传记

在逼迫李白如此行动，以至于连身体都不顾？大家都知道，李白好道，并且有道籍。那么好道的李白有没有炼丹呢？答案是有的，李白炼过丹。现代人都知道，这种丹药含有大量的汞铅，是对身体有害的，长期服用就会导致身体内汞铅这类重金属沉积，说白了这些丹药就是慢性毒药，服用它相当于慢性自杀。李白有的诗里提到自己鬓发早白，就是这种丹药的后遗症。那么如此身体不好的李白为什么在六十一岁高龄之时仍然试图参军呢？

从心理学的角度，可以从李白的本我与自我之间的矛盾[①]来理解这件事情：李白的本我渴求建功立业，获取皇宠，让皇帝信任，使得自己可以认祖归宗；而面对现实的一次次失败，李白的自我告诉李白，你这样是不会成功的，最终导致李白的自我防御机制做出了这样的反应：投射、反向形成。根据弗洛伊德所言，所谓的投射是指将个人的错误或缺点外化为或归咎于客体、事件或他人。反向形成是指用一种相反的方式来代替受压迫的欲望，以对立面掩藏某种本能于无意识之中的机制。

李白期望可以建功立业，侍君荣亲，恢复真正身份，可是失败的影子一直笼罩着这位谪仙般的诗人——从干谒开始失败一直伴随着他，随着参军无功，君王疏远，被流夜郎……直到生命终结，他的成就一番伟业的愿望一直没有实现。他的本我与自我一直处于矛盾冲突之中，他的焦虑一直在蔓延，面对皇权，他抗争无力。于是他将这些情感投射，所以他声称自己是"倾城白璧遭谗毁"。饮酒放歌是他无法实现愿望、内心压抑时排遣的方法，这种情感同时反向形成[②]，他更加寻求实现愿望，寻找任何方法，只要可以实现自己的愿望，身体已经不再考虑之中，使得五十多岁将近六十岁的老人从军李璘军队。

李白不聪明吗？五岁诵六甲，十岁观百家的孩子怎么会不聪明？政治不懂吗？师从纵横家赵蕤的李白连政治形势都看不清，那不是白学了？或许多年都没有实现的理想，使得他如同无头苍蝇一般，尽可能抓住一切机会，即使那只是一根等同于蛛丝的可能。最后从军李璘的他已经是盲目的了，他为了一丝希望奔

---

① 郭本禹等：《潜意识的意义——精神分析心理学》（上），山东教育出版社2009年版，第48—51页。
② 同上书，第59页。

波、忙碌，希望可以实现自己的理想。这时的他已经看不到正确的方向，他忘记了皇家争权的血腥，他不懂审时度势，他为自己的盲目付出了代价。

自古以来，皇家争权，成王败寇。曾经效忠永王李璘的他，为此付出流放夜郎的代价，李白就是皇家争权的殉葬品。

遇赦之后，李白更加盲目，他想报国，可是这个已经被那些对身体有害的丹药侵蚀的残败身体，再加上过度的饮酒使得它更加残破，已经支撑不起他的奔波忙碌。于是这位诗人在听闻吐蕃侵占陇西，大有直指中原、长安之势，这位为理想奔波了一生的诗人，在采石山牛渚矶留下《临终歌》，像屈原一般在水中结束了生命，结束了盲目的追寻。李白自我防御机制中的反向形成太严重了，给他带来了灭顶之灾。他为之付出惨重代价——生命。

三　结语

李白匆匆走完他的一生，有快乐、有痛苦、有荣华、有穷困、有坚持、有放弃。在李白身上可以学到很多，其中最主要的就是——无论何时何地我们应当向自己追求的目标前进，就像我曾经听到的一句话：当我们向着目标坚定不移地前进时，成功也就随之而来。李白为此付出巨额代价，最终成为一位成功的诗人，试想历朝历代官至丞相的人何其多，帝王有多少，为什么人们记得的只是那么寥寥几人？而他只做了一个小小的翰林却被人们记住。游历名山大川的人何其多，拜谒官员而期望获得引荐的人犹如过江之鲫，为什么他可以广造声势，为玄宗所知？这些的背后只有一个支撑——坚持。

从做人而言，就像飞机之父——莱特兄弟说的"人一生只能做好一件事"。那依据以上来看，李白的确算得上成功人士，至少是一个成功的诗人，虽然他不是一个合格的官员、游侠、父亲、丈夫，但是作为诗人的他十分伟大，这其中有哪些值得我们思考与学习呢？

首先，应该相信：如果上天关了一扇门，它会给我们开一扇窗。正如李白被

历史名人的心理传记

关了入仕的门,却开了让他成为万古流传的杰出诗人的窗。所以,遇到挫折时不要沮丧。残疾人海伦·凯勒不是也能实现人生的意义吗?

其次,我们要定一个高远的目标,然后向目标始终坚定不移地走去。即使你最终达不到目标,但是你会到达一个别人难以企及的高度。就像李白,他想建立张良、范蠡一般的功业,并向此努力,他游历大川,颐养心性,提高能力,就为了完成这件事情。最终他虽没有完成,但是他成了名传千古的诗人。

最后,在任何时候都要保持乐观的心态,李白放旷,饮酒宴乐。虽然遭遇众多失败,但他仍在高歌,仍在永不疲怠地追求。所以,乐观豁达的心态很重要。李白如果不乐观豁达或许早就抑郁而亡,怎么会有这么多诗篇流传下来?

作为新时代的人,我们比李白幸运多了,至少我们可以参加很多工作和学习而不受到身份的限制,至少不会因为父母的身份对我们造成影响,为什么还不努力呢?

第五章 05

多尔衮：传奇一生的艰难抉择

导读：多尔衮的一生有三大悬疑点值得深思：第一，多尔衮与皇太极是兄弟、是君臣，曾经因为皇太极，使得多尔衮与帝位失之交臂。可皇太极即位后，多尔衮却表现出对他无限忠诚，那么，多尔衮对皇太极的态度，究竟是"爱"多一点，还是"恨"多一点？第二，多尔衮运筹制胜，入主中原，权倾朝野，称"皇父摄政王"，作为当时清朝的实际掌权者，他随时可以废帝自立，这样，既可以给自己一个更加宽阔的人生舞台，同时也可一解当年皇太极夺权逼母之恨，可他为何始终没有自立为帝？第三，多尔衮拥福临为帝，可"天下只知摄政王不知福临"，多尔衮自己，一方面要求下属不要讨好自己，要尊重皇帝，但他自己又处处表现出对皇帝的僭越，那么，他对福临究竟是服还是不服？本章就从心理传记学的角度来分析和解剖多尔衮传奇一生中的诸多悬疑。

第五章　多尔衮：传奇一生的艰难抉择

爱新觉罗·多尔衮（公元1612—1650年），清太祖努尔哈赤第十四子，清太宗皇太极之弟。九岁被封和硕额真（即主的意思）；十六岁赐号墨尔根代青（即聪明的统帅），封固山贝勒；二十四岁封为和硕睿亲王；三十一岁成为摄政王；三十二岁封"叔父摄政王"；三十三岁晋"皇叔父摄政王"；三十六岁被尊为"皇父摄政王"；三十八岁病逝于喀喇城（今河北承德市郊），灵柩回京，顺治帝亲率王公大臣出城恭迎，以帝礼安葬，追尊多尔衮为"诚敬义皇帝"，庙号"成宗"。然而，仅仅两个月后，有人告其"谋篡大位"，多尔衮被削爵撤封，开除宗室，没收家产，毁坟鞭尸。直到乾隆四十三年（公元1778年），即在多尔衮去世128年之后，乾隆皇帝为其平反，称其"定国开基，成一统之业，厥功最著"，复睿亲王爵，追谥为"忠"。

多尔衮的一生有过昙花一现似的辉煌，又有过飞蛾扑火过后似的死寂，他辉煌而短暂的人生背后到底隐藏着怎样我们看不到的谜？

　　一生荣辱，盖棺难定论。
　　百年沉浮，去伪方成真。

多尔衮的一生在矛盾中抉择，在抉择中成功，也在抉择中毁灭。在多尔衮的一生中有三大悬疑点待人们深思：第一，多尔衮与皇太极是兄弟、是君臣，曾经因为皇太极，使多尔衮与帝位失之交臂。可皇太极即位后，多尔衮却表现出对他无限忠诚，那么，多尔衮对皇太极的态度，究竟是"爱"多一点，还是"恨"多一点？第二，多尔衮运筹制胜，入主中原，权倾朝野，称"皇父摄政王"，作为当时满清的实际掌权者，他随时可以废帝自立，这样，既可以给自己一个更加宽阔的人生舞台，同时也可一解当年皇太极夺权逼母之恨，可他为何始终没有自立为帝？第三，多尔衮拥福临为帝，可"天下只知摄政王不知福临"，多尔衮自己，一方面要求下属不要讨好自己，要尊重皇帝，但他自己又处处表现出对皇帝的僭越，那么，他对福临究竟是服还是不服？本部分从心理传记学的角度来分析和解剖多尔衮传奇一生中的诸多悬疑。

一 对皇太极究竟是"爱"还是"恨"

"爱"与"恨"本身就是两个很极端的字眼,就像多尔衮与皇太极的关系:他们同为清太祖努尔哈赤的儿子,原本是血脉相连的兄弟,因皇位和权力让他们的关系发生了微妙的变化,在这关系的微妙变化中,多尔衮对皇太极的态度也在发生着变化。皇太极曾说"朕爱尔过于诸子弟"[①],多尔衮也回忆说"夫太宗恩育予躬,特异于诸子弟者,盖深信诸子弟之成立,惟予能成立也"[②],这说明皇太极对多尔衮充满信任,多尔衮也认识到自己受到皇太极的特别关照;但多年后多尔衮又说"太宗之位原系夺立"[③]。那么在他们的关系中,多尔衮对皇太极的态度究竟是"爱"还是"恨"?

1. 早年潜藏在潜意识中的恨

在多尔衮(明万历四十年十月二十五日,公元1612年)出生之时,他的父亲努尔哈赤已经是辖地广阔、臣民众多的女真国聪睿恭敬汗(即君主)了。并且努尔哈赤对多尔衮、多铎兄弟的喜爱也是异于诸子弟的[④]。努尔哈赤曾极力抬高多尔衮、多铎的政治地位。1622年,努尔哈赤宣布今后实行"八和硕贝勒共治国政"制度,"立阿敏台吉、莽古尔泰台吉、皇太极、德格类、岳托、济尔哈朗、阿济格阿哥、多铎、多尔衮、八贝勒为和硕额真"[⑤],八贝勒共治国政制度使汗的权

---

① (清)赵尔巽等:《清史稿·卷218·多尔衮传》,中华书局1976年版,第9023页。
② 《清世宗实录》卷22,顺治二年十二月癸卯。转引自周远廉、赵世瑜:《皇父摄政王多尔衮》,吉林文史出版社1993年版,第127页。
③ 《清世祖实录》卷53,顺治八年三月癸巳,福临公布多尔衮罪状中的第5条。转引自武斌:《清沈阳故宫研究》,辽宁大学出版社2006年版,第100页。
④ 多尔衮的生母乌拉那拉·阿巴亥是努尔哈赤16个妻子中的一个,她一共生了3个儿子,分别是阿济格、多尔衮和多铎。因为阿巴亥受宠的缘故,多尔衮三兄弟在24个兄弟姐妹中也受到特别的照顾。
⑤ 转引自杨珍:《后金八王共治国政制研究》,《中国史研究》2000年第1期,第124—125页。

第五章 多尔衮：传奇一生的艰难抉择

力受到了极大限制，一切军国大事均由八和硕贝勒议处。这时，年仅十岁的多尔衮和八岁的多铎被合立为一个和硕额真，同掌一旗，可见兄弟二人受到非常的重视。天命末年（公元1626年），努尔哈赤亲自辖有两旗，共六十牛录（三百人为一牛录）。他将这批牛录一分为四，赐予阿济格、多尔衮、多铎各十五牛录，自己保留十五牛录，死后给多铎。指定阿济格、多铎为"全旗之主"，即旗主[①]，并承诺让多尔衮也成为"全旗之主"[②]。由此可见，多尔衮不仅拥有一位英明神武的父亲，同时还在父亲众多子女中得到非常的重视（努尔哈赤一共16子8女[③]）。不仅父亲聪慧勇敢，母亲也是一位漂亮且富有心机的人物。据史料记载，多尔衮的母亲乌拉那拉·阿巴亥"饶丰姿""有机智"，并且善于照顾日渐变老的汗夫努尔哈赤，深受努尔哈赤的宠爱。天命五年（明万历四十八年，公元1620年），阿巴亥由侧福晋晋为大福晋，成为后金臣民的国母。多尔衮从小就是生活在这样的家庭。

人本主义心理学家马斯洛认为，个体幼年的基本需要的满足情况与成年后的性格以及心理健康状况之间有着密切的关系。他将基本的五种需要由低到高分为五种层次水平，分别为生理需要、安全需要、归属与爱的需要、自尊需要和自我实现的需要，在这些需要中，只有当低级的需要得到一定的满足之后，高层次的需要才会变得迫切。[④] 在这五种基本需要中，安全需要尤为重要，马斯洛甚至将个体看作一个寻求安全的机制，因此，对安全的感知和评判将影响个体的一生。依据精神分析心理学的观点，个体成年后的性格都可以从幼年的经历中找到原因，特别是从幼年与父母的关系中，因为个体幼年与父母的关系，在本质上是从

[①] 旗主：努尔哈赤确立八旗制度，规定每三百人为一牛录（牛录的人数，最初为十人，后来变为一百人、一百五十人、三百人），牛录的首领为牛录额真；五牛录为一甲喇，其首领为甲喇额真（即后来的参领）；五甲喇为一固山，其首领为固山额真（即后来的都统），固山额真左右置梅勒额真（即后来的副都统），并以"旗"作为固山的标志，将原来旗帜的周围镶一道边（黄、白、蓝三色旗镶红边，红色旗镶白边），从而形成八种不同的旗帜，即"八旗"。
[②] 《清太宗实录》卷3. 转引自周远廉、赵世瑜：《皇父摄政王多尔衮》，吉林文史出版社1993年版，第39页。
[③] 滕绍箴：《努尔哈赤评传》，辽宁人民出版社1985年版，第376—377页。
[④] ［美］马斯洛：《动机与人格》（第三版），中国人民大学出版社2007年版，第18—30页。

历史名人的心理传记

基本需要的满足中建立起来的，而亲子关系就构成儿童基本需要满足与否的重要指标。

但在儿童基本需要的满足过程中，父母扮演的角色是不一样的。一般而言，同性别父母容易与子女发生冲突（比如儿子与父亲、女儿与母亲），而异性父母则更容易引发儿童的积极情绪，儿童形成更紧密的依恋。于是，弗洛伊德认为男孩在三岁至四岁时会出现"恋母情结"，与母亲之间形成紧密的依恋，即最原始的以人际关系为导向的"爱"。但当男孩发现母亲与父亲之间的关系也非常亲密以后，就把父亲视为自己获得母爱的阻碍因素，他就会在潜意识中以父亲为敌。于是，最初的极端情绪"爱—恨"的模式通过原初的人际关系而初步形成。但是，父亲过于强大，父亲的严厉会在小男孩心理产生"阉割恐惧"——即最原始的以人际关系为导向的"恨"，为了消除由阉割恐惧引发的焦虑和不安全感，儿童就会在潜意识中产生"弑父娶母"的动机，为此，弗洛伊德通过古希腊神话中俄狄浦斯王弑父娶母的故事来阐释这一现象，将其称为"俄狄浦斯情结"。但是，"弑父"的动机会受到良心的谴责和道义的不许，同时会加剧儿童的不安全感，儿童就会试图寻找一条与父亲缓和矛盾关系并促进自身心理发展的途径，那就是以父亲"自居"或"认同"父亲，通过模仿父亲的言行，将父亲的形象内化，从而让自己成为一个像父亲一样的男人，然后将来娶一个像母亲一样的女人，这样，儿童不仅调和了与父亲的冲突，还为未来持续获得母亲（或像母亲一样的人）的关爱提供了可能，俄狄浦斯情结就以社会所允许的方式得到了恰当的解决。很显然，在这里，弗洛伊德通过隐喻的方式阐释了个体在性别角色形成过程中，异性父母对其的积极影响以及个体早期的情绪体验是如何影响性格的形成。

依据弗洛伊德的观点——男孩五岁以后会加强对父亲的认同，以父亲自居——即认为"我就是我父亲"的想法，从而获得对母亲依恋的替代性满足，同时获得个体的安全感——努尔哈赤在多尔衮的幼年时期扮演着一位合格的父亲，他很好地满足了孩子们的基本生理需要和安全需要。那时的多尔衮也只是一个幼弱的孩子，只能在汗父的呵护下成长并获得安全感。随着年龄的增长，多尔衮看到的更多是他的汗父征战沙场，国家在他汗父的手中变得更加强大，他对汗父努

第五章　多尔衮：传奇一生的艰难抉择

尔哈赤产生深深的认同。弗洛伊德认为，认同在个体发展中起着重要的作用，个体正是通过对父母的认同才得以克服恋母情结所引发的不安，逐渐内化社会道德规范，让自己成为一个成熟的社会人。多尔衮将汗父作为自己的榜样，希望有一天可以和汗父并肩作战，驰骋沙场。以致在多尔衮以后的生命中，始终都以汗父努尔哈赤的目标作为自己奋斗的动力。同时，母亲阿巴亥受宠，也为多尔衮提供了很好的机会，因此他才有机会在诸多的兄弟姐妹中占据更优质的资源。很显然，在这个过程中，多尔衮与母亲之间很容易形成更亲密的联系。

但是天有不测风云，就在多尔衮在父母的宠爱庇护下快乐成长时，天命十一年（公元1626年）初，英明汗努尔哈赤病危，召大福晋阿巴亥往见。就在多尔衮三兄弟悲伤之时，却没有预料到更大的灾难已经向他们渐渐逼近，第一次汗位争夺战就这样悄无声息地到来了——而多尔衮兄弟三人，此时还没有为此做好准备，此时多尔衮年仅十四岁，多铎年仅十二岁，尽管阿济格已经二十一岁，但他的外部支援力量即将失去，使他们兄弟三人在这次权力争斗中败北而归。

本来在这次汗位争夺中，多尔衮三兄弟占有绝对优势。从军事力量上来看，努尔哈赤生前已经为多尔衮三兄弟做了充分的准备，他将自己的两黄旗共六十牛录全部给了多尔衮三兄弟，并让他同父异母的哥哥代善和代善的儿子岳托形成外围的支持阵营[①]。再看当时八旗其他牛录的分配，大贝勒代善拥有正红、镶红二旗，二贝勒阿敏主镶蓝旗，三贝勒莽古尔泰主正蓝旗，四贝勒皇太极主正白旗，其余"执政贝勒"德格类、斋桑古、济尔哈朗、阿巴泰等，虽各自拥有牛录，但数目不多[②]。而多尔衮三兄弟拥有努尔哈赤所辖的两旗，实力强大。但是，代善却在这关键时刻戏剧性地宣布立皇太极为新汗。而皇太极与三大贝勒所做的第一件事就是逼阿巴亥自尽殉葬，这不过是为了斩断多尔衮的依靠，消除隐患，这也就导致阿巴亥成为后金唯一以身殉葬的大福晋，随后又对多尔衮三兄弟的政治地位进行打压排挤。史载，皇太极与诸位贝勒共同确立汗位继承人的时候，曾举行了五次盟誓，分别是皇太极盟誓；其次是三大贝勒（代善、阿敏和莽古尔泰）盟

[①] 纪连海：《历史上的多尔衮》第二版，中国民主法制出版社2006年版，第35—36页。
[②] 周远廉、赵世瑜：《皇父摄政王多尔衮》，吉林文史出版社1993年版，第34页。

历史名人的心理传记

誓；然后是诸位小贝勒盟誓；第四是大小贝勒共同盟誓；最后是汗与诸大小贝勒共同盟誓。在这里，多尔衮三兄弟被列入小贝勒之中："阿巴泰、德格类、济尔哈朗、阿济格、多尔衮、多铎、杜度、岳托、硕托、萨哈廉、豪格誓言吾等若背父兄而阴媚乎上，行馋间于汗、贝勒之间，天地见罪，夺其纪算。若一心为国，不怀邪曲，克尽忠道，天地鉴佑，寿命延长。"[1]很显然，在这次盟誓中，多尔衮三兄弟已经沦为小贝勒，因为在"八贝勒共治国政"制度中，多尔衮与多铎兄弟同阿敏、莽古尔泰、皇太极、代善四大贝勒同为和硕额真，但是在这份誓词中多尔衮、多铎却同其他小贝勒要一起服从三大贝勒的管教。他们三兄弟的政治地位瞬间降低了很多，失去了旗主应有的权力和应当享有的地位。在这里，多尔衮失去的不仅仅是权力与地位，而是安全感——自己的权力、地位以及原来能给自己提供安全感的人都没有了。原本给自己提供安全感的父亲、母亲都不在了。当然，父亲的去世是天灾，但母亲的去世则是人祸，是有人故意为之。因为尽管有夫死妻殉的习俗，但作为地位较高的正妻或有孩子的妻妾殉葬的案例实属少见。而与此相应的就是多尔衮三兄弟地位的降低。同时，作为大福晋的阿巴亥死后既没有配享太庙，也没被追谥为皇后。对于被逼殉葬这背后的主谋是谁不是很清楚，但受益者很显然是皇太极，因为阿巴亥殉葬，为他扫清了继承汗位的障碍。而未被追谥，则纯粹是皇太极的意见了。所有这些事实，肯定能被逐渐成长起来的多尔衮意识到。因此，在这接二连三的打击中，多尔衮对皇太极的"恨"是肯定的，然而年仅十四岁的多尔衮对突然发生的一切却无能为力。此时的他，只有打断牙齿和血吞，只能被迫服从代善和诸贝勒的命令，表示赞成皇太极继位，以保全自身。但是，这些痛苦的记忆常常会让多尔衮陷入矛盾和焦虑之中，于是，他只能把对皇太极的"恨"压抑在潜意识中。依据精神分析的观点，压抑是一种主动性的遗忘，是个体有选择性地将某些能导致个体痛苦和紧张的意义从意识中删除，因此，压抑是一个主动遗忘的过程，它不同于一般的遗忘。但是，被压抑的记忆并没有因此而消失，而是储存在潜意识中[2]。但是，任何压抑都只是权宜

---

[1] 转引自滕绍箴：《多尔衮之谜》，中国社会科学出版社2008年版，第37页。
[2] 郭本禹等：《潜意识的意义——精神分析心理学》（上），山东教育出版社2009年版，第58页。

之计，都不能使那些未完成的心理事件或者未释放的心理能量得到释放，一旦将来有某种机会，这些被压抑的心理能量就会通过某种方式宣泄出来。

2. 与"恨"交织着的"爱"

刚登上汗位的皇太极，权力受制于其他三大贝勒，不能独立把持朝政。他试图通过拉拢、培养多尔衮以壮大自己的力量从而对抗三大贝勒。他这样做可谓一举两得：一方面可以打击三大贝勒，使权力完全掌握在自己的手中；另一方面也是对多尔衮愧疚的补偿，同时也是履行对大福晋遗命关照遗孤的承诺。史料记载，大福晋阿巴亥临终哀谓诸王曰："吾二幼子多尔衮、多铎，当恩养之。"诸王泣而对曰："二幼弟吾等若不恩养，是忘父也，岂有不恩养之理。"[①]皇太极对多尔衮确实是精心照顾的，他并没有对这三位汗位争夺战中的失败者赶尽杀绝，反而在激烈的宫廷之争中不但保全了多尔衮三兄弟的性命，并且将多尔衮一直带在自己的身边，委以重任。年幼的多尔衮，当他失去自己安全感力量来源的时候，他会试探着寻找并重新建立自己安全感的支撑。他慢慢感受到，皇太极能为他提供这个支撑。但这样的结果会将多尔衮陷入更大的矛盾之中：一方面，在多尔衮的潜意识中储藏着包含由皇太极引发的痛苦记忆和仇恨，这种仇恨的力量会让他本能地远离皇太极——这位夺走他最早情感依恋和爱的人；而另一方面，要在夹缝中寻求生机，他不得不在意识层面臣服于皇太极，通过他来壮大自己的力量，从而获得自己真正的安全感。在处理这个矛盾的过程中，儿童幼年处理与父亲的爱恨关系的手段会重新表现出来，那就是通过对"情敌"的认同，从而壮大自己，并因此而转移自己"爱"的对象。如果这样，那么很显然，皇太极，这位作为多尔衮长兄的人物，已经不自觉地扮演着儿童心理发展中的"父亲"的角色——作为心理意义上的父亲，他掌握着男孩奖罚大权，并在男孩成长过程中逐渐让他服从于自己。于是，多尔衮将对努尔哈赤的认同，逐渐转移到对皇太极的认同之上。当然，这个认同的转移并不太困难，因为同出于将门之家的男孩子，

[①] 《武皇帝实录》卷4，转引自金性尧：《清代宫廷政变录》，上海远东出版社2012年版，第22页。

历史名人的心理传记

从小伴随着父亲的戎马生涯，熟悉了皇宫内外的明争暗斗，皇太极身上本来就有很多努尔哈赤的影子。

于是，在多次矛盾犹豫的斗争之后，多尔衮在意识层面对皇太极的恨逐渐被压抑到潜意识之中，他似乎变得发自内心地欣赏、佩服这位君主兄长了。他甚至也意识到了自己对皇太极的价值。既然事已成定局，就只有紧紧依靠皇太极，臣服并服务于皇太极，以便在政治道路上顺利前行。

多尔衮与皇太极一拍即合，各取所需。皇太极削弱王权，巩固皇权，加强统治；多尔衮英勇作战，将自己和皇太极紧紧捆绑在一起的同时，也获得了应有的权力与荣誉。比如，"天聪二年，太宗伐察哈尔多罗特部，破敌于敖穆楞，多尔衮有功，赐号墨尔根代青"[①]。这场战争中，多尔衮降服元太子，获得了传国玉玺。据说此玺是元顺帝从北京出逃时带出，元顺帝死于应昌后，此玺丢失。在我国传统中，玉玺被认为是天命所归的象征，获得传国玉玺为后来建国奠定重要基础。天聪十年（公元1636年），皇太极也因此正式登基为帝，尊"宽温仁圣皇帝"，建国号大清，建元崇德，年仅二十四岁的多尔衮被封为和硕睿亲王[②]。此时的多尔衮声名赫赫，位尊爵显，却更加谨慎，他紧跟皇太极，一步一步建立军功。崇德元年（公元1636年）十二月，皇太极亲率十万大军进攻朝鲜，多尔衮偕豪格"入长山口，克昌州。进攻江华岛，获朝鲜王妃及其二子，国王李倧清降"[③]。在这场战争中，多尔衮不仅立下军功，更表现出极成熟的政治谋略，他"戢其军兵，无得杀戮"，又善护朝鲜王妃、王子且"致敬礼"[④]，此举受到朝鲜国王、官员的欢迎。崇德三年（公元1638年）八月，皇太极授多尔衮为"奉命大将军"，统军出征，直攻明朝。可见此时多尔衮地位之高、宠信之隆和权势之大。而多尔衮亦没有辜负皇帝的重托，"克四十余城，俘获人口二十五万有余"，皇太极闻之大喜，赐多尔衮马五匹，银二万两[⑤]。在松锦之战中，多尔衮

[①] （清）赵尔巽等：《清史稿·卷218·多尔衮传》，中华书局1976年版，第9021页。
[②] 同上书，第9022页。
[③] 同上书，第9022页。
[④] 刘为：《试论摄政王多尔衮的朝鲜政策》，《中国边疆史地研究》2005年第3期，第91—102页。
[⑤] 同上书，第91—102页。

第五章　**多尔衮：传奇一生的艰难抉择**

是清军两个主帅之一。崇德七年"攻下松山，生擒洪承畴，攻克锦州，祖大寿投降，攻下塔山、杏山"[①]。至此，著名的"松锦之战"以明军大败、清军大胜而告终，多尔衮为奠基清军入关建立了卓著功勋。这时的多尔衮不仅军功赫赫，在治理政事上更是崭露头角。皇太极为加强统一指挥，扩大军权，在天聪五年（公元1631年）七月初八，仿明制，建立六部衙门，多尔衮统摄吏部。六部之中，吏部为首，任免官将，晋升职衔，举用忠贤，惩办劣臣，事务繁忙[②]。多尔衮统摄有方，真正做到了事无巨细，受到皇太极的称赞。

在多尔衮尽心尽力跟随皇太极的同时，他看到的是皇太极的雄才伟略，得到的是皇太极的照顾、提携。也正是在这个过程中，多尔衮不断认识并发掘自己的才能，经过不断的历练，他已经由一位不谙世事的孩子磨砺成一名经验丰富的军事统帅和政治家了。伴随着个人的成长，多尔衮逐渐感受到了权力带来的好处。在皇权的作用下，他获得了历练的机会、荣誉、权力和安全，于是，曾经的伤痛再次被深深地埋藏在潜意识中，他似乎真的忘记了伤痛，他领略到更多的是兄长的魅力和才能，他希望成为兄长皇太极那样的人。

3. 对皇太极的"认同"

在皇太极统治时期，多尔衮为获得信任，得到权力，获得安全感，他不得不将自己的"恨"埋藏在潜意识中，对母妃的死闭口不谈，对自己政治上的压迫被迫接受，即"本我"的冲动被完全压抑。弗洛伊德将人格划分为三个部分，分别称为本我、自我和超我。本我是人格中最原始的部分，由一些与生俱来的冲动、欲望或能量构成。本我不知善恶、好坏，不管应不应该、合适不合适，只求立即得到满足，所以本我受"快乐原则"的支配。在跟随皇太极时的多尔衮，虽然获得了权力、军功，但他是压抑着自己的，是不快乐的，他需要找一个精神的支撑点，需要一个榜样来补充自己成长的力量，而这个榜样人物正是皇太极。他急需认同皇太极，通过这个榜样来获得自己的"超我"——在精神分析中，超我是一

---

① （清）赵尔巽等：《清史稿·卷218·多尔衮传》，中华书局1976年版，第9023页。
② 周远廉、赵世瑜：《清摄政王多尔衮全传》，陕西人民出版社2008年版，第70页。

历史名人的心理传记

切道德限制的代表，是追求完美的冲动或人类生活的较高尚的主体[①]。弗洛伊德认为，个体超我的形式与他的恋母情结有密切的关系，超我就是个体在认同的过程中逐渐从成年人那里获得的。弗洛伊德说："恋母情结消失后，儿童放弃了初期对父母形成的热烈的倾注对象，为了补偿这个损失起见，他早已表现出来的对于父母的认同或模拟便较前为尤甚了。"[②] 超我实际上不完全是以父母为模型的，而是以父母的替代为模型的。因此，儿童通过对榜样人物的认同而提升自己的力量，与此同时也获得了超我。在超我与本我的拮抗制衡中，构成个体完整的人格，即自我。自我是本能的未教化的"我"（即本我）与社会的道德的"我"（即超我）的完美结合。于是，在对权威人物的认同中，儿童逐渐获得超我；在自我的形成过程中，儿童的人格得以完善。

多尔衮也是如此，他在压抑自己的潜意识冲动的同时，跟随皇太极慢慢丰满自己的羽翼。在这个过程中，他认识到皇太极是一位拥有雄才伟略的帝王，面对皇太极的雄心壮志及对自己的信任关怀，多尔衮对皇太极产生了认同感。有时候，他甚至分不清自己和皇太极的区别，似乎皇太极的事业就是自己的事业，皇太极的荣誉就是自己的荣誉——他以皇太极自居，他真的完全"认同"这位帝王兄长了。并且在中国传统的社会文化心理中，"兄"一直是作为父亲的替身存在，在"超我"对"本我"的压抑中，多尔衮将兄长皇太极当成了自己精神上的父亲，于是，他将"弑父"的力量转化为对"父亲"的认同，继续着父兄的伟大事业——入主中原。

皇太极在对待明朝、朝鲜及察哈尔三者中，把朝鲜放在整个战略中来通盘考虑：使朝鲜变成自己的军备物资供应基地，摧毁明军在朝鲜中的军事基地，瓦解明朝与朝鲜的宗藩关系[③]。在对待朝鲜方面，多尔衮秉承皇太极的朝鲜政策，并逐步把朝鲜纳入传统宗藩关系的轨道上来。归还质子、释放罪臣、减免岁贡、停止刷还女真人等政策都是多尔衮继承和发展皇太极政策的重要举措[④]。 政治上，皇

[①] ［奥地利］弗洛伊德：《精神分析引论新编》，高觉敷译，商务印书馆2009年版，第52页。
[②] 同上书，第18页。
[③] 刘为：《试论摄政王多尔衮的朝鲜政策》，《中国边疆史地研究》，2005年第3期，第91—102页。
[④] 同上。

第五章　**多尔衮：传奇一生的艰难抉择**

太极求贤若渴。他重用汉官考选儒生；设立文馆与内三院①：文馆俗称书房，内三院是仿照明朝的内阁体制；设六部与都察院、理藩院；仿明制设立吏、户、礼、兵、刑、工六部，六部与都察院、理藩院合称八衙门，也是按照明王朝的模式设立的。清军入关后，多尔衮效法明朝，全面接受了明朝的机构制度和文臣武将，并且重开科举，选拔有用人才。多尔衮所做的与皇太极时期所做的极为相似，既是认同皇太极，也是多尔衮的高明之处，模糊了满汉界限，巩固清初的统治。

在对父亲的认同中，随着儿子的长大，对父亲不再是百般的臣服，万般的依恋，儿子有了自己的新思想，再加上被压抑在潜意识中对父亲的恨也会显露出来，于是，随即而来的即是"弑父"。"弑父"指自我从依赖父亲中转向独立，挑战父亲的权威，从对父亲的臣服、钦佩逐渐转向否定、抵触。弗洛伊德将"弑父娶母"视为俄狄浦斯情结的解决方式之一。俄狄浦斯情结源于古希腊一个弑父娶母的故事，讲的是俄狄浦斯在不知情的情况下，杀死了自己的父亲，并娶了自己的母亲。弗洛伊德通过"弑父"作为儿子反抗父亲的隐喻，旨在说明当儿子长大不再臣服父亲，而父亲却想要继续统治儿子时，冲突即在认同中酝酿。如围困锦州之时，多尔衮根据实际情况违背了皇太极旨意，私自让士兵休息，称"若来犯，可更番抵御"②。当然，他这样做，是会得到"父亲"惩罚的，他为此从和硕睿亲王被降为郡王。这时的多尔衮已经有了自己的思想，他不愿再完全地接受统治，"弑父"的念头已经在他的潜意识中存在。在努尔哈赤和皇太极时期，对投降和归附的汉人，一律强行剃头，以此作为民族征服的标志。在"认同"与"弑父"的冲突中，多尔衮变得焦虑，既认同父兄的思想，但却不顾时间、地点和场合的限制，盲目地追求本我满足，他曾废除剃发易服令，但不久又严格执行实施剃发易服令，甚至出现了"留头不留发，留发不留头"的说法。很显然，在"弑父"的苗头刚出现的时候，认同和反抗是共存的，个体是矛盾的、彷徨的。

多尔衮的"恋母情结"使他对心理意义上的"父亲"产生认同，想要以"父

---

① 内三院包括内国史院、内秘书院与内弘院。内国史院掌记注诏令、编纂史书、撰拟表章。内秘书院掌起草外交文书及敕谕、祭文。内弘文院掌注释历代政事得失，向皇帝与皇子讲授，并教诸亲王。
② （清）赵尔巽等：《清史稿·卷218·多尔衮传》，中华书局1976年版，第9023页。

亲"自居，但认同并不意味着抵触情绪的消失，曾经的痛苦记忆依然存封在潜意识中，因此，当个体力量强大的时候，当个体个性逐渐成熟的时候，认同或依附的对象就会成为个体彰显独立个性的障碍，于是，为了获得独立和自由，"弑父"就是迟早的事。因此，多尔衮对待皇太极——即自己精神上的"父亲"既有依恋却又冲突、矛盾而又复杂的感情，"爱""恨"交织。

二 对皇位是否有觊觎之心

"帝王——人神合一的旧时代主宰者，高踞于权力之巅，口含天宪，手握玉爵，袖里乾坤，掌上日月，操亿万子民生杀予夺之权，握国家兴衰荣辱命脉之舵。"[①]正因为帝王具有至高无上的权力和荣誉，因此皇位带给人们无限遐思与希冀。多尔衮亦然，早在十岁的时候他就被封为和硕额真，应该初步感受到权力的好处，但后来却与更高的权力失之交臂。在多尔衮一生中至少有三次可以称帝的机会。第一次是在汗父努尔哈赤去世时，年幼的多尔衮还没有任何经验，与帝位擦肩而过；第二次是在皇太极突然逝世时，此时，三十一岁且经验老到的多尔衮有足够的能力问鼎帝位，却最终放弃了这次机会，主动提出拥立福临为帝，自己为摄政王；第三次是在福临为帝期间，多尔衮权倾朝野，称"皇父摄政王""天下只知摄政王不知福临"，但他却始终没有废福临而自立为帝。那么，多尔衮对待皇位的态度究竟是什么？是有觊觎之心，还是无所谓？另外，皇位对多尔衮到底意味着什么？

1. 实现"超越"，追求优越

多尔衮第一次与汗位的失之交臂是被现实、被命运狠狠地遗弃。但这次沉重打击并没有消磨多尔衮的意志，反而让他在困境中成长、磨炼，他知道自己不可

[①] 张晓虎等：《历史的回旋：神秘的律动》，中州古籍出版社1991年版，第1页。

第五章　多尔衮：传奇一生的艰难抉择

以一直被遗弃，不可以一直将命运付与他人之手，他需要继续建立属于他自己的安全感。在个人的心理发展中，安全感与个人性格的成熟关系密切。安全感是安全需要的核心成分，甚至是基本需要的核心成分。安全感表现为个体感觉到自己生活在一个可预料、可控和有秩序的世界中。幼年安全感的极度缺乏可能导致成年后以极端的补偿方式，以重新建立有秩序的世界。而个体幼年安全感的获得主要是通过与父母建立亲密的关系而实现的。多尔衮的幼年时期很有安全感，他的父亲是女真国聪睿恭敬汗，他的母亲是汗父最喜爱的大福晋，他自己也深受汗父与母妃的宠爱，因此仅十岁就当上了和硕额真，是名副其实的高贵皇子。然而汗父的突然离世，母妃被逼殉葬，且自己的政治地位一落千丈，使他的安全感消失得无影无踪。而所有灾难的到来，他都没有任何准备，甚至对亲人的离去都没有任何概念。一个十四岁的孩子，刚刚形成对"死亡"的最初概念，但对多尔衮来讲，这个概念的习得过于残酷，他失去了这个世界上最亲近的人，因而也失去了原始的安全感的提供者。更重要的是，造化弄人，命运无常，让他感受到未来的不可预料和不可控。虽然那时的多尔衮具有登上汗位的基本条件，有人认为努尔哈赤曾打算将多尔衮立为皇储，但他才十四岁，一个还是在父母的保护下慢慢长大的孩子，在他第一次面对暴风雨时，他几乎失去所有，他的世界不再是可预料的、可控的。顿时，他乱了方寸，他不会再有心思与久经沙场、心思缜密的四大贝勒争斗，所以他只有忍耐下来。他需要一个缓冲的时间，需要一段时间来修复被命运击碎的安全感，为此他紧紧依靠皇太极，攀着皇太极这棵大树一步步到达权力高峰。然而崇德八年（公元1643年）八月初九，没有任何征兆，一国之主皇太极猝然病死于宫中，这次空悬的皇位对多尔衮来说是机遇，但同时也是挑战。

当时的多尔衮能征善战，在朝廷中占有举足轻重的地位，已经不再是十七前那个任人宰割的弱小贝勒，而是声震朝野的和硕睿亲王。在这次的帝位争夺中，摆在多尔衮面前的是一个千载难逢的机会，他有两白旗，以及两位以勇猛善战著称的亲兄弟阿济格、多铎的支持，甚至红旗、蓝旗、黄旗中的部分宗室也在暗中支持他[1]，

---

[1] 周远廉、赵世瑜：《皇父摄政王多尔衮全传》，吉林文史出版社1986年版，第127页。

历史名人的心理传记

只要他想,他就可能夺回自己失去的汗位,通过权力来治疗曾经的伤痛,通过帝位来补偿曾经的失去和遗憾。但此时的多尔衮毕竟不是个冒失的年轻人了,他沉稳持重、思虑甚远,并没有因帝位失去理智,在机会的对面有一个危险的挑战不容轻视,那就是以两黄旗和正蓝旗极力拥戴的肃亲王豪格。历代权力之争的血的教训还历历在目,多尔衮在"机"之前先看到"危",在"利"之前先看到"害"。

在这次的帝位争夺中,对于多尔衮而言,可能有表1所示三种选择,但每种选择无论从政治策略还是心理分析的角度都各具利弊。

表1　　　　　　　　　　多尔衮决策利弊分析

方案	政治策略	心理分析
方案一:自立	实际掌权,但成为众矢之的,胜负难料	不一定尽快"超越"、获得优越;将自己置于不确定之中
方案二:立豪格	无法掌权,将敌人推向高位,将自己置于绝境	得不到安全感,无法"超越"、陷入自卑
方案三:立第三者	背后掌权,无形中得到权力,且容易获得更多的支持者	有效地"劝说",得到权力,大胆地进行"超越"和追求优越

多尔衮在战场、朝廷中经过多年的摸爬滚打,已经拥有一定的政治头脑,完全能清楚地看到各种抉择可能引发的利弊。很显然,自立为帝当然是迫不及待的,这是多尔衮压抑了多年的想法,但如果这样的话,胜败难料。成王败寇,机会成本太大,显然已经不适合作风谨慎的多尔衮。因为一旦做出这一选择,那些反对的势力不会就此罢休,会让自己成为众矢之的。即使坐稳帝位,也会付出沉重代价,对于正在蓬勃发展的清王朝,也许就会因为内乱而土崩瓦解。更何况满族如果要入主中原,必然内忧外患频繁,在此时出现内讧,即便自己成功也是两败俱伤,得不偿失。多尔衮毕竟是睿亲王,然而此时左右他判断的,除了理智还有潜意识的心理动力的作用。幼年安全感的丧失已经变成沉痛的教训,他只能赢而不能输了,他需要权力来重建安全感,不能再将自己命运的主宰权付与他人。他不能一味地扮演"父亲"的附庸,他需要自立,他需要自己成为"父亲",同时,他也需要一个听话的儿子,让自己的生命历程得到他人的认同。一句话,他需要补偿幼年优越感与安全感的缺失。在心理学中,阿德勒曾提出补偿的观点,

第五章　多尔衮：传奇一生的艰难抉择

他认为"在某些情况下，一个人通过极大的努力可以把原先的缺陷变成自己的优势"[①]。例如，古希腊的狄摩西尼原来有口吃的毛病，于是他经常口含一粒石子对着大海演讲，经过艰苦努力后终于成为一位伟大的演说家。并且阿德勒认为："一个人从婴幼儿时期就开始不断产生自卑感，同时又不断进行补偿。他们奋力追求的目标就是所谓的优越。"阿德勒所说的自卑感，是个体面对困难情景时所产生的一种无法达成目标的无力感和无助感，对自己所具备的条件、作为和表现感到失望与不满，对自我存在的价值感到缺乏重要性，对适应环境生活缺乏安全感，对自己想做的事不敢肯定，这就是自卑感[②]。在阿德勒看来，自卑感是普遍存在的，而且这种普遍存在的自卑感构成个体发展与行为的原动力。结合前文的分析，可以认为，对优越感的追求本质上就是安全感重建和控制感获得的过程。多尔衮也是如此，母妃被逼而死，汗位丢失，这些既是个体面对困难的无力感，也是安全感的丧失，因此都会让他产生自卑感。于是，他不断地补偿，不断地建立军功，通过实现一个又一个父兄未能实现的目标来追逐补偿。追求优越是一种对现实完美的寻求，多尔衮最现实的目的就是超越父兄努尔哈赤和皇太极，只有超越这些自己曾经依附的对象之后，他才能真正实现自我，为此，他是不会因为一个偏安一隅的皇位而失去统一全国的机会，他要入主中原。

在敌对势力中，呼声最高的就是肃亲王豪格，由于当时原属皇太极的两黄旗大臣等人坚决表示"先帝有皇子在，必立其一。他非所知也"[③]。豪格是皇太极长子，又立有军功，势力与多尔衮不相上下，又是正当壮年，年龄与多尔衮相仿，因此形势对多尔衮非常不利。因此在这次的帝位争夺中，前景对多尔衮非常不明朗。若是豪格当上皇帝，那么多尔衮就不仅不会再有机会染指权力，而且将会身败名裂——事实上，豪格后来的命运就是间接的证明。没有权力，如何重建自己的安全感？如何重建自己幼年的心理丧失？因此，无论从理智角度，还是从情感角度，多尔衮都必须寻找一个万无一失的抉择才行。

[①] 郭本禹等：《潜意识的意义——精神分析心理学》（上），山东教育出版社2009年版，第111页。
[②] 同上书，第110页。
[③] （清）赵尔巽等：《清史稿·卷249·索尼传》，中华书局1976年版，第9672页。

历史名人的心理传记

于是，在自立与立豪格两种极端的方案中，多尔衮将目光转向第三者。所以当郑亲王济尔哈朗提出立太宗皇太极第九子——福临的时候，多尔衮马上支持，而他的这一赞成票，起到决定性的作用。当时的福临年仅五岁，易于掌控。并且他的母亲庄妃博尔济吉特·布木布泰，即后来的孝庄太后，当时在后宫的地位也相对较高。就这样，无论是福临的身份，还是庄妃的地位都能够被人接受。因此多尔衮在激烈的争论中以退为进，率先提出立福临为帝，自己与济尔哈朗共同辅政，成功地说服了所有人。社会心理学认为，当一个人提出的主张越是离自己的利益越远，特别是相反的时候，越具有说服力，因而采取这种主张的人更能得到人们的支持[1]。并且自我卷入也是决定是否被说服的一个重要因素。多尔衮在这次的帝位争夺中，巧妙地让自己退出，而选择一个与自己利益不明显的第三者，这样不仅堵住了那些只支持皇子继位的人之嘴，同时也能获得更多人的拥护。多尔衮立福临为帝，通过以自己辅政的方式无形中获得了权力，同时将最大的竞争对手豪格排除在权力中心之外。

多尔衮对这次权力争斗中选择不自立是经过深思熟虑的，从力量权衡的角度考虑是来自理智的解释，而如果从情感角度解释，则是幼年被压抑的冲动的原因，未完成"弑父"的心理事件，使得他寄希在拥有权力的同时，能够实现对父兄的超越，同时不再将自己的命运之舵假于他人之手，让安全感掌握在自己手中。于是，他自己虽无皇帝之名，却有皇帝之实，自己牢牢地抓住权力，实实在在地掌握安全感。

2. 安全感的过度追求

皇太极在位时期，权力受到三大贝勒的限制，因此他积极扶植和拉拢幼弟多尔衮、多铎，积蓄自己的力量。这对多尔衮来说，不但使自己转危为安，更凭借自己的机智勇敢立下功勋，使自己成为皇太极最信任、最重视的左膀右臂。多尔衮在皇太极这里暂时找到一个安全的避风港，但是这个避风港又是极不稳定的。

---

[1] 章志光：《社会心理学》，人民教育出版社1996年版，第218页。

第五章　多尔衮：传奇一生的艰难抉择

别人给予的东西，别人也可以随时拿走。深谙为政之道的多尔衮是明白这个道理的。并且这种事情他也是有亲身体会的，当自己的意见一旦与皇太极相左，那么最终的决定权还是在别人手里，自己如要对抗，后果就会对自己非常不利。例如在围困锦州时，多尔衮因为私自遣部分军士轮流回家休养，往返期限为15天，两次遣返士兵中，一次每牛录三人，另一次五人。又因为兵员调动，多尔衮让围城军队后退三十里驻扎，以防敌军反击。况且明军被围困，运输基本断绝，多尔衮根据实际军事情况做出调整，并无大碍。然皇太极大怒，指责多尔衮私遣擅归，松懈疏忽，影响围城效果，并命令多尔衮部重要将领不许入城、不许返家、驻扎在辽河旁，等候治罪。如果严格按照八旗军律令的规定，类似的罪过当斩不赦[1]。皇太极让多尔衮等将领自议其罪，皆请以死罪。后因牵涉众多王、贝勒、贝子、公和大臣，皇太极从宽处理，多尔衮仅被"降为郡王，罚银一万两，两牛录"[2]。

突如其来的惩罚会让一直受到皇太极重视的多尔衮感觉又回到多年前那种无助的状态，安全感缺失的恐惧再次油然而生，旦夕祸福，生杀予夺的大权在他人之手，往日的荣誉和辉煌随时可能被一笔勾销。心理学认为的安全感是"一种从恐惧和焦虑中脱离出来的信心、安全和自由的感觉，特别是满足一个人现在（和将来）各种需要的感觉"[3]。在皇太极这里获得的避风港是安全的表象，是不堪一击的。多尔衮要想得到真正属于自己的安全感，就不能继续跟在皇太极身后亦步亦趋，而是要成为皇太极那样将一切都掌握在自己手中的时代主宰者。在立福临为帝自己为摄政王的过程中，多尔衮掌握了真正的大权，打击了豪格，取消了军国大事由八旗贝勒共议的制度而改由两位摄政王决断，这样两位摄政王的地位就凌驾于诸亲王、郡王贝勒之上，而多尔衮实际上成了"首席摄政王"[4]。多尔衮在这场帝位争夺战中，化被动为主动，得到一份属于自己的安全感。与安全感一样，随之而来的是控制感，控制感是人的安全需要的较高层次，他是男孩从"儿

---

[1]　史明星：《多尔衮》，军事科学出版社1991年版，第49页。
[2]　（清）赵尔巽等：《清史稿·卷218·多尔衮传》，中华书局1976年版，第9023页。
[3]　[美]阿瑟·S.雷伯：《心理学词典》，李伯黍译，上海译文出版社1996年版，第765页。
[4]　苏亮：《浅析清初多尔衮铲除豪格集团斗争》，《牡丹江教育学院学报》2007年第1期，第32—33页。

子"向"父亲"的转变，从认同他人到被他人认同的最终结果。在随皇太极多年征战中，多尔衮认同兄长皇太极，在认同的过程中，他将个人的愿望埋藏在心里，将仇恨埋在心底——因为一味地对别人臣服，必然是以很大程度上否定自我为代价的，于是，他将皇太极作为自己尊崇的目标，将他作为理想自我的化身。而且从小生活在如此蓬勃发展的家族中，多尔衮的雄心壮志也不可小觑。他要继续汗父与兄长未完成的使命，迫不及待地想要超越他们，完成他们未竟之事业，彰显自己的独特价值，并坚信八旗劲旅会在自己的指挥下进入中原，统一中国。因此，立福临为帝，不仅为多尔衮提供了胜算的筹码，打击了异己，让自己获得了实际的权力，同时也为自己的身份从"儿子"转向"父亲"奠定了基础。因为多尔衮自己膝下无子，但在事业上，或者在精神上，他需要一个"儿子"，一个臣服于自己、无限认同自己的"儿子"。这个人在当时来讲，最可能是福临——年龄幼小，同时不会导致各方力量的意见分歧。于是，当有人提出立福临为帝的时候，他满心赞成。

从历史的角度看，多尔衮在是否自立这个矛盾的抉择中，用他的睿智、清醒的头脑果断地做出了决定。立福临为帝不仅团结了当时的满洲人，避免了内部战争，同时也以其敏锐的观察力，积极应变的态度和能力，迅速抓住历史大转变的机遇，为日后定鼎中原奠定基础。从此多尔衮的政治地位青云直上，从辅政王到皇叔父摄政王，最后成为皇父摄政王，达到权力巅峰。多尔衮得到的是实实在在的安全感和控制感，真正地"占有"了权力。然而，历史的造化并非完全由理智所决定，之所以有这样的结果，与多尔衮的幼年经历和未完成心理事件之间也有密切关系。

3. 自我同一性的确立

多尔衮辅政期间，他名义上是一人之下、万人之上的皇父摄政王，实际上已经成为大权独揽、说一不二的太上皇。单从政治力量和军事力量而言，他随时都可以废掉顺治小皇帝，自己取而代之，然而多尔衮却始终没有自立为帝，这似乎有点不可理解，然而纵观多尔衮的成长过程，一切悬疑自然明了。

第五章　多尔衮：传奇一生的艰难抉择

在多尔衮初次遭受巨大打击的时候，他年仅十四岁，正处在自我同一性形成的关键时期。心理学家埃里克森认为，同一性是自我整合的一种形式，如果个体在人生的某个阶段无法形成自我同一性，那么就会陷入"同一性危机"。为此，他提出了"循序渐进的发展学说"，认为人的一生会经历八个不同的心理发展阶段。在八个阶段中，每个阶段都有个体独特的发展任务，即"心理—社会的危机"（见表2）。在人生的每个阶段，如果个体成功解决了该阶段的心理发展危机，那么个体的心理就能获得顺利的发展。如果不能，那么就会对未来的心理发展造成某些阻碍或者导致心智的不健全。在八个阶段中，其中第五个阶段对个体的发展异常重要，因为这个阶段的主要任务就是个体的自我同一性的形成，即完善人格的初步形成。自我同一性的形成即意味着，个体"过去的我""现在的我"和"未来的我"之间能很好地和谐统一，即将"现实自我"和"理想自我"很好地结合。如果个体在这个阶段不能形成自我的同一性，那么就会陷入同一性混乱。同一性混乱是指内部和外部之间的不平衡和不稳定之感，或者是感受不到一个人生命是向前发展的，不能获得一种满意的社会角色或职业所提供的支持[①]。

表2　　埃里克森提出的人格发展八阶段及对应的心理发展任务

发展阶段（年龄）	心理—社会的危机	心理—社会的品质
1. 婴儿前期（0—1）	信任 VS 不信任	希望
2. 婴儿后期（2—3）	自主 VS 羞怯和疑虑	意志
3. 幼儿期（4—5）	主动 VS 内疚	目标、勇气
4. 儿童期（6—12）	勤奋 VS 自卑	能力
5. 青少年期（13—20）	同一性 VS 角色混乱	忠诚
6. 成年早期（20—24）	亲密 VS 孤独	爱
7. 成年中期（25—65）	繁衍 VS 停滞	关心
8. 成年晚期或老年期（65—）	自我整合 VS 失望	智慧

---

① 郭本禹等：《潜意识的意义——精神分析心理学》（上），山东教育出版社2009年版，第228页。

历史名人的心理传记

结合埃里克森的理论和多尔衮的人生经历，可以看到，多尔衮在同一性危机之前，他已经成功获得了希望、意志、目标、勇气和能力等积极的心理品质。如果不出意外，多尔衮顺着他正常的人生轨迹发展，会非常顺利地度过同一性危机。然而在一场突如其来的无烟战争中，汗位的丢失，母亲含恨而死，惨痛的失败使多尔衮的同一性确定遇到了阻碍。内心的希望与残忍的现实极度地不平衡，对过去自我的记忆与理想自我发生了断层，政治地位的压迫使他感受不到向前发展的力量。于是在这种情况下，他需要一个安全的港湾，皇太极就为他提供了这个港湾。他需要一个认同并以此建立起强大自我的榜样，皇太极就为他提供了这个榜样。就这样，皇太极通过对多尔衮多方面的照顾、提携让他迅速认清自己的角色，获得自我同一性。

自我同一性的获得，首先需要解决的是"过去的我"和"现在的我"的关系的问题，即完成幼年未完成的心理事件，修复幼年的心理创伤。多尔衮幼年最重要的创伤性事件就是努尔哈赤去世的时候，他人生陡转急下的变化。那一次，他失去了安全感，强大的"父亲"夺取了"母亲"，母爱一去不返。仇恨在心，只有通过"弑父"才能初步解决"恨"的问题。弑父，可是心理意义上的父亲到底有几层含义呢？一方面，当年夺取自己权力和逼死母亲的包括皇太极在内的四大贝勒充当了引发自己恐惧感的"父亲"；另一方面，后来提携自己的皇太极又充当了为自己提供安全感、保护自己的"父亲"。很显然，就现阶段而言，他所能完成的，那就是借助皇太极，对另外三大贝勒下手。

于是就这样，皇太极与多尔衮各取所需，一个为了巩固皇权，一个为复仇，皇太极与多尔衮的合作使多尔衮很快完成了对三大贝勒的报复。天聪四年（公元1630年）六月，二贝勒阿敏放弃永平、滦州、迁安、遵化四府州县，撤回沈阳。皇太极与诸贝勒谴责其过，给阿敏定下十六条大罪，革去二贝勒与旗主之职，幽禁终身[①]；天聪五年（公元1631年）十月二十三日，大贝勒代善及诸贝勒议定，革

[①] 《清太宗实录》卷7，天聪四年六月初七日，转引自周远廉、赵世瑜：《皇父摄政王多尔衮全传》，吉林文史出版社1986年版，第92—95页。

第五章　多尔衮：传奇一生的艰难抉择

莽古尔泰三贝勒之职，降居诸贝勒之列，夺五牛录属人，罚银一万两[①]；天聪六年（公元1632年）十二月，莽古尔泰病死；天聪九年（公元1635年），皇太极召集诸贝勒、大臣，历数大贝勒代善对君不敬之过。皇太极为示宽厚，没有深究，多尔衮利用吏部尚书之便，抓住一切机会打击报复背叛者代善。据记载，在一次发现投降两红旗的士兵跑掉后，多尔衮立即上书皇太极，要求追究责任，提议不再增加两红旗的人数，这样两红旗因不再新增人数而势力锐减。

多尔衮依靠皇太极的力量打击报复了三大贝勒，不仅初步完成了自己的复仇计划，而且屡建战功，提高了自己的政治地位。在此期间，多尔衮将年长他二十一岁的兄长皇太极视作心理意义上的"父亲"，"认同"皇太极。因此，他的仇恨只转移在了三大贝勒身上，却在皇太极的关心、提携下克服了同一性危机，成功收获了"忠诚"的心理品质。因此，他要守护皇权。也就出现了当英王、豫王跪请即位时，多尔衮所说"若果如此言，予即当自刎"；"诛阿达礼、硕托"；诏诸大臣曰："今观诸王大臣但知媚予，鲜能尊上，予岂能容此？……今乃不敬上而媚予，予何能容？自今后有忠于上者，予用之爱之；其不忠于上者，虽媚予，予不尔宥。"[②]这是自我同一性的整合，也是"超我"压抑"本我"的表现。

自我同一性形成的第二个方面，就是需要解决"现在的我"与"将来的我"之间的一致性的问题。而这个问题，是当福临称帝、多尔衮摄政之后才凸显出来的。的确，此时多尔衮有两种选择：要么是废幼主自立称帝；要么是名义辅佐幼主，实质行使最高权力。那么，是否废帝自立与自我同一性的关系是什么呢？

虽说清朝是满人在统治，但是，思想文化却是深受中原影响。皇太极死后，争夺后金帝位之时，多尔衮就已经意识到这个问题。父子承袭的封建观念和继嗣方式已被满族贵族集团所普遍接受，如果多尔衮继位则是兄终弟及，这种方式在历史上虽有先例，但一般非特殊情况不用。何况此时皇太极有年长子嗣，因此再

[①]《清太宗实录》卷8，天聪五年十月二十三日，转引自周远廉、赵世瑜：《皇父摄政王多尔衮全传》，吉林文史出版社1986年版，第92—95页。
[②]（清）赵尔巽等：《清史稿·卷218·多尔衮传》，中华书局1976年版，第9032页。

历史名人的*心理*传记

坚持兄终弟及的嗣位方式就很难行得通，若多尔衮非要一意孤行，将意味着内部的决裂。同时，这样做还会释放另一个意思，那就是对过去自己对皇太极臣服的否定。如果自己曾经对皇太极表现出来的忠心是虚假的话，那么自己对皇太极的"恨"也必然浮于意识层面，将触及他痛苦的记忆。一旦自己的"忠心"被否定，那么，自己登基就失去了合法性，又如何让臣民们臣服于自己呢？因此，多尔衮初次遇到"现在的我"与"未来的我"的矛盾。为了解决这个问题，在大清帝位争夺中，多尔衮果断放弃了帝位，决心维护八旗内部的稳定，进而定鼎中原。因此，拥立福临为帝，是在当时条件下多尔衮不得已的权宜之计，但一旦走上这条路，则没有再回头的机会。因为任何时候，一旦他重新考虑废帝自立问题的时候——尽管此时已不比皇太极去世之时，已经不存在多方面的军事力量的威胁——自己对皇太极、福临的"忠心"就会被质疑，一旦被质疑，他所获得权力的合法性就受到威胁。那么，一个自己都不忠的人，如何要求别人来忠于自己呢？因此，势必再次引发更强烈的自我同一性危机——"现在的我"与"将来的我"的冲突。

因此多年之后，多尔衮尽管已经拥有至上权力，但他对现实还是有清醒的认识。虽然自己是大清王朝的实际掌权者，但是在拥福临继位之时已经对天宣誓"兹以皇上冲幼，众议以济尔哈朗、多尔衮辅政，我等如不秉公辅理，妄自尊大，漠视兄弟，不从众议，每事行私，以恩仇为轻重，天地谴之，令短折而死"[①]，若是废福临自立为帝，就是不忠。并且既然将皇太极当作至亲兄长，就应该照顾好他的儿子、自己的侄子，不然就为不孝。如此不忠不孝之人怎配当一国之君？又怎能让天下百姓信服、让清朝贵族臣服？何况，从政治上而言，现福临即位多年，且无重大过错，废帝自立比当年拒绝立豪格或福临为帝更不得人心，难度也会更大。因此，为了保持"自我"的同一性，解决好当年遗留的"同一性危机"，为了掩藏当年对皇太极的臣服中的权宜成分，他骑虎难下，尽管对皇位心存觊觎，但依然只能将摄政王做到底了。马斯洛认为，当生理、安全与爱的需

[①] 《清世祖实录》卷1，崇德八年八月乙亥，转引自周远廉、赵世瑜：《皇父摄政王多尔衮全传》，吉林文史出版社1986年版，第136页。

要得到满足之后,尊重的需要就会产生并支配人的生活。尊重的需要包括自尊、自重和来自他人的敬重,希望得到他人和社会的高度评价,获得一定的名誉和成绩等。多尔衮凭借自己丰富的政治经验和军事才能成为全国最受尊敬的人,天下"只知摄政王而不知福临"。即使如此,多尔衮处在矛盾的边缘,在权衡利弊之后,他选择继续做摄政王,维护和发展大清基业。至于将来,倘若机会成熟——比如自己能建立更大的功勋,或者福临过早身亡(事实的确如此,福临去世时年仅二十三岁)等,再采取某些行动也未必不可能。然而,对于既成事实的历史而言,任何假设都是多余。顺治七年(公元1650年),年仅三十八岁的多尔衮突然去世,他的最后身份就只能定格在摄政王上。

三 立福临为帝,却为何要处处"僭越"

多尔衮对福临的态度似乎也很矛盾,他始终徘徊在"臣服"与"僭越"之间。他"诛阿达礼、硕托",称"予法周公俯冲主",集诸王大臣曰"诸王大臣但知媚予,鲜能尊上,予岂能容此"[①];但是所用仪仗、音乐、侍从、府第,皆拟至尊,"刑政拜除,大小国事,九王(多尔衮)专掌之"。[②] "凡诏疏皆书之。"[③] 多尔衮如此矛盾,他究竟是"臣服",还是"僭越"?

1. 对"皇权"的臣服

多尔衮的臣服很早就已经表现出来了。第一次面对失败、遭受打击时,他没有反抗,用臣服保全了自己的性命。面对皇太极,他依然选择了臣服,处处以皇太极为中心,这次的臣服为多尔衮赢得了权力,他的地位在一步一步地高升。摄

---

① (清)赵尔巽等:《清史稿·卷218·多尔衮传》,中华书局1976年版,第9032页。
② 《沈馆录》卷6,崇德八年八月二十六日,转引自周远廉、赵世瑜:《清摄政王多尔衮全传》,陕西人民出版社2008年版,第112页。
③ (清)赵尔巽等:《清史稿·卷218·多尔衮传》,中华书局1976年版,第9029页。

历史名人的心理传记

政时，郡王阿达礼、贝子硕托劝说多尔衮自立为王，多尔衮诛杀了他们；当他带军入京时，明将军民请他乘辇，他称"予法周公俯冲主，不当乘"[①]，多尔衮顺从了大局，成为了掌握实权的摄政王。

任何个体的成长，最初都是从"臣服"开始，在最初的人际关系中，在个体非常弱小的时候，首先得臣服于父母，进而转向其他人。臣服对象转化的过程，也就是个体逐渐成长的过程。因此，按照精神分析心理学的观点，亲子关系就成为个体未来政治关系的开始。同样，臣服是多尔衮平步青云的基石，似乎每一次臣服都会为多尔衮带来意想不到的好处。但是，个人的力量往往会在不断臣服中增强，因此，男孩对父亲的态度总会从臣服走向反叛，于是，"弑父"是迟早的事情，因为儿童在成长的过程中，模仿的榜样必然会从一个权威转向另一个权威，最后走出所有权威人物的身影，做真实的自己。这就是个体心理发展的基本逻辑。但多尔衮似乎一直臣服于努尔哈赤、皇太极和福临，这似乎与个体发展从"臣服"到"反叛"到"自立"的逻辑不符，是为什么呢？

诚然，多尔衮最初对努尔哈赤的"臣服"，更多的是对作为"父亲"的个体的臣服。但对皇太极，就开始由对个体的臣服逐渐转化为对皇权——这个能给自己带来荣誉和特权的政治体制的臣服，当他在自己的侄子福临面前俯首称臣的时候，他跪拜的就完全是皇权了。因此，在这个看似没有发生变化的服从关系中，多尔衮的臣服已经不单单针对个人了，他臣服于至高无上的皇权。他的汗父努尔哈赤是父亲，是皇权的象征；他"认同"兄长皇太极，当作"心理意义上的父亲"，视为拥有最高权力的象征；他拥福临为帝，自然福临也代表着皇权。如果说儿童幼年的家庭关系是未来政治关系中表现的"统治—被统治"关系的雏形，那么维护最初父子关系的"臣服"与"被臣服"关系的原因，既有来自父亲个人人格方面的，也有来自既有家庭制度方面的。但在个体的心理发展过程中，这两个因素的作用力是随着具体情况此消彼长的，两因素的作用孰重孰轻取决于具体的人际关系。多尔衮就是这样，在最初对父汗的臣服中，幼小的他更多地受父亲

[①] （清）赵尔巽等：《清史稿·卷218·多尔衮传》，中华书局1976年版，第9025页。

第五章　**多尔衮：传奇一生的艰难抉择**

个性的影响。但与皇太极的相处则存在一个动态的变化，最初的臣服是迫于皇权，慢慢地，自己受到皇太极的重用。但随着个人的成长，皇太极的权威性就会逐渐下降，但因为权力的制约，他不敢造次。特别是后来因私遣士兵回家案的影响，多尔衮终于意识到自己对皇太极的私人感情与制度约束的边界。正是因为这样，他才在个人言语中表达了对皇太极的不满——讲出"太宗之位原系夺立"的话来。正是在对这个问题清楚的认识，他在皇太极去世的时候，拥立福临为帝，这正是表现出他对皇权而不是对福临个人的臣服——一个三十一岁具有丰富军事和政治经验的人，如何臣服一个年仅五岁的孩子？事实上，对皇权的臣服与维护皇权是辩证统一的，而只有通过维护皇权，自己才能成为皇权的受益者，而这也正是福临临朝期间，多尔衮不废帝自立的原因。就这样，多年的臣服已经让多尔衮"忠诚"无比，他拥福临为帝，使大清在自己的手中得到拓展和统一，不允许任何人的侵犯，竭尽全力地维护。

对皇权的臣服，首先表现在多尔衮维护国家的稳定统一上。在满清入关初期，百姓流离失所，哀鸿遍野。占领北京后，多尔衮首先下令军队驻留城外"使龙将等馆管门，严禁清人及我国人（指朝鲜人）毋得出入"[1]；城外驻军军队"严禁士卒抢夺"[2]；同时对百姓加以安抚"鳏寡孤独，谋无生计，及乞丐街市者，给予钱粮恩养"[3]；为笼络明朝士人，多尔衮以礼葬明崇祯帝、后及妃袁氏、两公主并天启后张氏，万历妃刘氏，皆"丧葬如制"[4]；改变对明王室及勋戚的态度，对归顺者"不夺其爵"[5]；优待和重用明朝降官"各府衙官员，仍以原官录用"[6]；开科取士，招贤纳士。

在明末弊政中，最令人民不满的就是三饷加派。所谓三饷即"辽饷""剿

---

[1] 吴晗：《朝鲜李朝实录中的中国史料》，中华书局1980年版，第3729页。
[2] 王先谦：《东华录》顺治2，顺治元年甲辰。转引自周远廉、赵世瑜：《皇父摄政王多尔衮全传》，吉林文史出版社1986年版，第189页。
[3] 《清实录》，中华书局1985年版，第62页。
[4] 郑天挺：《清史》，天津人民出版社2011年版，第119页。
[5] 王先谦：《东华录》顺治2，顺治元年五月己丑，转引自郑天挺主编：《清史·上编》，天津人民出版社2011年版，第120页。
[6] 《清实录》，中华书局1985年版，第57页。

历史名人的心理传记

饷"和"练饷",辽饷用于辽东用兵;剿饷用于镇压农民起义;而练饷则是因军费依旧不足而加。并且除三饷加派以外,赋税加派还有很多种,如商税、临时需索和私派、暗派等,以致民不聊生,怨声四起。顺治元年(公元1644年)十月,多尔衮下令"地亩钱粮,悉照前明会计录,自顺治元年五月朔起,如额征解。凡加派辽饷、剿饷、练饷,及召买等项,俱行蠲免"[①];顺治三年四月,多尔衮开始整顿赋役制度,下令"拟定《赋役全书》,然后颁布全国"[②]。但随着清政权的逐步稳定,官场积弊已十分严重。顺治四年二月乙酉,多尔衮以皇帝名义对天下朝见官员颁布诏谕"已严饬各级部门重惩贪酷,不得宽恕"[③];到顺治七年,对谢允夏等八十一名官员分别加以革职、降调、致仕。

多尔衮采取的措施很好地安定人心,使刚入关的清朝在中原迅速站稳脚跟,国家在他的辅政下步入正轨。对维护皇权,多尔衮不遗余力,他将福临置于严密的保护之中,不容许除自己之外的人进入皇权的中心。例如,顺治四年(公元1647年),多尔衮罢济尔哈朗辅政;顺治五年(公元1648年)二月,多尔衮以罪幽禁豪格至死。他不允许任何人的权力威胁到自己精心守护效忠的皇权。虽然多尔衮死后被追封为"诚敬义皇帝",但是在他有生之年,完全"臣服"皇权,不敢侵犯。但同时,他又表现出对皇帝的僭越,僭越的背后,表达的是对福临的不满。事实上,他对皇太极的不满,也通过僭越表现出来。

2. 对"皇太极"的僭越

多尔衮立福临为帝是对"皇权"的臣服,后期的独断专行本质上是对"皇太极"的僭越。皇太极在世之日,多尔衮迫于权势,不敢有半句怨言,他对皇太极的不满因此被压抑起来,直到皇太极去世之后,他才通过各种方式将这种不满表达出来。福临作为皇太极之子,自然就成为皇太极的象征。但福临对多尔衮而

[①] 《清史稿》卷4《世祖本纪一》,转引自郑天挺主编:《清史·上编》,天津人民出版社2011年版,第121页。

[②] 周远廉、赵世瑜:《清摄政王多尔衮全传》,陕西人民出版社2008年版。

[③] 《清世祖实录》卷15,顺治二年三月戊申,转引自周远廉、赵世瑜:《清摄政王多尔衮全传》,陕西人民出版社2008年版,第220页。

第五章　多尔衮：传奇一生的艰难抉择

言却具有双重含义，一方面，他作为皇位的继承人和皇太极的儿子，他是"父亲"的象征，因此多尔衮应该臣服于他；但另一方面，他又作为多尔衮的侄子和傀儡，多尔衮是他的"皇父摄政王"，因此，他又是"儿子"的象征，多尔衮必然也会表现出"父亲"的一面。事实上，自从拥立福临为帝开始，多尔衮就开始"弑父"的图谋，开始从皇太极的"儿子"的身份向福临的"父亲"转化。但在这个转化过程中，皇权却也是同皇太极与福临身影相随，于是，多尔衮也就从"亲王"转化为"皇父"（即作为掌握实权的"太上皇"而存在）。皇太极在世之日，多尔衮的僭越动机被压抑，但他去世后，多尔衮对皇太极的僭越就表现在对福临的僭越之上。

多尔衮对皇帝的僭越首先表现在他的称号上，与此同时，他的地位和待遇也相应变化。皇太极去世后，多尔衮的职位发生多次变化，每一次变化都代表着他对皇帝的"僭越"的增进，最终，他实现了从"亲王"向"皇父"的转化：

1643年（崇德八年），皇太极去世，年仅三十一岁的多尔衮辅政，被封为"辅政和硕睿亲王"[①]，很显然，这时候，虽然他贵为两辅政大臣之一，但依然只是"亲王"，在他那位侄子皇帝面前，依然只是个"臣子"。

次年，多尔衮攻下北京，福临在北京登基下诏，加封多尔衮为"叔父摄政王"。赐册宝，并赐嵌十三颗珠顶黑狐帽一、黑狐裘一、金一万两、银十万两、缎一万疋、鞍马十、马九十、骆驼十。策文中说："此皆周公所未有而叔父过之。硕德丰功，实宜昭揭于天下。用加崇号，封为叔父摄政王。……有此殊勋，尤宜褒显。特令建碑纪绩，用垂功名于万世。"[②] 从此，多尔衮的地位就区别于其他的亲王和辅政王济尔哈朗，这从他们俸禄上的差异也能看出来：多尔衮为三万两，辅政王济尔哈朗一万五千两，其他亲王一万两。几天后，朝廷又专门为多尔衮制定冠服宫室之制，使其他诸王的冠服宫室的级别都低于多

[①] 纪连海：《历史上的多尔衮》（第二版），中国民主与法制出版社2006年版，第308页。
[②] 《清太宗实录》卷9，顺治元年十月丁巳、甲子，转引自周远廉、赵世瑜：《皇父摄政王多尔衮》，吉林文史出版社1993年版，第436页。

历史名人的心理传记

尔衮[1]。

1645年（顺治二年），陕西道监察御史赵开心上奏说，叔父摄政王是皇帝的称呼，大臣这么称不合适，因为多尔衮不是大臣的"叔父"，若大臣如此称呼岂不是对皇帝的大不敬？因此，称为"皇叔父摄政王"才妥当，并建议礼部制定相应的称呼和仪注。没过几天，礼部就对此作了相应的规定，将对多尔衮的称呼改为"皇叔父摄政王"，并要求所有的文件都遵从此称呼。而且多尔衮特别在意下属对他的称呼，许多将其称呼弄错的人都受到严厉的惩罚。顺治四年四月，廖攀龙的奏疏中将"皇叔父摄政王"称为"九王爷"，遭革职拟罪；张尚则因题本内写了"皇叔父"，落了"摄政王"三字而革职。六月，又以李春元题本内称"九王爷"，将其革职[2]。多尔衮为何如此重视称呼？多年被压抑的权力欲望逐渐迸发，但又不能尽情释放，他只能通过这些间接方式替代满足。当然，替代也非长久解决之道。

不仅如此，规定一切大礼，如围猎、出师、操验兵马时，王公贵族们都要聚集到一起，听候传旨；多尔衮离开时，大家都要列班跪送；[3]等等。如此详细、具体的仪注，以及多尔衮府第的建制，无非都彰显了多尔衮在"人臣"中无上的权力和尊荣。但即使如此，他依然是"臣子"。但在这时候，多尔衮对皇权的掌握则已经超乎臣子的地位了。顺治三年五月，多尔衮认为皇帝的信符收藏在皇宫之中，每次奏请很不方便，于是将其取到自己王府中收藏[4]。五月末，对多尔衮仪仗的规定开始接近皇帝了（仪仗的规定见表3）[5]。很显然，多尔衮和皇帝的仪仗非常接近，而且有许多在数量和种类上都相同。这时，作为摄政王的仪仗（二十种，与皇帝总数相同）已经远远高于一般的辅政王（仪仗十五种）和亲王（仪仗十五种）了。

---

[1] 周远廉、赵世瑜：《皇父摄政王多尔衮》，吉林文史出版社1993年版，第437页。
[2] 同上书，第442页。
[3] 同上书，第439页。
[4] 同上书，第441页。
[5] 同上书，第442—443页。

表3　　　　　　　　　摄政王仪仗与御前卤簿对比

御前卤簿	摄政王仪仗	对比
马五对	马四对	种类一样
纛二十杆	纛十杆	种类一样
旗二十执	旗十执	种类一样
枪十杆	枪四杆	种类一样
撒袋五对	撒袋二对	种类一样
大刀十口	大刀四口	种类一样
黄曲柄伞四	红方伞二	
直柄黄伞八	红绡金龙伞二	
红伞二	红瑞草伞二	
蓝伞二	红宝花伞二	
青伞二	曲柄伞一	
白伞二	星二对	
绣龙黄扇六	青孔雀扇二	
金黄素扇四	青龙扇二	
绣龙红扇六	红孔雀扇二	
彩凤红扇四	红龙扇二	
吾仗二对	吾仗二对	相同
豹尾枪四杆	豹尾枪四杆	相同
卧瓜二对	卧瓜二对	相同
立瓜二对	立瓜二对	相同

同年十月，所规定的皇帝行幸迎送礼仪和摄政王出都及诸王出征迎送礼仪也能很清楚地表明多尔衮的独特地位：所经过地方的文官知县以上、武官游击以上，于境内道右百步外跪迎送皇帝，六十步外跪迎送摄政王，四十步外跪迎送亲王，三十步外跪迎送郡王，二十步外跪迎送贝勒等，其他还有一些规定[①]。

顺治四年，百官上奏：皇叔父王患有风疾，不易跪拜。于是，多尔衮就免除了跪拜皇帝的礼节。他在形式上已经越来越接近皇帝了。

---

① 周远廉、赵世瑜：《皇父摄政王多尔衮》，吉林文史出版社1993年版，第442页。

历史名人的心理传记

顺治五年（公元1648年），朝廷以多尔衮功勋无以复加，晋其为"皇父摄政王"。与此同时，仪仗制度也进行了相应的调整，"斯用仪仗、音乐及卫从之人，俱潜拟至尊"[①]。至此，多尔衮的身份已经超越一般的臣僚，已经由"臣"转化为"君"。在我国的传统中，"君臣""父子"本来就是事关高低尊卑人伦关系的词汇。但当"父"为"臣"，"子"为"君"的时候，这种人伦关系就显得微妙了。一般只有"臣"功勋卓著、地位非同一般的时候才会有这种情况，比如齐桓公称管仲为"仲父"，刘禅称诸葛亮为"相父"即是这种情况。但当"子"为"君"，同时作为"臣"的父亲又是"皇父"的时候，则意味着这种"父子"关系可能更为特殊。这时候，就想到当年汉高祖刘邦当上了皇帝，他的父亲刘太公就不知道见了自己的皇帝儿子该如何是好了。刘邦的办法就是称其为"太上皇"，将父亲晋升到"君"的行列，同为"皇"，这样，"皇父"与皇帝的关系得以妥善解决。那么，当皇帝特别强调自己与作为臣子的"父"的亲密关系时，是否就意味着"皇父"近乎"太上皇"呢？显然有这个意思。这从多尔衮去世后的哀荣也可看出，多尔衮去世后，被追尊为"懋德修道广业定功安民立政诚敬义皇帝"[②]，庙号"成宗"，"中外丧仪，合依帝礼"。顺治皇帝亲自跪拜祭奠，痛哭失声[③]。很显然，从前后二人的互动中，无论是从多尔衮的态度，还是从顺治的态度来看，他们俨然是"父子"关系。如前文分析，多尔衮之所以要僭越顺治皇帝，是因为他要在心理层面从皇太极的"儿子"成长为"父亲"，要从对父亲的"臣服"转化为对儿子的"控制"。要实现这种需要的满足，他选择了皇太极的儿子福临为帝，并通过多年的调适、互动，让他们二人的关系变成实际的"父子"关系。

那么，多尔衮需要这个儿子，除了对皇太极的报复外，是否还有其他因素？有的。

[①] （清）赵尔巽等：《清史稿·卷218·多尔衮传》，中华书局1976年版，第9031页。
[②] 满清早期皇帝的谥号通常都只有17个字，比如努尔哈赤的谥号为"承天广运圣德神功肇纪立极仁孝武皇帝"，皇太极的谥号为"应天兴国弘德彰武宽温仁圣睿孝文皇帝"，可见顺治皇帝完全是按照皇帝的规格来处理多尔衮的后事的。
[③] 周远廉、赵世瑜：《皇父摄政王多尔衮》，吉林文史出版社1993年版，第449—450页。

第五章　多尔衮：传奇一生的艰难抉择

对人类来讲，个体的生命总是有限的。在有限的个体生命中，如何来消除我们对死亡的恐惧？要么通过精神的超脱，比如通过信仰的途径；要么通过生命的延续，就是生理繁衍和事业传承的途径。前一种途径仅限于精神的存留，后一种方式则兼顾对一切物质所有权的持续，当然，也含有精神依归。在男权社会中，则以儿子作为生命延续和荣誉、地位沿袭的途径。多尔衮在"认同父亲"之后，通过"弑父"行为成功地实现了角色的转化。多尔衮对皇太极这个精神上的父亲是又爱又恨，他认同、服从、模仿，对皇太极的任何东西都感兴趣，通过自己的努力，多尔衮"成为"并"超越"了皇太极——在皇太极的基础上，他突破了满清政权偏居一隅的局面。但是，他唯一的缺憾就是没有子嗣。据记载，多尔衮只有一个女儿东莪，而且这个女儿是他第一次攻打朝鲜，从朝鲜带回的一位女子所生。自己奋斗一生的地位、财产、荣誉没人继承，而皇太极却有那么多的儿子来与他争夺帝位，这使得他内心极不平衡。他"于八旗选美女入伊府，并于新服喀系喀部索取有夫之妇"[1]，并且史料记载，多尔衮贪恋女色，尤其喜欢朝鲜女子，多次派出使团到朝鲜发下求婚敕书。也许在多尔衮的心中始终埋藏着一丝希望，希望能有个儿子。但这个儿子一直没有出现，于是他就采取替代满足的方式，将福临视为精神上的儿子。在险象丛生的皇权争斗中保护他、呵护他。于是，曾经的皇太极与多尔衮的关系，又重新在多尔衮和福临之间重新上演。弱小的福临当然知道"父亲"的强大，但这时候的他，没有"弑父"的能力，只能"认同"父亲，并努力让自己成为"父亲"那样的人。由于多年来一直将多尔衮视为"父亲"，以至于当多尔衮刚刚去世的时候，福临被压抑的情感还无法突然迸发出来，父子关系的惯性继续支配着他，于是，他以"皇父"的礼仪为多尔衮处理后事。但是，在福临的潜意识中，对多尔衮的"恨"是保留着的。这在多尔衮去世两个月后真正表现出来。这时候，福临发现自己已经脱离了"父亲"的控制，被惩罚的恐惧焦虑减轻了，于是他下诏"削爵、撤庙号并罢孝烈武皇后谥号庙享，

---

[1]《清世祖实录》卷49，顺治七年五月，戊午癸酉。转引自周远廉、赵世瑜：《皇父摄政王多尔衮全传》，吉林文史出版社1986年版，第427页。

历史名人的心理传记

黜宗室，籍财产入官，多尔博归宗"[1]——至于说有人上表揭发，那都不过是按照皇帝的意思行事罢了。至此，福临"弑父"的任务完成。

对多尔衮来讲，"弑父"的目的是为了"娶母"。于是，多尔衮对皇太极的"僭越"使他将视线指向福临皇帝与孝庄太后，因此也就出现了清宫八大疑案之一的"太后下嫁"。在北方少数民族的旧俗中，父亲死了，儿子娶其庶母；兄长死了，弟弟娶其嫂子这都是很正常的事情。在最初的习俗中，弟娶嫂子的主要目是维护家族财产；其次保护嫂子的安全、照顾嫂子的生活，这是对兄长的责任，也是自己的义务。但旧俗会随所处环境发生改变，福临皇帝和孝庄太后都生活在锦衣玉食的皇宫，根本不需要多尔衮的照顾。但精神分析的"弑父娶母"在这里却表达了两层含义：一方面多尔衮对皇太极是认同的，是感恩和崇拜的，认为照顾好其妻子和幼子是自己的责任；另一方面他又是恨透皇太极的，对于皇太极所拥有的一切也都想要占有，并且孝庄太后美丽聪明，甚至能感化被俘的洪承畴，深受皇太极的喜爱，这样的女子不可多得，又怎能不让多尔衮心动。张煌言在题《建夷宫词》中写道：

上寿觞为合卺樽，慈宁宫里烂盈门。
春官昨进新仪注，大礼躬逢太后婚。

顺治五年，多尔衮始称"皇父摄政王"，公开以皇上的父亲自居。孝庄死后也留下遗言"念太宗山陵日久，卑不动尊；唯世祖之兆域非遥，母宜从子"[2]，即孝庄皇太后未与清太宗皇太极合葬。康熙皇帝将祖母灵柩在清东陵的地面上一直停放了38年，直到雍正三年才为孝庄建陵安葬，即昭西陵。这些证据，应该能暗示多尔衮、孝庄与福临三人的心理关系。"皇父摄政王"也许是孤儿寡母给多尔衮的替代满足，同时以此自保的策略——毕竟没有父亲争夺儿子帝王的理由。因此，无论史实中太后是否真的下嫁，心理层面"太后下嫁"的真实性毋庸置疑，

---

[1] （清）赵尔巽等：《清史稿·卷218·多尔衮传》，中华书局1976年版，第9031页。
[2] 张尔田：《清列朝后妃传稿》，台湾文海出版社1972年版，第86页。

第五章　多尔衮：传奇一生的艰难抉择

也使得多尔衮真正完成了"弑父"行为，他完全替代了皇太极：占有了儿子、皇位和太后。他将自己视为太上皇，公然出入皇宫内院。在多尔衮执政后期大权在握时，他追封其母乌拉那拉氏为"孝烈恭敏献哲仁和赞天俪圣武皇后"并一再说"太宗之位原系夺立"[①]，这说明他在臣服之后突然醒悟，并且开始背离并反对皇太极，多尔衮对福临的僭越正折射出他内心对皇太极的"弑父"的执着，是对皇太极的"僭越"，想要取而代之。这一来实现自己从儿子向父亲的角色转化；二来也是对皇太极等人夺去自己母爱的报复——他也夺走了福临的母爱。当然，这样势必会让自己成为福临未来"弑父娶母"中的受害者，尽管这在多尔衮去世之后才表现出来。

四　结语

多尔衮一生的矛盾抉择，与其幼年解决俄狄浦斯冲突有着密切关系。作为他心理意义上的"父亲"的皇太极，曾夺去了他的母爱和安全感，但与此同时又一直呵护和养育他成长，他在皇太极的庇护下成长并强大起来，于是，他对皇太极爱恨交织。但在皇太极在世之日，由于"阉割恐惧"的作用，多尔衮对皇太极的"恨"被压抑在潜意识之中，表现出来的只有"臣服"。皇太极去世之初，这种"臣服"就转移到作为皇太极化身的福临身上。但随着多尔衮的日渐强大，他开始谋划完成"弑父娶母"的心理发展任务，于是他在臣服皇权的同时，又像当年皇太极呵护自己一样呵护作为他心理意义上的儿子福临。于是，他以摄政王之身份凌驾于帝尊之上，化身为"皇父摄政王"，并从儿子身边夺走母亲，完成从"儿子"向"父亲"身份的转化，将安全感和控制感牢牢掌握在自己手中。于是，他对福临是既臣服，又僭越。过度掌握控制感必然会过度控制别人，为此，这种矛盾的行为，这种对"儿子"过度控制导致的结果是，又一轮"弑父娶母"

[①] 《清世祖实录》卷53，顺治八年三月癸巳，福临公布多尔衮罪状中的第5条，转引自武斌：《清沈阳故宫研究》，辽宁大学出版社2006年版，第100页。

的重新上演。当多尔衮去世之后，福临对多尔衮削爵撤封，开除宗室，没收家产，毁坟鞭尸。至此，皇太极、多尔衮与福临之间的恩怨已尽。很显然，在这里无论是多尔衮还是福临的行为都是"过激"的，因此一个世纪之后，多尔衮被乾隆平反。从心理学角度而言，个体幼年基本人际关系的建立，会为成年后的人际关系提供基本互动模式，而这个模式将无意识地影响我们的行为。多尔衮就是这样，他自己生活在皇太极的阴影之下，由于过度追求自己幼年的情感缺失的补偿，导致福临又生活在他的阴影之下。由此可见，父母的健康身心，或者孩子在成长过程中，周围成年人的心智健全与否对个体的成长影响非常大。对儿童的成长而言，健全人格的维护是至关重要的，无论这个人将来是王侯将相还是普通百姓，都是这样。因为教育的核心是培养健全人格。

第六章 06

谁言女子非英物
——武则天行为抉择的心理传记分析

导读：纵观武则天的一生，有三大疑问让人不解：其一，是什么力量驱动弱女子武则天在当时的社会中成就如此霸业？其二，一个手无缚鸡之力的弱女子，究竟是凭借着什么到达了权力的顶峰？其三，武则天当女皇如果说是对男权的蔑视，但她为什么不选择传位于女儿？在经历了那么多的苦难，辛辛苦苦建立了一个属于自己的大周王朝的武则天，到最后为何把江山及朝政归还于李唐王室？又为何丢弃能让她无限荣耀的皇帝之名，以皇后及李家媳妇的身份留于后世？本章拟从心理学角度对这些问题进行解答。

第六章　谁言女子非英物

在古代的中国，女子的地位低于男子。在普通百姓家中，家庭的分工是男主外，女主内，人们对女性的定位仅仅局限在相夫教子，大门不出二门不迈，甚至认为"女子无才便是德"。即使在帝王之家中，妇女也不能参与朝政[①]，《礼记·昏义》上说，"天子听男教，后听女顺；天子理阳道，后治阴德；天子听外治，后听内职"。因此在我国几千年的历史中，女人是很少有机会涉足政治，即便是在追求男女平等的当今，女领导者，或者女政治家也相对偏少。在历史上少见的女政治家中，曾经出现过这样一位女性：她打破世俗伦理规范，打破社会对自己的限制和束缚，在一个男权社会中建立了一个属于自己的朝代——大周，她自己也成为中国历史上唯一一位女皇帝，这个人就是武则天！那么，武则天是如何开启她的别样人生的呢？她又是如何成就这番伟业的呢？

武则天，名曌，并州文水（今山西文水东部）人。中国历史上第一位，也是唯一一位女皇帝。她十四岁（贞观十一年，公元637年）进宫，以太宗才人身份在后宫生活了十二年。在宫中的十二年里，武则天的地位一直停留在五品的才人上，没有再升迁过。贞观二十三年（公元649年），武则天二十六岁，太宗驾崩，武则天感业寺出家。先帝驾崩，未曾生育的嫔妃，按照常理来讲，已经没有在后宫出人头地的可能了。但武则天创造了奇迹。

唐高宗永徽三年（公元652年），二十九岁的武则天得以重返宫中，身为先帝嫔妃，却被比自己年龄小四岁的高宗皇帝李治封为二品昭仪。但在当时，后宫中还有位高权重的王皇后和皇帝宠爱的萧淑妃。三年之后，三十二岁的武则天被立为皇后，王皇后和萧淑妃被废。三年时间，从先帝的嫔妃，成为后主的皇后。她，突破重重困难，再次创造了奇迹。

一个女性，已经贵为皇后，在封建社会已经尊贵至极。如果说再能有什么突破的话，大不了将来能以太后的身份临朝听政。可是，武则天却并不止于此。早在永徽六年（公元655年），武则天被立为皇后开始，她就参与朝中政事。显庆五年（公元660年），高宗犯病，于是让武后决百司奏事。高宗麟德元年（公元664

[①] 妇女不能干政，主要限于汉族政权中，部分少数民族政权不受此限。

111

年），四十多岁的武则天垂帘听政，政事由皇帝和皇后一起裁决。于是，史书上第一次使用了"垂帘"二字，同时，临朝的皇后首次有了与皇帝相等的权力[①]。自古临朝听政的先例，往往是少主年幼，太后临朝。在历代的政权中，皇帝主政，皇后垂帘听政的事，这应该是历史上第一次吧。

公元683年，高宗李治驾崩，太子李显即位，是为中宗，武则天以太后的身份临朝称制。三个月后，中宗被武则天废黜，立皇子李旦为帝，是为睿宗。睿宗虽即皇帝位，但却居于别殿，只是名义上的皇帝，武则天临朝执政。688年，六十多岁的武则天上尊号为"圣母神皇"。690年，六十七岁的武则天易唐为周，改元"天授"，立武氏七庙于洛阳，自立为"神圣皇帝"，降睿宗为"皇嗣"，赐姓武氏。借助各种机缘巧合，再加上来自半个多世纪的自身努力，武则天清理了层层障碍，从才人、尼姑、昭仪、皇后、天后、太后、圣母神皇一直到皇帝，一步步走向了权力的巅峰，成就了人生奇迹。

自从高宗永徽五年（公元655年）武则天被立为皇后开始，一直到神龙元年（公元705）"五王"勒兵入宫武则天退位为止，前后参政、执政长达半个世纪。在中国长达两千多年的封建王朝中，曾先后出现过数百位男性皇帝，即使在他们之中，参政超过四十年的君王是为数不多的。而且在我国历史上，女政治家本来就凤毛麟角，因此，从这个角度来说，武则天确实是一位了不起的人物。

在武则天的一生中，悬疑性问题贯穿了她的整个人生：其一，按照中国的传统，女子一般都是大门不出二门不迈，学学女红，做做家务，到了适当的年龄，找个好人家嫁了，从此相夫教子，过着普普通通的生活。那么是什么力量驱动武则天在当时的社会中成就如此霸业（动机问题）？其二，一个手无缚鸡之力的弱女子，究竟是凭借着什么到达了权力的顶峰（条件问题）？其三，武则天当女皇本身就是对男权的蔑视，但她为什么不选择传位于女儿？在经历了那么多的苦难，辛辛苦苦建立了一个属于自己的大周王朝的武则天，到最后为何把江山及朝政归还于李唐王室？又为何丢弃能让她无限荣耀的皇帝之名，以皇后及李家媳妇的身份留于后世？

---

① 朱子彦：《垂帘听政——君临天下的"女皇"》，上海古籍出版社2007年版，第13—14页。

第六章　谁言女子非英物

一　狮子骢与男性品质的形成

"狮子骢"事件在武则天早年的生涯中留下了浓墨重彩的一笔。一个小小的才人，为何会有如此不同于别人的胆识和谋略？这种性格对于当时的武才人来说，是福是祸？是什么使得武则天成为当时社会中罕见的"女汉子"呢？

在武则天的早期宫廷生活中，一件看似微不足道的事情的发生让当时年仅十几岁的她在众人的惊叹中闪亮登场，那就是"狮子骢"事件。

事情的经过是这样的：太宗有一匹好马，名为狮子骢。这马长得高大威猛，神骏异常，性子暴烈，没人驯服得了它，连太宗也无能为力。有一天，太宗领着后宫嫔妃到马厩来看马，中间太宗不由得叹息："这真是一匹好马呀，可惜没人驯服得了它。"这时所有人都沉默无言，突然就听武则天说了一句："陛下，臣妾能制服它。"太宗吃了一惊。武则天说："不过我需要三样东西——铁鞭，铁锤，匕首。"太宗感到很吃惊："这不是驯马的东西，你拿它来做什么？"武则天回答说："陛下，这马如此暴烈，需要用特殊的手段。我先用铁鞭抽它；它若不服，我就用铁锤敲它脑袋；它若再不服，我就匕首捅了它。"太宗听了之后停顿了好长一段时间，才讷讷地说："你真了不起。"

反观整个"狮子骢"事件，作为皇帝的嫔妃，在皇帝面前本该是恭恭敬敬，连大气都不敢出的，为什么武则天就表现得如此与众不同呢？她的表现，似乎不像一个身居后宫的佳丽，而是一位冲锋陷阵的将军。而她的这种性格来自何方，这与她后来的人生道路有何关联？奥地利著名精神病学家阿德勒提出，每个儿童形成的生活风格主要取决于儿童生活的环境和条件，特别是家庭环境[①]。那么是什么样的成长环境，导致武则天如此不同于常人，并表现出女人少有的心机呢？这得追溯到武则天幼年成长的家庭环境。

---

① 郭本禹：《潜意识的意义——精神分析心理学》（上），山东教育出版社2009年版，第114页。

历史名人的心理传记

武则天的父亲武士彟，本是一位木材商人。隋朝末年，隋炀帝大兴土木，他因为倒卖木材而一夜暴富。后来隋朝灭亡，他跟随李渊东征西战，为李渊打天下出了很多力，因而入仕。在高祖后期，武士彟就被调到地方任官，武则天也跟着父亲游历四方，开阔了眼界。

从心理学的角度来讲，父母对孩子的性别塑造具有重要影响，其中，同性别的父母对个体性别角色的塑造具有榜样作用。因此对女孩子来讲，母亲的言行举止、性格等对她未来的女性性别特征的塑造具有重要的影响。依据精神分析理论，女孩因为对父亲的过度依恋而产生"恋父情结"（又称"厄勒克特拉情结"[1]），但这样就会产生与母亲的冲突。但小女孩却对强大的母亲无能为力，她为了缓和与母亲的关系，于是就在强大的母亲面前屈服，通过"认同"母亲，即以母亲自居，内化母亲的行为，使自己成为一个像母亲那样成熟并具有魅力的女人，将来嫁给一个像父亲那样的男人，从而以社会许可的方式解决自己幼年由恋父情结所引发的内心冲突。这个过程就如同男孩子通过认同父亲来解决自己的"俄狄浦斯情结"一样（参见第五章中对多尔衮的分析），但这里存在一个问题还没有说明，就是无论是男孩还是女孩，曾经都有一个亲近母亲的阶段——至少在哺乳期，他们都是亲近母亲的。为此，弗洛伊德认为，男女两性在最初阶段的发展模式是有区别的，即他们曾经经历了一个相同的性心理发展阶段，女孩最初和男孩一样迷恋于母亲[2]。这就暗示，在女孩性心理发展的过程中，曾经会经历一个性别选择的过程，即和小男孩一样模仿父亲的过程，而这个过程可能因为父母养育方式的不同而加强，从而让女孩身上具有更多的男性品质。事实上，无论在生物界，还是对人类而言，生理和心理两方面的雌雄同体都是存在的。生理意义的雌雄同体缘于身体的进化，因此男性体内有雌性激素，这就为男性通过某种方式变成女性提供了可能。从心理角度，男女不同的性心理特征也为异性所拥

---

[1] 相传厄勒克特拉因母亲与其情人谋杀了她的父亲，故决心替父报仇，最终她与其兄弟杀死了自己的母亲，弗洛伊德于是以此来描述女孩子亲近父亲反对母亲的现象，称其为"恋父情结"，与男孩子的"恋母情结"（又称"俄狄浦斯情结"）相对应。

[2] [法]西蒙娜·德·波伏娃：《第二性Ⅰ》，郑克鲁译，上海译文出版社2011年版，第63—64页。

有，这既有进化遗传的因素，同时也有个体幼年经历方面的原因。对武则天而言，至少有三个方面的因素，使她从心理上具备更多男性气质，这三方面的因素分别是来自父亲的影响、母亲的影响和唐太宗的影响。

首先，对武则天而言，父亲的影响不容忽视，"从某种意义上说，武则天和父亲有着极为相似的人生经历和生命体验——无论是落寞困顿中的惶恐与焦灼，还是位卑人轻时对权力和地位的无限向往与极度渴望，都曾经如出一辙地根植于父女二人的灵魂深处"[1]。武则天的父亲武士彟出身于一个门第并不显赫的家庭，尽管后来以商人的身份跻身上流，但在一个重农抑商的时代，在一个注重家庭门第而轻视新贵的时代，武士彟内心的自卑在所难免。武则天入宫之后，在唐太宗在位的十二年间，一直保持着才人的身份未得以晋封。很显然，父女两人有着相同的情感体验，但有所区别的是，武士彟因李渊去世也就跟着倒下了，而武则天则在李世民去世之后，在条件非常受限的情况下抓住了从头再来的机会，而她这种坚韧的性格，则受其母亲的影响很大。但无论怎样，她所经历的与父亲相似的对自卑的体验，对她后来的某些行为有着重要的影响，比如修改《氏族志》——如果这是她追求权力的动机之一，那么，为武氏立庙，甚至包括她称帝在内的行为，都与通过对权力的追求而消除早年的自卑有内在的联系。

其次，母亲杨氏的坚韧性格对武则天的影响不容忽视。如前文所述，女孩子是通过对母亲的模仿而形成自己的性格特征的。武则天的生母杨氏出身于一个达官贵族家庭。作为隋朝杨氏宗室之女，她从小饱读诗书，有着较好的家庭教育和文化素养，是位名副其实的大家闺秀，但杨氏也有着不同于常人之处：自小过着一种衣食无忧的闲逸生活，但她对于"女红"之事多是一种鄙视的态度[2]。同时，杨氏也有极强的政治头脑，在武则天争夺皇后之位的关键时刻，杨氏一直在背后为她出谋划策，有时甚至亲自出面奔走，所以在某种意义上，母亲杨氏是武则天夺权之路上不可或缺的一位得力助手。此外，武则天刚烈的性格似乎也是受其母亲的影响：在武则天十二岁那年，父亲武士彟去世，两个同父异母的哥哥武元庆

---

[1] 王觉仁：《血腥的盛唐3——武则天夺权》，凤凰出版社2012年版，第78—79页。
[2] 王洪军：《武则天评传》，山东大学出版社2010年版，第33页。

历史名人的心理传记

和武元爽对她们母女态度很不好，族人在处理家产问题上也是向男不向女，对她们很刻薄，其中就有武则天的两个堂哥：武惟良和武怀远。在这件事情上，杨氏并没有向族人低头，而是带着武则天姐妹离开了武家。杨氏这种不屈服的性格颇有男子气概，同时，此时所经历的一切，武则天也历历在目，想必，杨氏的坚韧性格特征深深地影响着武则天。

此外，其他一些偶然的因素也无时不塑造着武则天的男性品质。因为随父亲不停地出走各地，武则天比寻常的孩子们多了一份眼力，也多了一份胆识。母亲的孤傲与刚毅也对武则天产生了不可忽视的影响，但仅仅靠这些影响就能使武则天如此不同于常人吗？答案是片面的。想要探究清楚影响武则天性格的形成因素，有一件事情是不容忽略的，那就是袁天纲（又作"袁天罡"）相面之事。

《旧唐书·袁天纲传》中曾有关于袁天纲给武则天一家相面一段记载：

> 天纲曰："此郎君子神色爽彻，不可易知，试令行看。"于是步于床前，仍令举目，天纲大惊曰："此郎君子龙睛凤颈，贵人之极也。"更转侧视之，又惊曰："必若是女，实不可窥测，后当为天下之主矣。"[①]

这就是关于武则天小时候被一个叫袁天纲的相士相面的事，大概意思就是说当时袁天纲看到一身男装的武则天时很惊讶，说这孩子有"大贵之相"，可惜是个男孩子，如果是个女子的话，将来必定为天下之主。此处不必去探讨究竟袁天纲相面的细节，但令人不解的是，为什么袁天纲看到的是一身男装的武则天？

要解释这个问题，还是需要回归到武则天的家庭背景。武士彟与其原配相里氏生育了四个儿子，其中两个儿子夭折，剩下的两个儿子就是武元庆和武元爽。相里氏去世后，由皇帝李渊做媒，武士彟娶了四十余岁的杨门闺秀杨氏。毫无疑问，无论是站在李渊的立场上，还是武士彟本身，都是希望通过与豪门世家联姻而提高武家的社会地位。但是，在封建社会，母以子贵，一个女人在夫家的地位

[①] 《旧唐书·卷一百九十一·列传第一百四十一·方技》，另见《新唐书·卷二百四·列传第一百二十九·方技》。

第六章　谁言女子非英物

往往取决于她能否为丈夫生儿子，倘若生不了儿子，即便夫家没有意见，对当事人本身也会留下一个心结。杨氏嫁到武家之后，共生育了三个女儿，却没有一个儿子：大女儿就是后来的韩国夫人，二女儿即武则天，三女儿出嫁之后不久就去世了，后世称其为"郭夫人"。在当时父权制占统治地位的社会里，杨氏一连生了三个女儿，并没有为武士彟生下一男半子，以继承武氏的香火，这势必会影响她在武家的地位。武士彟去世之后，只剩下她们孤女寡母，无依无靠，她们受到武家的冷遇。因此，在武则天出生之前，杨氏对胎儿的性别肯定是有所期待的。现代医学和心理学研究表明，孕妇的意愿会对胎儿的原发心理产生巨大的影响，因为"胎儿的环境是母体，和母亲是一个整体，共同摄取营养，体验情感。母亲的感受都原封不动地传给了胎儿"[①]。已经有一个女儿的杨氏，在面对自己腹中第二个孩子的时候，肯定希望是一个男孩，这对武则天的原发心理会产生重要的影响。并且，有研究显示，父母的性别角色取向会影响到孩子对自我的觉察方式，父母在早期与孩子的交互关系可能会对女性化或男性化行为的社会期待产生一种强化[②]。因此，从根本上讲，性别中的心理成分，受后天环境和文化的影响是非常大的。所以即便武则天是个女孩，为了弥补这种缺失，武士彟和杨氏也极有可能把武则天当成男孩子来养，这从袁天纲相面的事件中，武则天为什么是一身男孩子打扮就能看出父母对她的性别期望，而这种期望对她的性别认同势必会产生不小的影响。

另外，袁天纲相面之事所产生的影响也是不可小觑的。在当时的男权社会，自己家的女孩被预言为"天下之主"，这如果传出去的话，岂止是杀头这一个罪过，武家很有可能由此被灭门。所以这件事在一定程度上强化了武士彟夫妇对武则天"男孩子气"的培养。这就可能引发心理学上所说的"男性的反抗"。按照精神病学家阿德勒的解释，"男性的反抗"就是泛指个体通过具备更多的男性品质来使自己变得更有权力的现象[③]。所以当我们细细研读武则天的为人处世之道，

[①] [日]齐藤勇：《人际关系心理学》，中国和平出版社1987年版，第20页。
[②] [美]格雷·F.凯利：《性心理学》（第8版），耿文秀译，上海人民出版社2011年版，第140页。
[③] 郭本禹等：《潜意识的意义——精神分析心理学（上）》，山东教育出版社2009年版，第112页。

历史名人的心理传记

包括之前所提到的"狮子骢"事件中她的一些行为，更多地会觉得这应该是一个男子的作为，而不是一个女性该有的表现。荣格认为，每个人都天生具有异性的某些特性，"不管是男性或者女性身上都伏居着一个异性形象"[①]。男性心灵中的女性成分或意向称为"阿妮玛"，女性心灵中的男性成分或意向称为"阿尼姆斯"。阿尼玛和阿尼姆斯对个体而言具有重要的生存价值，如果得不到充分的发展，就会造成人格上的不平衡。对于女性来说，一个年轻女子以阿尼姆斯形象自居，改变自身的女性特征，就会更像个男人而非女人；相反，阿尼姆斯发展不足则会造成依赖、臣服、缺乏独立性和创造性等[②]。另外，按照弗洛伊德的观点，女儿的恋父情结是通过对母亲的认同而得以解决的。杨氏其实本身就具有男性品质，否则一个弱女子怎敢对抗整个武氏家族？加上父亲武士彟极具谋略的政治头脑和过人胆识，就会共同造就了武则天的"女汉子"性格。

第三，对于武则天男性品质的形成，不能忽视的一个影响来源于唐太宗。武则天入宫时十四岁，这个年龄正是个体"自我同一性"形成的关键阶段。在与唐太宗长达十二年的交往中，唐太宗对武则天的影响是潜移默化的。"她（武则天）钦佩太宗遇事不惊、沉着机智、知人善任和鼓励臣下犯言直谏的风范与精神。她也从唐太宗对边疆少数民族根据不同的情况采取怀柔与武力并用的两手政策中，领悟到了策略与权谋的重要性。"[③]这对武则天男性品质的形成起到了榜样作用，从某个方面说，武则天"内化"了唐太宗性格。内化简单来说就是把别人的思想观点与自己的观点相结合，使之成为自己思想的一部分。但是，在个体个性形成的关键阶段，武则天却因为认同一个男性榜样而形成了自己的后天心理性别的一部分，这不能不说是一种性别认同的错乱和扭曲。当然，为什么武则天会更加认同一个男性榜样呢？这与生母杨氏的男性品质，以及她天生的这种不服输的气质有密切关系。是的，为什么在武则天三姐妹中，只有她的男子气质这么强？为什么在宫中众多嫔妃之中，只有她能用一种强硬的方式去制服一匹马？所

---

① ［瑞士］荣格：《心理学与文学》，冯川、苏克译，生活·读书·新知三联书店1992年版，第78页。
② 郭本禹等：《潜意识的意义——精神分析心理学（上）》，山东教育出版社2009年版，第94页。
③ 王洪军：《武则天评传》，山东大学出版社2010年版，第47页。

以这里面还有一个至关重要的因素,那就是先天神经气质类型。心理学认为,气质是指展现个体心理活动的强度、速度、灵活性和指向性等方面的稳定的心理特征,即平常所说的脾气、秉性。人的气质的差异是先天形成的,受神经系统活动的特性所制约[①]。按照生理学家巴甫洛夫的观点,依据神经过程的基本特性,先天的神经气质类型可以依据神经兴奋和抑制过程的强度、平衡性和灵活性划分为不同的类型。当然,现在已经对武则天的先天神经气质类型无法考究,但需要说明的是,之所以造成她同其他两姐妹的差异,以及她与其他嫔妃的不同选择,是有其先天因素的。先天的神经气质让武则天倾向于获得更多的男子气质,这种气质首先表现在狮子骢事件中。可惜,狮子骢事件并没有给武则天带来好运,因为帝王的后宫是豢养玩物的场所,而不是收纳谋士的地方。于是,武则天从十四岁一直等到二十六岁,一直到唐太宗驾崩,她都只是个五品才人。在这默默无闻的十二年间,武则天开始寻找一个女性在皇家应有的地位和可能的出路。

综上,武则天幼年性别角色的错位是其男性品质形成的根源,而正是因为男性品质的影响,使得她形成不同于常人的谋略与胆识,这也为她之后成就一番霸业奠定了心理动力基础。于是,一个即将决定李唐命运的女人正在慢慢成长。

二 人际际遇与权力之路

公元649年7月10日(贞观二十三年五月廿六乙巳日),太宗驾崩于终南山上的翠微宫。作为太宗才人的武则天,按例被送到感业寺落发为尼。

太宗的驾崩,使得正值花样年华的武则天的人生再一次发生了翻天覆地的变化。二十六岁的她被送到感业寺落发为尼,从此开始了青灯古佛相伴的生活,原以为她会于此孤老终身,可谁知一番柳暗花明之后,她的人生又是一番别样的景象。可是,身为先皇嫔妃的她如何成为后帝之妇的?一个比皇帝大四岁并且青春

[①] 彭聃龄:《普通心理学》,北京师范大学出版社2001年第2版,第427页。

历史名人的心理传记

将逝的女子，如何重新获得皇帝的青睐？一个重返皇宫的普通侍女又是如何通过各种机缘将后宫之主和皇帝宠爱的嫔妃拉下马并取而代之的？在一个绝对男权社会和大臣们的极力反对下，她是如何一步步登临权力之巅的？无论武则天多么具备男性品质，横在她面前的这么多道难以逾越的关口的确很难让人对皇权产生觊觎之心。

那么，到底是什么样的条件允许武则天二度入宫？又是谁提供了这个条件呢？

这个人就是李治。太宗本来立长子李承乾为太子，但后来李承乾因谋反被废。又由于一些机缘巧合的因素，使得身为晋王的李治被立为太子。然而李治生性柔弱，则为大权旁落埋下隐患，这是后话。但早在武则天身为才人之时，太子李治与之多有交往，这种交往就为太宗去世三年后武则天重新返回皇宫提供了可能。但任何重大事件的发生，原因绝不可能是单一的。李治就算给武则天提供了回宫的机会，作为后宫之主的王皇后也未必同意啊？因为先帝的嫔妃如何能成为后主的妻妾呢？那不乱套了吗？皇后作为后宫之主，当然是要管这些事情的。但是，当时的王皇后可不这么想，她正因为萧淑妃过分受宠而烦着呢。于是，她反而希望有人能和她站在同一战线来对付萧淑妃。于是，武则天不仅有了回宫的机会，还获得了迅速升迁的机缘。

于是在皇后的帮助下，武则天重新回到李治的身边并慢慢地被晋封为昭仪——按照唐朝的后宫制度，皇后之下设夫人四人，为正一品；夫人之下设九嫔，为正二品；九嫔之下为九婕妤，正三品；婕妤之下是九美人，正四品；之下是九才人，正五品。昭仪为九嫔之一，正二品。淑妃属于夫人之一，正一品。当时，武则天的地位在后宫之中仅居皇后和萧淑妃之下。在太宗期间，武则天在宫中十二年一直停留在才人的位置上。但这次，通过一些偶然的因素，却一跃而成为正二品的昭仪。这中间既有其自身性格和谋略的因素，也有生理的因素——那就是，武则天具有较强的生育能力，在王皇后没有子嗣的情况下，武则天入宫三年就生下了两男一女，这为迅速提升她的地位也起了决定性的作用。

王皇后本来希望利用武则天来共同对付萧淑妃，但是，让王皇后没有想到的事情是，她的这一抉择太草率了，她不知道她引进宫来的这个女人是个怎样的人。武则天先通过王皇后打败萧淑妃，又通过计策打败王皇后，于是，很快她自己就成为后宫之主了。对这些细节，没必要做过多的分析，但在这里，李治的性格和宫内的形势的确帮了武则天的大忙。因此，个体命运的轨迹，往往受人际际遇的影响。

在人一生中，人际际遇（chance encounter）会改变一个人生命的发展途径，也会使一个人的梦想逐渐成形以及发展、变迁[1]。就是指在人的生命中，一些能够让个体的生命发生极大转折的人对个体所产生的影响。由于这种对个体产生极大影响的人的到来具有极大的偶然性，因此冠以"际遇"，带有一种"缘"的意味。人际际遇是人生中难以直接把握的一部分，可以说是影响一个人事业追求的一些偶然因素，但又不全是偶然的，因为人际交往毕竟是一个交互过程[2]。对于武则天来说，李治的出现无疑给她已接近绝望的人生带来了一丝希望。但这种希望的产生，本身就带有武则天性格中固有的因素。后宫佳丽众多，为何李治偏偏对比自己大四岁的武则天来电？

其实武则天可以接触的太宗的诸皇子中，并不是只有李治一个人，德行品质优秀的皇子也大有人在，武则天为什么单对李治如此情有独钟，而对其他优秀的皇子视而不见呢？前文所述的阿尼玛和阿尼姆斯理论中提到，如果一个年轻男性过分突出阿尼玛的作用，就会显得阳刚不够，阴柔有余，因此这也就成为唐太宗立李治为太子之后时常忧虑的事情，担心他过于柔弱，难以担当大任。而李治标志性的特征就是懦弱。因为他的懦弱，所以他比别人更需要一个比他强势、干练的女人来帮助他，而武则天恰好具备这样的能力，这也是武则天选择李治的一个重要原因了。在某种程度上，武则天和李治都存在"性别角色倒错"，两人恰好互补——而这种互补，就为后来皇权旁落埋下隐患。但是，此时没有必要过度推

---

[1] 陈祥美、丁兴祥：《人际际遇与生命梦想的形成与发展：以梁启超的心理传记学研究为例》，《本土心理学研究》1988年第12期。
[2] 舒跃育：《历史人物之二重形象研究——以诸葛亮的心理传记分析为例》，西北师范大学硕士学位论文，2009年。

历史名人的心理传记

测,虽然武则天从小痴迷于权力,她也具备辅佐李治的能力,但当时武则天也许并没有太大的幻想,至于后来的人生轨迹都是随着事态的发展引发了她心态的变化,那是后来的事。因此在武则天进入感业寺到二度入宫期间,她对李治的情谊是超过对权力的渴望的,否则她怎么能写下似《如意娘》①这种满含深情的诗篇呢?而她喜欢能受自己支配的男性则取决于她自己的男性气质和女性身体间的冲突,这是武则天内心的矛盾之处,而这种矛盾时常左右着她的抉择。但是,能让武则天最终决定夺权的催化剂,就是高宗李治以及他内心的女性品质。李治性格中的"懦弱"也在他的生活中体现得淋漓尽致,从以下几件事就能看得出来。

其一,太宗当时在立李治为太子的时候曾在私下对长孙无忌说过这么一句话:"公劝我立雉奴(李治,小字雉奴),雉奴仁懦,得无为宗社忧,奈何?"②太宗的意思就是说李治性格太过"仁懦",对江山社稷不利,该如何是好。很显然,知子莫如父,从后来历史的发展轨迹来看,太宗对李治的忧虑是有道理的。太宗的这种忧虑,正好表明了李治性格中的女性特质。

其二,李治的柔弱也表现在他经常会"哭"这个事实上。据史料记载,在废除了王皇后和萧淑妃改立武则天为皇后之后的某一天,李治突然想起了废皇后和废淑妃,心怀不忍,便偷偷跑去看她们。一见皇后和淑妃悲惨的样子,高宗李治"怜悯之情油然而生,眼中不知不觉已浸满泪水"③。另外,在李治打击以长孙无忌为首的元老大臣的后期,一个朋党案件将长孙无忌牵扯了进来。在许敬宗的一番说道后,李治一边流着眼泪,一边说:"我家不幸,亲戚中频有恶事。高阳公主与朕同气,往年遂与房遗爱谋反,今阿舅复作恶心。近亲如此,使我惭见万姓。"④之后在处理长孙无忌时,高宗又不由得哭了起来。除此之外,史料中还记载多次李治哭的情况,这种情形,在古代帝王中是少见的。古语常说,男儿有泪不轻弹,何况堂堂一国之君。他性格中所固有的过多的女性成分,与他早年

---

① 《如意娘》是武则天在感业寺出家时写给李治的情诗,全文为:看朱成碧思纷纷,憔悴支离为忆君。不信比来长下泪,开箱验取石榴裙。
② 《新唐书》卷八〇《濮恭王泰传》;《资治通鉴》卷一九七,贞观十七年十一月条。
③ 王洪军:《武则天评传》,山东大学出版社2010年版,第106页。
④ 《旧唐书》卷六五《长孙无忌传》。

过度对母亲的依赖有密切的关系。这从一件事情中就可以看出端倪：李治九岁那年，他的母亲长孙文德皇后去世，年幼丧母的李治当时哭得死去活来。过早失去母爱使得李治一直比较钟情于比自己年长的女孩子，这就是弗洛伊德的"恋母情结"[①]。所谓恋母情结就是指男性的一种心理倾向，就是无论到什么年纪，都总是服从和依恋母亲，在心理上还没有断乳。而武则天正好比李治大四岁，这也是李治可以和武则天走到一起的另外一个原因。也就是说，李治和武则天能走到一起，其实是幼年未完成心理事件所致，或者说是双方都是灵魂装错了身体的人，一个是女身男心，一个是男身女心。

出自各自情感和政治的需要，武则天在李治心目中的分量越来越重。历史记载，高宗子嗣不多，八个儿子，四个女儿，但其中有四个儿子和两个女儿都是武则天生的：652年，生孝敬皇帝李弘；653年，生安定公主（即武则天夭折的大女儿）；654年，生章怀太子李贤；656年，生中宗李显；662年，生睿宗李旦；665年，生太平公主李令月。14年间，生育6个子女，从这里，既可见武则天受专宠的程度——对李治的性格特征拿捏得很准确，同时也可以看出她较强的生育能力，这也折射出她旺盛的精力和强而灵活的神经活动的特征，这是典型的多血质气质类型。

自此，武则天抓住了她人生中的一根救命稻草：李治和王皇后。在她确定了自己以后的人生规划后，人际际遇是她人生梦想得以实现的决定性因素。与李治的相遇让她有了可以重返后宫的机会，李治的仁懦为她权力欲望的膨胀提供了可能。在感业寺三年的青灯古佛相伴之后，重回后宫的武则天开始了她的夺权之路。

三 武后的崛起

因为李治和王皇后的因素，武则天得以重返后宫。而在那个表面风平浪静，实际上却钩心斗角的后宫中，武则天是怎样规划和开始她的宏图的呢？她又采取

[①] 可参见勾利军、汪润元：《武后之立与唐高宗的"恋母心理"》，《学术月刊》1995第10期，第63—65页。

历史名人的心理传记

了什么样的措施呢?

王皇后没有子嗣和安定公主的去世,让高宗产生了废后念头,但是真正让高宗决定废后的是王皇后和萧淑妃的厌胜事件。"厌胜"俗称巫术,在古代宫廷中是禁忌之事。对于王皇后究竟有没有实行厌胜之术历史学界还是存在着争议,但是高宗利用这件事打压皇后一族却是真实的。永徽六年(公元655年)十月,李治颁布诏书废除王皇后和萧淑妃,立武则天为后。很显然,将武则天推上皇后之位的力量是多方面的,既有客观的因素比如皇后无子,武则天多育,同时还有武则天善于揣摩皇帝的心理,善于利用宫中和朝中的各种力量来实现自己的目标。比如她借助皇后与萧淑妃的争斗来实现自己的目标,借助宫中较有地位的人看不起一般的下人的事实,她善于笼络下人,将宫中的一切动向牢牢把握在自己手中。除此以外,她还善于利用朝中官员之间的争斗来实现自己的目标,比如李义府等新贵与老臣长孙无忌之间的矛盾,以及李治对老臣专权的不满[1]。很显然,在诸多因素中,武则天的性格因素是占主要的。

在重新返回皇宫三年之后,三十二岁的武则天通过自己的实力和各种机缘巧合的机会顺利登上皇后的宝座。曾在感业寺为李治写下《如意娘》等含情脉脉的诗词的武则天,是否自此就成了李治的贤内助、解语花,安于享受皇后之位带来的荣华呢?答案是否定的。武则天并没有成为一个贤惠的皇后,而是性情变化无常并充满矛盾,狠辣干练之风初见端倪。那是什么导致武则天变得如此呢?

两个字:权力!

武则天对权力的热衷与渴望,是她做出所有抉择和实施所有措施的基石。所以在进入李治后宫后,为保全自身,她采取了一些"非常"措施: 一、为已被赐死并褫夺封号的高阳公主重新拟定封号为"合浦公主";麟德三年封禅大典,让太宗唯一的一位未亡人越国太妃燕氏最后完成终献[2]。二、以武氏兄弟对母亲杨氏大不敬为由,将其贬为地方刺史;编写《外戚戒》一书来警戒母家兄弟。

武则天的这两个举动,用现代人的话来说,那就是"胳膊肘往外拐",好

---

[1] 杨增强:《唐高宗废立皇后事件新论》,《西北大学学报》(哲学社会科学版)2005年第5期。
[2] 王洪军:《武则天评传》,山东大学出版社2010年版,第168页。

像武则天不是武家亲生的一样。但是这些举动背后的政治动机不言而喻：打击母家，讨好婆家，一方面是要在朝臣及皇帝的心目中树立一个大公无私的形象，减轻她的负面影响，以获得大家的认同；另一方面也借此机会在大臣中安插自己的势力，培养亲信。

而当武则天稳坐皇后宝座，手中有了不可动摇的权力，她开始觉得自己已经不需要讨好任何人的时候，她的行为风格就开始改变了：

> 唐朝初年朝廷编纂了一本规定社会不同姓氏人的身份等级书，名叫《氏族志》。《氏族志》是贞观年间太宗不满魏晋以来的门阀制度，而令当时的"礼部尚书高士廉、御史大夫韦挺、中书侍郎岑文本、礼部侍郎令狐德棻及四方士大夫谙练族姓者，普索天下谱牒，约诸史传，考其伪真，以为《氏族志》"[1]。后来高士廉等人又根据太宗的要求重新修改了《氏族志》，形成了一个李姓皇族为首，功臣外戚和关中士族为重要辅佐、山东和南方士族为次的士族系统。但显庆四年（公元659）九月五日，许敬宗按照武则天的旨意，以《氏族志》"不叙武氏本望，奏请改之"[2]。高宗采纳许敬宗的建议，下诏改"《氏族志》为《姓氏录》"。修改之后的《姓氏录》："以皇后四家、公、介公、赠台司、太子三师、开府仪同三司、仆射，为第一等；文武二品、及知政事者三品，为第二等；各以品位为等第，凡为九等。并取其身及后裔，若亲兄弟，量讨相从，自余枝属，一不得同谱。"[3]通过重订《姓氏录》，也满足了武则天想要光宗耀祖的心理，她开始有意抬高武氏的地位了。另外，在上元元年（公元674年），武则天召回了武承嗣、武三思这几个被流放在外的侄子。

武家人的春天在这个时期降临，而李唐王室的噩梦也随之开始。见表4。

---

[1]《唐会要》卷三六《氏族》，转引自王洪军：《武则天评传》，山东大学出版社2010年版，第124页。

[2]《资治通鉴》卷二〇〇，显庆四年六月条，转引自王洪军：《武则天评传》，山东大学出版社2010年版，第127页。

[3]《唐会要》卷三六《氏族》，转引自王洪军：《武则天评传》，山东大学出版社2010年版，第127—128页。

历史名人的心理传记

表4　　　　　　　　　　　武后谋杀表[①]

时间	姓名	关系	家人污名
688年9月	越王贞	高宗弟	灭门
688年9月	霍王元轨	太宗弟	灭门
689年7月	纪王慎	太宗子	重孙存
690年7月	舒王元名	高祖子	灭门

这个时期的李唐王室，武则天的婆家人，许多支系都惨遭灭门。这种手段令人发指，究其原因，是武则天自身需要获得控制感和安全感。

马斯洛（Maslow）认为，安全感是指人在摆脱危险情境或受到保护时所体验到的情感，是维持个体与社会生存不可缺少的因素，它表现为人们要求稳定、安全、受到保护、有秩序，能免除恐惧和焦虑等[②]。控制感与安全感是相关联的。无疑，当个体能很好地把控周围的人和事，能很好地通过自己的操作表达意志的时候，他就能获得较高的控制感，因此，当控制的水平是人的安全最有保障的时候，此时人的安全需要必然会得到最大满足，可以说，控制感是人的安全需要的最高层次。夏皮罗（Shapiro）和奥斯汀（Astin）认为，人类最大的恐惧之一就是害怕失去控制，人类最强的动机之一就是拥有对我们生活的控制，获得并保持一种控制感[③]。目前对于控制感的界定，比较统一的观点是：控制感（the sense of control）是与客观控制（即环境与个人实际具有的控制条件）相对的一种主观控制知觉，是个体对控制的一种感知、感受或信念[④]。那么，什么人会对安全感和控制感有如此狂热的需求呢？那就是幼年极度缺乏安全感的人，在成年后容易追求过度的补偿。但是，具有这种心理动力并不意味着能补偿成功，因此，只有具备这方面动力和能力的双重条件的人，才可能最终成为对权力的极端控制者。那么，武则天幼年缺乏安全感吗？

---

① 林语堂：《武则天传》，长江文艺出版社2009年版，第210页。
② ［美］阿瑟·S.雷伯：《心理学词典》，李伯黍等译，上海译文出版社1996年版，第765页。
③ 于国庆：《大学生自我控制研究》，华东师范大学博士学位论文，2004年。
④ 胡三嫚：《工作不安全感的研究现状与展望》，《心理科学进展》2007年第6期。

第六章 谁言女子非英物

结合幼年的生活经历，就可以解释武则天行为转变背后的真实原因了：十二岁父亲去世，受尽他人冷眼，随母亲离开武家；十四岁进宫，入宫的十二年里却又受到太宗冷落——一个生育能力极强，而在十余年中并未生育一男半女就是证据；二十六岁太宗驾崩，出家到感业寺，三年的青灯古佛陪伴。这一系列经历，都让她感觉到，只要命运把控在别人手里，只要自己对生活缺乏控制，就无安全感可言——早年，她的安全感被武氏家族的男性掌控；入宫后，她的安全感付与皇帝；出家后，乃至后来重返皇宫，她都感受到皇权在重建一个人的安全感中的价值。因此，这势必使得她在重返后宫后很难马上获得足够的安全感，因为皇宫中的一切生杀予夺大权都掌握在少部分人手里，除非自己能成为这少部分人之一。为了补偿幼年安全感的缺乏，为了让自己在前途缥缈的后宫站稳脚跟，武则天的确试图努力让自己成为后宫的掌权者。前期的她通过讨好婆家打击娘家来获得婆家人以及朝中大臣的认同与好感，确保自己被接纳，当然，这中间也有报复娘家人的成分。但武则天有足够的忍耐力，她不动声色地开拓前行，毕竟，即使武则天在重返后宫后为获得足够的安全感而迸发了很强的控制欲，她也不能立刻将她的控制欲表现出来，因为她没有相应的控制力。所谓的"控制欲"是指个体想对自身和客观环境进行控制的主观欲望，是一种内在动机；而"控制力"是指个体对自身和客观环境的实际控制能力，被视为一种客观实际能力。如果控制欲和控制力两者不相符，比如一个高控制欲低控制力的人，会觉得世界充满了不可控因素，从而产生不安全感[①]。由于没有相应的控制力去协助武则天重新建立安全感，这势必加剧了她内心不安全感，所以前期她更需要通过种近似亲和的方式来重新恢复一部分的安全感。

另外，武则天虽然曾侍奉过太宗，对太宗后宫中情况有所了解，但重返后宫后，她侍奉的将是新一代的皇帝唐高宗。对于她来说，高宗的后宫将是一个完全陌生的环境，她需要通过改变自己去努力适应外部环境，也就是搞好婆家关系来增加她被这个新环境的接纳程度，以便日后能更有力地去利用这个环境。这就是

[①] 于世刚：《确定感、安全感、控制感——人的安全需要的三个层次》，《社会心理科学》2011年第2期。

历史名人的心理传记

自体心理学中所说的"二级控制"。后期的武则天由于登上了皇后之位，而且在朝廷中有了自己的亲信和势力，安全感在一定程度上获得了相应的满足。但"废后风波"[①]让她心有余悸——那个能迅速提拔她的人，也可能随时夺取她所拥有的一切。何况一个自幼缺乏安全感的人，不会因为自己的安全感得到暂时的满足而停止她对控制感的无限追求，即对权力的向往和对朝廷的控制。虽然上文中有提到说控制感是人的安全需要的最高层次，但是对控制本身的满足是永无止境的。此时武则天疯狂打击李唐宗室，除了进一步补偿她的安全感之外，更重要的是她内心膨胀的控制欲和为满足这些控制欲而相应提升的控制力，她需要外界完全并且完美地迎合她的"一级控制"，来满足她自身的发展和对整个李唐江山的控制。所谓的"一级控制"和"二级控制"是罗特鲍姆（Rothbaum）等提出的终生控制理论的两大核心概念。一级控制（primary control）指个体改变外部世界使之满足自身的需要和愿望的尝试；二级控制（secondary control）指向个体的内部世界，通过调整自己的动机、情绪和心理表征去适应外部环境而不是改变环境。简单来说，一级控制指改变环境的企图，从而满足个体的需要和欲望；二级控制指的是改变自己并"顺应环境"的企图。两者归根结底都是为了到达个体与环境之间的平衡与和谐[②]。早期，武则天的控制力非常弱，于是她主要通过二级控制来获得控制感；当她当上皇后之后，具有了较强的控制力，于是她主要采用一级控制来实现对环境的掌控。她的策略则从打击娘家转向打击夫家。于是武则天开始疯狂甚至残忍地打击李唐王室，让朝廷官员以及百姓都匍匐于她的脚下。同时，这时的她需要扶持一些可靠的外戚，让他们逐渐走入帝国的政治中枢，成为她日后的左膀右臂——这是大多数后宫专政的套路，她开始改变对娘家的态度。武则天将流放在外的几个侄子如武承嗣、武三思等召回长安，努力提高娘家人的社会地位也是情理之中。这就是武则天前后对待夫家和娘家如此大反差的一个最重要的原因。

[①] "废后风波"是指麟德元年（公元664年），唐高宗因武则天私与道士来往大怒，打算将其废为庶人，并让上官仪拟诏。结果这件事被武则天知道了，她大闹了一场，并借口诛杀了上官仪。

[②] 转引自朱慧敏：《大学新生适应不良的控制干预研究》，上海师范大学硕士学位论文，2008年，第6—7页。另参见李晓东、林崇德《终生控制理论：关于人的整个生命历程的动机理论》，《心理学探新》2002年第2期。

综上，导致那个含情脉脉的武则天消失的最根本原因就在于武则天从小到大安全感的过度缺失，使她追求过度补偿，从而试图通过权力实现对环境的一级控制。她想要去控制一切，所以她在不断地调整与母家和婆家的关系。她原以为坐上皇后位置就可以安定了，但是李治曾经一度想废后的念头让武则天深感不安。就算她是李治最宠爱的女人又能怎么样？如果没有更大的权力在手，她随时就会像一块抹布一样被李治抛弃——王皇后和萧淑妃的事实就在眼前，如何才能逃脱后宫女人的悲剧性宿命？于是，她的眼睛开始盯向紫宸殿上的那张龙椅。

四 一代女皇的诞生和消失

经过在腥风血雨中的摸爬滚打，武则天终于战胜了一切，建立了一个属于自己的王朝，让自己成为中国历史上的首位女皇。这份荣耀是她应得的。但是，如此有个性和想法的武则天，为什么会允许她的王朝一代而亡？她又为什么放弃女皇封号，重新以李唐儿媳妇的身份回归？究竟是客观环境所迫，还是内心发生改变？

天授元年（公元690年）九月九日，武则天下诏"易唐为周"，改元天授，大赦天下。一代女皇在众人的瞩目中诞生了。那么，武则天当皇帝除了自身权力欲膨胀之外，是否还有其他原因呢？这得从武则天刚入宫时的一件事说起。

贞观二十二年（公元648年）初，天空出现了一种反常的天文现象，太白金星多次在白天出现。这在古代是一种不祥的预兆，根据当时掌管历法太史的推算，结果是"女主昌"[1]。不仅如此，当时社会上流行的一本叫《秘记》的书上有这么一段话："唐三世后女主武王代有天下。"因为这件事情，左武卫大将军李君羡无辜被皇帝诛杀。当时，太宗本打算诛杀武姓大臣，被李淳风制止，就这样，李君羡成为了无辜的替罪羊。后来武则天下诏追复李君羡原职，并以礼改葬。很

---

[1] 《旧唐书·卷九六·李君羡传》；又见《资治通鉴》卷一九九，贞观二十二年七月条，转引自王洪军：《武则天评传》，山东大学出版社2010年版，第65页。

历史名人的心理传记

显然，这件事情对武则天产生了一定的影响。心理学中常常通过"皮格马利翁效应"来说明这种期望的作用。"皮格马利翁效应"指出如果一个人总是相信什么，期待什么，那么这件事就会发生。该效应本来是讲皮格马利翁因为钟情于自己所雕塑的美女，于是整天向她倾诉衷肠，最后这尊雕塑就变成真人了。后来心理学家罗森塔尔通过实验证明了这种期望效应的存在，于是，心理学就将这种因为期望而导致事实发展方向发生变化的现象称为"皮格马利翁效应"或"罗森塔尔效应"。虽然当时的武则天因为这个预言差点丢了性命，但是在她的心里将会有这样的一个信念：唐代三世之后，她可能是世界的主宰。这个信念将引导她日后的一系列的行为，为这个信念的实现而努力。但是，要想实现这一传言，除了她自身的野心和能力之外，高宗李治以及外部事件的推动也不容忽视。

李治除了懦弱之外，身体素质也很差，虚弱多病。显庆五年（公元660年）十月，高宗皇帝"初苦风眩头重，目不能视，百司奏事，上或使皇后决之。后性明敏，涉猎文史，处事皆称旨。由是始委以政事，权与人主侔矣"[①]。在此之后，不管有多难处理的政事，"武则天却处之应手，乐此不疲，她也为自己的这种才干兴奋不已"[②]。从此以后，武则天在政治上的欲望愈加强烈，她整天忙于政务，很少有暇顾及高宗。而高宗也渐渐感觉到自己被架空，自己手中的权力正在一点点地被枕边人夺取的感觉，所以出现了后来高宗废后的一幕。

第一，越来越频繁地接触前朝政治，使武则天的权力欲越来越膨胀。第二，麟德元年（公元664年）上官仪掀起的废后风波，使武则天更清醒地认识到封建君权的强大。母仪天下的皇后，在至高无上的皇帝那里，实在算不得什么，一纸诏书便可打发她去步王皇后与萧淑妃之后尘[③]。所以她需要掌握足够多的权力来保全她自身。第三，是由于"自居心理"的作用。所谓"自居心理"，即"寡妇以死去的伴侣自居，行为举止，思维方式酷似死者生前行为，也可能表达同死者生前

---

① 《资治通鉴》卷二〇〇，显庆五年十月条。
② 王洪军：《武则天评传》，山东大学出版社2010年版，第146页。
③ 勾利军：《武则天的自卑心理与性格特征》，《史学月刊》1998年第1期。

第六章　谁言女子非英物

一样的看法观点"[①]。武则天曾亲自为高宗撰写的《哀册文》，文中写道："魂销志殒，裂骨抽肠。受玉几之遗顾，托宝业于穷荒。……所以割深哀而克励，力迷衿而自强。呜呼哀哉！"[②]很显然，在"割深哀而克励，力迷衿而自强"中，反映出此时武则天已产生"自居心理"，这种以丈夫自居的心理不断强化，是武则天称帝的重要动因之一[③]。于是，武则天先后找借口废掉中宗李显和睿宗李旦，自己临朝称制，最后以周代唐，自立为皇帝。

可以说，一个女子在封建王朝，从一个五品才人到正二品昭仪，母仪天下的皇后，然后以太后身份临朝，最后称帝。这一路走来，几多艰辛。任何来之不易的事物，人们总想永久保留。秦始皇统一六国后，就希望秦朝天下万世不竭，故以"始皇"自命。那么，作为一个女人的武则天，她当女皇本是她女性身体里面的男性气质在作怪，但她的万丈雄心也只能通过女性的躯体去表达，因此，她称帝既是身体对心理的抗拒，也是自己对男权的蔑视。可是，作为一个封建王朝的女权主义者，她为何不将自己女权运动的成果传之万世？她为什么不立太平公主为皇太女，不传位于自己的女儿呢？在建立了一个属于自己的大周王朝之后，她为何又使自己的王朝一世而亡？辛辛苦苦成为一代女皇的武则天，最后又为什么放弃了她的皇帝之名，以皇后的身份与高宗合葬乾陵？这一切都得从她的立储开始说起。

女皇武则天登基时已是六十七岁高龄，早该是确立接班人的时候了。但武则天在这一事情上表现得很矛盾：立子，势必会使李唐复国，使自己的大周一世而亡；立武氏宗亲，则大周以后的命运将无法预测。于是，她曾很长一段时间犹豫徘徊到底是立儿子还是侄子。但值得注意的是，武则天这时是纠结于该立子还是立侄，那她为什么不考虑立自己的女儿太平公主为接班人呢？武则天控制欲和控制力极强，她不会允许有任何一件事在她手里失控，但这件事却恰好戳中了武则

[①] 转引自勾利军：《武则天的自卑心理与性格特征》，《史学月刊》1998年第1期。
[②] 《全唐文》卷九六《高宗天皇大帝哀册文》，转引自王洪军：《武则天评传》，山东大学出版社2010年版，第223—224页。
[③] 勾利军：《武则天的自卑心理与性格特征》，《史学月刊》1998年第1期。

历史名人的心理传记

天的软肋：让自己的女儿接班，的确可以保证自己的大周王朝不会一世而亡，她也将成为大周的开国皇帝，但太平公主之后应该怎么传承下去？是继续传位于女儿，还是转而传位于儿子？按照传统，女孩子都是跟父亲姓，如果一直以女传女下去，那么就实现不了"家天下"的目标，"母传女"比"父传子"存在更大权力转移的困难。如果传给儿子，那就与她自己传给儿子没有什么两样了，都归于向男权的妥协。要想"母传女"能像"父传子"一样有条不紊地延续，除非武则天能有更大的本事，改变男婚女嫁的传统，改父系为母系，改父权为母权，并让天下的子女都跟随母亲姓氏，而这个目标，则非武则天一人之力可以逆转乾坤。由于在潜意识中，这个想法是难以实现的，武则天就压根儿没有考虑这条道。很显然，在决定传男还是传女的问题上，武则天是受集体潜意识中的"男权"观念的影响。

荣格在其人格结构理论中提到了"集体潜意识"，在他看来，个体不仅与自己童年的往昔相联系，更重要的是与种族的往昔相联系。集体潜意识的主要内容是本能和原型，它们都能驱使人做出某种行为，人们却不能意识到这种行为背后的真实动机[1]。在武则天的潜意识里，她认为传男更会保证江山未来的可预测性。她似乎忘记了自己是这样一个打破世俗而为女皇的人，但在确立接班人的时候她还是首先想到和选择了传男，很显然，她不得不向男权屈服。

而此时女皇的侄子武承嗣早已迫不及待，想要继承姑母的帝位。经过他的一番努力之后，女皇开始有意要立他为太子，但凤阁侍郎李昭德的一席话让武则天暂时放弃了立武承嗣为太子的想法。李昭德说："臣闻文武之道，布在方策，岂有侄为天子而为姑立庙乎！以亲亲言之，则天皇为陛下夫也，皇嗣为陛下子也，陛下正合传子孙，为万代计。况陛下承天皇顾托而有天下，若立承嗣，臣恐天皇不血食矣。"[2]圣历元年（公元698）二月，武承嗣、武三思多次游说武则天"自古天子未有以异姓为嗣者"无果，当时的宰相狄仁杰说了一番与李昭德相似的话：

---

[1] 郭本禹等：《潜意识的意义——精神分析心理学》（上），山东教育出版社2009年版，第93页。
[2] 《旧唐书》卷八七《李昭德传》，转引自王洪军：《武则天评传》，山东大学出版社2010年版，第292页。

第六章 谁言女子非英物

"文皇帝栉风沐雨,亲冒锋镝,以定天下,传之子孙。大帝以二子托陛下,陛下今乃欲移之他族,无乃非天意乎!且姑侄之于母子孰亲?陛下立子,则千秋万岁后,配食太庙,承继无穷;立侄,则未闻侄为天子而祔姑于庙者也。"[①]由此,女皇武则天不得不再一次去审视立储问题。直到有一天,武则天做了一个梦,梦见一只鹦鹉,"羽毛甚伟,两翅俱折,以问宰相,群公默然。"[②]此时狄仁杰为其解梦说:"武者,陛下之姓,两翼,二子也。陛下起二子,则两翼振矣。"[③]自此,武则天彻底放弃了立武氏宗亲为储君的念头,为后来李唐的复辟奠定了基础。而在整过抉择过程中,传统"男权"思想以集体潜意识的方式无不影响着武则天。她知其可为知其不可为,作为封建社会的女政治家,她可以实现许多人想都不敢想的梦想,但是,数千年来的传统,则非一人之力可易之。

神龙元年(公元705年)十一月二日,八十三岁的武则天在上阳宫仙居殿与世长辞。一个中国历史上空前绝后的女皇时代在这一刻也随之终结。武则天临终前留下遗制:"去帝号,称则天大圣皇后。王、萧二族及褚遂良、韩瑗、柳奭亲属皆赦之。"[④]

最后武则天选择了回归,选择了宽恕。那她为什么要这么做呢?

第一,社会心理学中提出,取舍角色的标准有三个方面:一是该角色对个体的意义;二是不扮演某些角色可能产生的积极的和消极的后果;三是周围的人对拒绝某些角色的反应。[⑤]从立储这个问题上看,虽然朝中有一部分大臣支持武则天立武承嗣为太子,但是当时武则天最信任的大臣狄仁杰就很反对,一是认为武承嗣不具备当一国之君的才干;二是也为匡复李唐。国老级的人物对这一问题提出

[①] 《资治通鉴》卷二〇六,圣历元年二月条,转引自王洪军:《武则天评传》,山东大学出版社2010年版,第295页。
[②] 《太平广记》卷二七七引《朝野佥载》,转引自王洪军:《武则天评传》,山东大学出版社2010年版,第296页。
[③] 《资治通鉴》卷二〇六,圣历元年二月条,转引自王洪军:《武则天评传》,山东大学出版社2010年版,第296页。
[④] 《资治通鉴》卷二〇八,神龙元年十一月条,转引自王洪军:《武则天评传》,山东大学出版社2010年版,第345—346页。
[⑤] 管健:《社会心理学》,南开大学出版社,2011年版,第70页。

异议，武则天不得不重新考虑；另外，当武则天决定立庐陵王李显为太子，弃周复唐后，整个朝廷也是比较支持的。但真正困扰武则天的是，如果她不这么做，后果是什么。任何皇帝立嗣，主要考虑的问题都是自己去世之后，可能得到什么待遇以及王朝的未来走向。狄仁杰和李昭德都提到一个问题，就是武承嗣如果当了皇帝，武则天能否受祭祀，以及他们能否延续武则天的政治格局。事实上，这个问题，最终还是在潜意识中困扰武则天的，她能否从根本上改变男权的统治地位，在当初她准备立武氏七庙的时候，有人建议她将李氏七庙降为五庙，被武则天拒绝了，很显然，李氏的地位始终是武则天迈不过的一个坎；当年武则天称帝而降睿宗为"皇嗣"，就是为李氏在政治格局中留有一定的位置——的确，"皇嗣"是个有意思的称呼，既非太子，又非储君，但却又可归于皇位继承人的候选人范围。但最终，她不得不向延续几千年的男权体制臣服。她抗争了一生，最后发现这样太累了，于是，她决定一切顺其自然吧。因此，当五王勒兵入宫的时候，武则天非常淡定，她早就意料到这一天了。因此，从放弃帝号，以皇后自称这个问题上看，它标志着武则天又重新开始遵从整个社会的伦理基础，虽然她曾一度打破女人不能干涉朝政这一禁忌，但是，进入暮年的她已无力再去支撑，选择重新遵从或许才能真正填补这个老妇人心灵上的一片空白。虽然在权力交接过程中，由于二张兄弟（武则天晚年的两个男宠，张昌宗和张易之）挑起的事端使得武皇在尴尬情景下让位，但不得不说，武则天选择恢复李唐是一个很明智的决定。

第二，在传统社会中，"自己人"概念最初是包含自家人概念中的。自家人就是自己人，自己人也只有自家人。但"自己人"这种不是社会伦理身份却具备社会伦理身份的特点，客观上保证了亲密、责任和信任关系的稳定。从"内群体"概念的含义中，我们可以很容易看到"自己人"的影子。内群体是一种非常典型的心理群体，它的划分依据完全是心理性的，因为它主要依赖成员对群体的认同而不必依赖交往。当个体置身于"社会类别"，即内群体之中，就会增加自尊和价值感，进一步产生与外群体形成区别的动机，从而夸大内群体内部的一致性和与外群体的差异性。[①]李显作为武则天的亲生儿子,在"关系"这个层面就会比武承嗣这个侄子亲得多,因此在心理距离上也就近得多,所以在立储问题上武则天会倾向于李显。

社会心理学家曾进行了有关"关系"的研究,从这些研究来看,"关系"的主要特点是:① 与角色规范的伦理联系。以社会身份,特别是亲缘身份来界定自己和对方的互动规范,使关系蕴含了角色规范的意义。最典型的关系反映在"五伦"(即君臣、父子、兄弟、夫妇、朋友)上。② 亲密、信任和责任。亲缘关系越相近的对偶角色,相互之间越熟悉亲密,越会相互负有责任,越值得信任。双方之间相互报答的行为可以在很长的时间期限中进行,并且涉及双方社会生活的各个方面,最终保证相互依赖的实现。③ 以自己为中心,通过他人而形成关系的网状结构[②]。从这个角度我们也能得出李显在无形中比武承嗣等人具有的优势:他是武皇的儿子,血浓于水,武则天更信任他,也会更依赖于他,相信他更有能力去管理好李唐江山。所以武则天最终会选择李显当继承人而不是选择武氏宗亲。从这方面是如此,从亲情、家人这方面更是如此。

武则天、李显与武承嗣的关系分别是母子和姑侄,表面上李显和武承嗣都是武则天的家人,但是"家人"在传统中国社会中,既有血缘关系,又有最为频繁的交往;既有最强的感情连带,又有最对等的工具性交换(例如,代际互报),成为一个以"自己人"为特征的关系类别。或者说,"家人"成为"自己人"的同义词和最核心的象征,"家人"就意味着"自己人",最原初和最典型的"自己人"就是"家人"。当"自己人"的边界以"家人"的边界来划分时,"自己人"的心理成分就受到亲缘制度的制约,"是亲三分向",亲缘标志成为亲密情感、信任和责任的标志,亲属称谓变得重要和准确[③]。所以,不管从哪个角度来审视武则天最后的决定,我们都能看得出李显得天独厚的内在优势。比起武承嗣等人不断增强的外部势力,李显是真正能在内心给予武则天安全感、信任感和欣

---

① 杨宜音:《"自己人":信任建构过程的个案研究》,《社会学研究》1999年第2期。
② 同上。
③ 同上。

慰感的。因此，武则天在经过艰难的思想斗争之后，最终决定将自己从李唐手里夺过来的江山重新归还于李唐，仅仅以李唐家媳妇的身份留于后世，同时，她原谅了那些曾经阻止她获得权力的人，因为她最终还是臣服了。

五　结语

武则天的一生充斥着太多的传奇色彩。一个女子，在男权社会中建立了一个属于自己的大周王朝，当上了独一无二的女皇，这是让人望尘莫及的。

如果说十四岁那年刚进宫的武则天还是一个不谙世事的小丫头的话，那么在感业寺的那三年就是武则天真正开始成长和成熟的时期。不管武则天从小对权力如何痴迷，她的内心又有多少男性气质，如果没有那么多机缘巧合的外部条件，历史可能会沿着另外的轨迹发展。但上天给了她机会，她重返皇宫，并通过三年的时间，实现了一步登天的目标。

成为皇后的武则天，如果没有外界提供的机会的话，她不可能接触到政事。因为李治多病且性格柔弱，所以作为皇后的武则天帮皇帝处理政事就变成情理之中的事，可与此同时，武则天也有这个能力和魄力——在武则天统治期间，她成功平叛并收回被吐蕃占领的安西四镇；同时还选贤任能，推动社会和经济的发展，人口大幅度增加；她首创殿试制度（这是一个了不起的事情，因为殿试不仅仅是选取人才，同时也是向天下士子展示皇帝风貌与学识的机会）；同时开创科举糊名制度；开创武举等。[①] 但武则天不同于其他人的地方是她本身就痴迷权力，渴望得到权力，当她真正尝到了拥有权力所带来的好处，她怎么可能再放手呢？

但武则天她是一个女人啊，即便她再怎么拥有男性品质，再怎么角色偏差，她终究是这个社会上弱势的一方。她可以对抗朝中大臣，对抗一切阻碍她的人，可是，她无法对抗这个社会自古形成的人伦的大网。或许她曾挣扎过，想要冲破

[①] 朱子彦：《垂帘听政——君临天下的"女皇"》，上海古籍出版社2007年版，第127—131页。

这一切，她或许也真正做到了，但是到头来，她老了，斗不动了，然而这个社会还在，跟以前完全一样，仅凭她一个人的力量是改变不了这个社会的。所以直到她精疲力尽，再也没有力气去反抗的时候，她选择了臣服。也许从一开始她就应该这样，但如果她真这么做了，那她就不是武则天了，中国历史上也不会出现这么一段让人回味的历史了。

看起来或许有点悲凉，但我们不得不承认武则天是一个极其精明的女人，就像这副对联描述的那样：天命自我有，无字碑在，任尔评说千载；素手我乾坤，紫宸殿上，女帝唯我一人。没有任何华丽的语词，没有任何歌功颂德的字句，只留一块无字碑，让世人去评说。这难道不是这个女人的高明之处吗？

虽然武则天最后放弃了帝号，以皇后、李家媳妇的身份留于后世，但她终究还是中国历史上唯一的、不可否认的女皇帝。细细研读这段历史，或许还会有不同的发现与感受。

第七章 07

我是人间惆怅客
——关于纳兰容若的心理传记分析

导读：一个生在富贵之家的人，感慨自己"不是人间富贵花"；一个满清王朝的权贵，却流连于江南落魄汉族文人之中；一个敢爱敢恨却最终孤寂一生的人，他的人生实在让人费解。本章主要分析纳兰容若的这三个悬疑性问题。

第七章　我是人间惆怅客

点一盏灯，听一夜落雨声，史书翻过这一页，记忆封存，生死隔断，寂寞天涯，谁的思念在石碑上发芽。

初识容若，一句"人生若只如初见"，便已感受到他那化不开的愁思。相国之子，锦衣玉食，毫无世俗之累，却无力面对日日声色犬马、阿谀奉承、钩心斗角的生活；动了心，动了情，却无法长相守，求不得，爱别离，郁结于心，情深不寿；人人都想登上高处，殊不知高处不胜寒，或许知己好友几人，一壶酒，几阕词，更惬意。别人眼里的繁华，恰恰是他最不想拥有的，无人理解，容若道不尽的惆怅，又该与何人诉说？

一　容若出身

纳兰性德（1655年1月19日—1685年7月1日），字容若，号楞伽山人，明珠长子，清朝第一词人。顺治十一年十二月十二日（公元1655年1月19日）出生于满洲正黄旗。原名成德，因避皇太子胤礽（小名保成）之讳，改为性德。他天生富贵，衣食无忧，父亲权倾朝野；他天资聪慧，博通经史，工书法，善丹青，精骑射，十七岁为诸生，十八岁举乡试；二十二岁赐进士出身，后晋升一等侍卫，三十一岁风华正茂之时因伤寒与世长辞，生命如流星一样短暂而璀璨。

容若是多种矛盾的混合体：生为满族人，却痴迷汉文化；骨子里是文人，从事的却是武将的行当；身份显贵，心却游离于繁华喧闹之外，"视勋名如糟粕，势利如尘埃"。他是地道的满族八旗子弟，结交的却是一些汉族落魄文人，"以风雅为性命，朋友为肺腑"；他娶得娇妻，琴瑟和鸣，却奈何转眼成烟；他仕途流畅，却壮志难酬；孤独失意，受尽了命运的捉弄[1]。

---

[1]（清）纳兰性德著，聂小晴、王鹏、王青主编：《一生最爱纳兰词大全集》，中国华侨出版社2010年版，第1—4页。

容若为纳兰明珠（1635—1708，字端范）长子，明珠官至武英殿大学士，累加太子太傅，为康熙朝权倾一时的首辅大臣。

追溯纳兰家的兴盛起源，就要说到容若的曾祖父金台石。他是叶赫部贝勒，其妹孟古格格嫁努尔哈赤为妃，生皇子皇太极，这层关系令纳兰家族与皇室有了紧密的联系，成为清朝初年满族八大姓氏最风光、最有权势的家族。

北京西郊有一块石碑，上书："明珠及妻觉罗氏诰封碑"，上面记载：明珠"初任云麾使，二任郎中，三任内务府总管，四任弘文院学士，五任加一级，六任刑部尚书，七任都察院左都御史，八任都察院左都御史、经筵讲官，九任经筵讲官、兵部尚书，十任经筵讲官、兵部尚书、佐领，十一任经筵讲官、吏部尚书、佐领，十二任加一级，十三任武英殿大学士兼礼部尚书、佐领、加一级，十四任今职"。所谓"今职"，指的是"太子太傅、武英殿大学士兼礼部尚书、佐领、加一级"。

纳兰明珠凭借自身的勤奋和才华，从一名普通侍卫成长为武英殿大学士兼太子太傅，成为权倾一时的朝廷重臣。官居内阁十三年，纳兰明珠在议撤三藩、统一台湾、抗御外敌等重大事件中起到积极作用，同时又独揽朝政、贪财纳贿，并与另一重臣索额图互相倾轧，最终被参劾倒台。纳兰明珠一生经历荣辱兴衰，但失势的结局并不能掩盖他一代权臣的功绩[1]。

容若便出身于这样的家庭。

二 不是人间富贵花

容若是含着金汤匙出生的满清贵公子，一出生便与很多人有了云泥之别；他

---

[1] 余沐：《正说清朝十二臣》，中华书局2005年版，第7页。

第七章　我是人间惆怅客

身为相国长子，锦衣玉食，娇妻美妾，花团锦簇，绝无世俗之累；他刚过弱冠，连中两榜，常伴帝王之侧，摘取朱紫如拾草芥。在常人眼里，天下所有的好事他都已集于一身，该是心满意足、无忧无虑了。可他却是心事重重，似乎依然有无尽的惆怅。是"无事寻仇觅恨，闲来自寻烦恼"，还是另有其他原因？

对纳兰明珠有所了解的人都不得不承认容若的成长真的是一个奇迹，他有一位精明能干的父亲，一位强悍的母亲，但父母的性格却丝毫没有遗传到他身上，这不得不让人惊奇。

纳兰明珠凭着铁血手腕一步步登上了那一人之下、万人之上的高位，在他的世界里，权力、地位才是最重要的。而纳兰明珠的夫人，也就是容若的母亲，是阿济格的女儿。纳兰明珠是铁腕权相，他的夫人也许在铁腕上稍逊于他，但远远多了强悍与乖戾。时人在笔记中记录过一些明珠夫人的逸事，说她妒性之强，以至于严禁任何侍女与明珠交谈。尤其令人毛骨悚然的是，一次明珠偶然说起某个侍女的眼睛漂亮，第二天一早明珠就看到了一个盘子，盘子里放的正是那名侍女的眼珠。在母亲这里，容若怕是也很难得到真正的关怀。

父亲希望容若和自己走同样的路，为他安排好了一切。但母亲的嫉妒成性又会对他产生怎样的影响？在这样的一个家庭中成长，容若又是怎样的心情？

> 明珠当政后即出现其贪婪本性，卖官鬻爵，广结党羽，控制言路，以至民间有"要做官，找索三，要讲情，找老明"的歌谣。当时凡是督抚出缺，明珠即找人卖缺。明珠家门庭若市。每当岁尽之时，京官如部院台省，外官若督抚府县，无不登门馈赠，以至有几十天见不到一面的向隅者。他所住的什刹海一带的大小客栈客满为患，那些达官贵人天天到明府打听消息，以盼望轮到自己把礼物送上去[①]。

"结党必然营乱，营乱必然舞弊。"随着明珠权势一天天增大，与朝廷之中

---

① 王忠和：《清末四公子》，东方出版社 2008 年版，第 29 页。

历史名人的心理传记

与大臣拉帮结派,政治腐败的问题也一天天地显露了出来。

一生鄙视富贵利禄,却又生性孝悌的容若,在家中眼睁睁地看着父亲利用权势收受贿赂、广结党羽,腐败贪污、结党营私,他心中隐忍了多少的矛盾与无奈。面对母亲的嫉妒成性和对他人造成的伤害,他又有多少不能言说的无能为力。在这样的家庭里面,又能感受多少的温情?

身为满人的明珠不经常读书,却对藏书有着一种近乎偏执的兴趣。父亲的书房,对于容若来说,更像是一个缤纷的游乐园,让他沉浸其中不能自拔。"文武之道,一张一弛",练完武就去读书,读累了书就去练武,日子就这么一天天过着,在他心里,骑射训练是不得不去完成的任务,而读书才是真正的兴趣。

所以容若也渐渐意识到,父亲为他精心策划的那条权术之路,尽管铺满了令所有人艳羡的鲜花和掌声,尽管在父亲这棵大树的阴凉下会走得比普通人要容易几十倍甚至几百倍,却恐怕是自己永远也走不下来的。

"翻手为云,覆手为雨",玩弄权术,阿谀奉承,这些官场的必经之道,如果换作容若,是绝对做不来,也做不到的,只有诗词,才是他的世界。

父亲对自己的那些加官晋爵的希望,有时,只会让自己深深失望。

其实,我们每个人的心中都有一块禁区,一块别人永远走不进去自己也永远走不出来的角落。在这个角落里,藏着多多少少不为人知的秘密,可能是曾经的一块伤疤,可能是现在的悔恨,也可能是未来的迷茫,而容若的那个角落里藏着的却是自卑。

自卑感是个体心理学的一个最基本的概念,对自卑感的强调也是个体心理学的特色之一。阿德勒认为,当个体面对困难情境时会产生一种无法达成目标的无力感与无助感,对自己所具备的条件、作为和表现感到失望或不满,对自我存在的价值感到缺乏重要性,对适应环境生活缺乏安全感,对自己想做的事不敢肯定,这就是自卑感。他认为自卑感起源于个体生活中所有不完满或不理想的感觉,包括身体的、心理的和社会的障碍,不管是真实的还是想象的都包括在内。这样,补偿作用也就不仅仅只是针对现实的器官缺陷,也指向"想象的"缺陷或

第七章 我是人间惆怅客

自卑。

阿德勒认为，个体的自卑感源于婴幼儿时期的无力、无能和无知。无论是否存在器官上的缺陷，任何人在生命之初都具有自卑感，因为所有儿童都要完全依赖成年人才能生存。与那些他们所依赖的强大的成年人相比，儿童总是显得那样无力和脆弱，因而难以不产生自卑感。在阿德勒看来，自卑感是在所有儿童生活中普遍存在的一个基本事实，因此"自卑感本身并不是变态的"[1]，它对个体人格的发展有积极和消极两种作用。

从积极方面看，个体在自卑心理作用下，如果处理得当，就可能将自卑感转变为奋发上进的内在动力，力求补偿缺陷，力求成功。从消极方面看，如果个体不能对自卑进行适当的补偿，就会产生自卑情结，导致心理疾病的发生。自卑情结是以个人的自卑观念为核心，由潜意识欲望和情感所组成的一种复杂心理，它是一个人不能或不愿进行奋斗而形成的文饰作用，而这种文饰作用又会加重个体的自卑感，是个体愈加显得悲观、失望与逃避。

阿德勒认为，自卑感之所以能够成为个体发展的动力根源，其原因在于每一个个体身上都存在着与生俱来的追求优越的向上意志。一个人从婴儿时期就开始不断产生自卑感，同时又不断进行补偿。他们奋力追求的目标就是阿德勒所谓的优越，它们包含着完满的发展、成就、满足和自我实现。追求优越是一种对现实完美的追求，是人的活动背后的动机力量，也是人的一般目的。

阿德勒把个体追求优越目标的方式称为"生活风格"。

在阿德勒看来，每个儿童形成的生活风格主要取决于儿童生活的环境和条件，特别是家庭环境。每个人一来到这个世界上便处于各不相同的家庭环境中，家庭的经济状况、社会地位、父母的性格、兄弟姐妹的多寡、他们自己在家庭中的地位以及家庭气氛等，都影响着他应付困境以及克服自卑、谋求补偿、追求优越的具体方法和手段。

个体在不同的环境和条件下形成的应付困境的基本补偿手段和策略是不同

---

[1] [奥]阿德勒：《自卑与超越》，黄光国译，作家出版社1986年版，第50页。

历史名人的心理传记

的，这些策略和手段在生活过程中不断地被概括、总结、归纳，并逐步在个体身上固定下来，最终成为个体所特有的、持续存在的生活风格[1]。

生于显赫之家的容若，又作为相国的长子，父亲的寄望与期许甚高，虽然具备优越的物质条件，但容若却对自己的生活环境感到失望和不满。他的一切都深深烙上了相国长子的印记，每个人都是从相国长子的角度看待他的，他对自我存在的价值感到缺乏重要性，他无法对自己真实的位置做一个准确的判断，因而他又对自己想做的事不再肯定，自卑感深深地根植在他心中，所以在他的词作中，自己的家世也是一笔带过，因为容若无法承受家世之重。而父亲的形象过于强大，父亲的为官之道又是他学不来的。精明能干的父亲，强悍的母亲，更使容若无法对他的自卑感进行适当补偿，他的自卑情结愈来愈深，所以他不愿意再投身官场去奋斗、去厮杀。他悲观、失望、逃避，这一切都郁结于心，让他的一生都显得那样怏怏不乐。

而御前侍卫的尊荣，更多的不过是皇帝御座前的摆设，明是用来安抚功臣之心，暗地里却是用来阻止明珠父子权势进一步扩张。明珠权倾朝野，长子又如此富有才干。八岁登基，深谙帝王心术的康熙怎么会容许这种威胁存在？可以说是明珠的权势阻挡了容若的仕途，任他有"经济之才，堂构之志"也只得匍匐于皇权之下，身不由己地成为皇帝和自己父亲政治较量的牺牲品。这样一来，容若怎么也体会不到自己的优越感在哪里。他迷茫，找不到自己存在的价值，自卑情结在他心中也就愈加的明显。如此一来，他便更向往温馨自在、吟咏风雅的生活，渐渐地，这便成了容若一生所持续的生活风格。

也许是造化弄人，出身豪门的容若，偏偏是"虽履盛处丰，抑然不自多。于世无所芬华，若戚戚于富贵而以贫贱为可安者。身在高门广厦，常有山泽鱼鸟之思"[2]。晋升一等侍卫，常伴康熙左右，这种"皇恩眷顾"的平步青云机会，容若更多的只是当作了一种职务，一种不得不去完成的义务。父亲的贪污受贿，又

---

[1] 郭本禹等：《潜意识的意义——精神分析心理学》(上)，山东教育出版社2009年版，第110—115页。
[2] 韩撰：《进士一等侍卫纳兰君神道碑》，见申圣云：《人生若只如初见纳兰容若词传》，中央文献出版社2011年版，第319页。

第七章　我是人间惆怅客

与容若的文人思想气质大相径庭，他向往的，是江南的美色佳人，塞北的广阔无垠，更是人生的自由潇洒，纵情诗词。

> 非关癖爱轻模样，冷处偏佳。别有根芽，不是人间富贵花。
> 谢娘别后谁能惜，漂泊天涯。寒月悲笳，万里西风瀚海沙。
> ——《采桑子·塞上咏雪》[①]

康熙十七年十月，容若护驾北巡塞上之时，借咏雪道出自己"不是人间富贵花"的感慨，同时抒发了他不慕人间荣华富贵、厌弃仕宦生涯的心情。

官场的倾轧，是容若厌恶那里的原因。做一个可有可无的御前侍卫，他的壮志蜷曲难伸。于是，在容若的内心渐渐有了弃绝富贵之心，这点从他的诗词中就能看出，他不爱牡丹这样的富贵之花，却独独赞赏雪花这样凛冽的清冷矜贵之物。

这样一个拥有不羁灵魂的才子，想在天与地的尽头，瞬间融入，但是他渴望被上天怜惜，上天却始终没能给他这个机会。容若一生的追求，也只有在那时的片片雪花，不经意的瞥见，而后，随着雪花落地，一同埋入那塞外的土地之下。

> 残雪凝辉冷画屏。落梅横笛已三更。
> 更无人处月胧明。我是人间惆怅客，
> 知君何事泪纵横。断肠声里忆平生。
> ——《浣溪沙》[②]

庭院里的残雪映衬着月光折照在画屏上，绘有彩色的屏看上去也显得凄冷。夜已三更，窗外月色朦胧，人声寂绝。不知何处落梅曲笛声响起，呜呜咽咽地惹人断肠。夜来无眠，他因笛声起意，叹息身世，独自感慨。因为无人理解，所以更显落寞。

[①] （清）纳兰性德著，聂小晴、王鹏、王青主编：《一生最爱纳兰词大全集》，中国华侨出版社2010年版，第25页。
[②] 同上书，第233页。

相传明珠在罢相后,在家中读起容若的《饮水词》,忍不住老泪纵横,叹息道:"这孩子他什么都有了啊,为什么还是这样不快活?"[1]殊不知,容若想要的,偏偏是他给不了的。物质的极大富裕会有两种作用:或者让人倦怠,或者激发人更深远的追求。

往往,越是万事无缺的时候,我们越会觉得掌心一无所有。

幼抱捷才,仕途虽平顺,却不受大用的容若,恐怕也心知肚明——自己这御前侍卫的荣衔只是像花瓶般的摆设。康熙对容若,明是亲近,暗含挟制。自己的荣誉与辉煌,都在父亲的影子之下;可是,容若自己在哪里?自己的人生的未来在哪里?别人能给的,都不属于他自己。他便时时落落寡欢,虽然身在富贵之家,气质却愈近落魄文人。如此心意牵引,付诸辞章便成满纸陈旧落寞。

生活在别处,别人眼中的优越感,在他眼里,却是拖累,父亲为他安排的追名逐利之路,他明明知道这条路的尽头是悬崖,自己却无法先勒马。

他的寂寞与生俱来,别人无法排解,寂寞到近乎自卑,因为存在而寂寞,因为寂寞而自卑。习惯了寂寞,也习惯了自卑,容易沉溺其中,更容易变成其中的一部分。"如鱼饮水,冷暖自知",他的愁殇,或许只有他自己懂。

三 一往情深深几许

容若的爱情道路更是崎岖不平。自小一起长大、青梅竹马的表妹被选入宫中,自此高墙隔阻,再无相见之期。等他终于可以放开旧情,娶得娇妻,却奈何美梦转眼成空,妻子因难产撒手西去。其红颜知己沈宛因为满族身份的差异,两人也不能长相厮守。纳兰容若短暂的一生几乎都在为情所苦[2]。

---

[1] 安意如:《当时只道是寻常》,人民文学出版社2013年版,第7页。
[2] (清)纳兰性德著,聂小晴、王鹏、王青主编:《一生最爱纳兰词大全集》,中国华侨出版社2010年版,第3页。

第七章　**我是人间惆怅客**

一次次的感情受挫，爱而不得，一生几乎都在为情所苦，又会对容若产生怎样的影响？是否真的成了情深不寿？

纳兰眷一女，绝色也，有婚姻之约，旋此女入宫，顿成陌路。容若愁思郁结，誓必一见，了此宿因。会遭国丧，喇嘛每日应入宫诵经，容若贿通喇嘛，披袈裟，居然入宫，果的一见彼妹。因宫禁森严，竟如汉武帝重见李夫人故事，始终无由通一词，怅然而去。①

"郎骑竹马来，绕床弄青梅"，这样的感情，曾几何时已随时光的轻染而沉淀，美好而纯净，哪怕是在多年之后回忆起来，依旧泛着淡淡的青草香气，心底的那个人，终究无人能替代。相恋却最终无法相守，"一如侯门深似海，从此萧郎是路人"，一入宫门，便更是天各一方，再无相见之期。

银床淅沥青梧老。屧粉秋蛩扫。
采香行处蹙连钱。拾的翠翘何恨不能言。
回廊一寸相思地。落月成孤倚。
背灯和月就花阴，已是十年踪迹十年心。
　　　　　　　　——《虞美人》②

陈奕迅在歌里唱着："十年之前 / 我不认识你 / 你不属于我 / 我们还是一样 / 陪在一个陌生人左右 / 走过渐渐熟悉的街头 / 十年之后 / 我们是朋友 / 还可以问候 / 只是那种温柔 / 再也找不到拥抱的理由 / 情人最后难免沦为朋友。"岁月苍苍，世人都道相思苦，容若更是尝过千万遍，今春逝去，来年依旧，桃花依旧笑春风，人面却已是沧海桑田。年年岁岁，岁岁年年，在花开花落的繁复变化

---

① （清）纳兰性德著，聂小晴、王鹏、王青主编：《一生最爱纳兰词大全集》，中国华侨出版社2010年版，第454页。
② 同上书，第225页。

历史名人的心理传记

中,所有的眷恋,被时光打磨,执迷而伤痛。见或不见,都已经没有了意义。时间,总会覆盖那些难以言喻的伤口。

当一个人重要的两件东西放在天平上衡量的时候,天平在不知不觉中就会发生倾斜,它就会更倾向于去保全和自己切身利益关系更紧密的一件。

弗洛伊德认为,自我是本我与外部世界沟通的中介。它代表着理智与理性,与本我的非理性形成鲜明的对照。从发生的角度看,自我源于本我。

自我的基本任务是自我保存,而这正是本我所忽视的。"自我是在两条战线上作战,它必须既防止外部世界消灭自我的威胁,又要防止内部世界提出过度的要求,以求得自己的生存。"[1]一方面,自我要应对外部事件,与外部世界维持和谐关系。另一方面,自我还要应对外部的威胁。为了完成这两项任务,自我是按照现实原则来操作的。现实原则的目的就是把本我寻求快乐的欲望拖延至条件许可,等到有适当的对象才允许本我满足。设立现实原则并不是废除快乐原则,只是迫于现实而暂缓实行快乐原则[2]。

自我的基本任务就是保存,自我遵循现实原则,所以面对皇权,面对皇家"选秀女"的现实,容若无法抗争,他无法为了心爱的女子牺牲更多的东西。

谢家庭院残更立,燕宿雕梁,月度银墙,不辨花丛那瓣香。
此情已是成追忆,零落鸳鸯。雨歇微凉,十一年前梦一场。

——《采桑子》[3]

雨停了,空气中便有了浅浅的凉意。十一年了,回首前尘,也许只是一个梦。相见不如不见,有情何若无情。时间太瘦,指缝太宽,愿生命待你好。那些心底珍藏的秘密如花瓣般纷纷飘落,积花成冢。

---

[1] [奥地利]弗洛伊德:《弗洛伊德后期著作选》,林尘等译,上海译文出版社1986年版,第179页。
[2] 郭本禹等:《潜意识的意义——精神分析心理学》(上),山东教育出版社2009年版,第58页。
[3] (清)纳兰性德著,聂小晴、王鹏、王青主编:《一生最爱纳兰词大全集》,中国华侨出版社2010年版,第15页。

第七章　我是人间惆怅客

是时间的过错，让有情人只能错过。容若也是怪过自己的吧，如果当初爱下去会怎样？最后一次相信地久天长。她是不是就不会过早地离开？那些薄如蝉翼的坚持，禁不起皇权下的惊涛骇浪，无法反抗，只能顺从，指缝间流失的，尽是美好。

错过青梅竹马，面对明媒正娶的妻子，容若又会产生怎样的情感？是坦然接受，还是怀念过往，抑或是相敬如宾？

很多时候，被爱着，浑然不觉，待伊人已逝，记忆汹涌而来，回忆里，尽是无法言喻的伤。

> 谁念西风独自凉？萧萧黄叶闭疏窗。
> 沉思往事立残阳。被酒莫惊春睡重，
> 赌书消得泼茶香。当时只道是寻常。
> ——《浣溪沙》[①]

曾经嘘寒问暖的寻常，终究也是不寻常。本可以"执子之手，与子偕老"的人，却轻轻错过。再回首，谁见梦里花落？

每次从外风尘仆仆归来，她伫立在门前，笑意盈盈地看着他，为他更衣，为他沏茶；伴驾晚归，醉酒连脚步也软了几分，她搀扶他躺下，醒酒汤早已准备好，冷热适宜；伤寒卧床，送汤喂药，衣不解带，她的憔悴令他心疼……

最终的最终，容若还是没能留住她，冰封的心刚刚解冻，迎面而来的却是更大的风雪。很多人都说，一个女人对男人最大的爱，是为他生孩子，所以她留下了唯一的孩子。看到他不舍的泪光，她是笑着离开的吧？最后的最后，容若终于读懂了她的似海深情。三生石上，忘川河畔，奈何桥头，她一定不会喝那碗孟婆汤，舍不得忘记，便选择不要忘记。

不习惯她不在身边的日子，有谁能细致地为自己添衣，服侍醉酒的自己安

[①] （清）纳兰性德著，聂小晴、王鹏、王青主编：《一生最爱纳兰词大全集》，中国华侨出版社2010年版，第134页。

历史名人的心理传记

眠；又有谁会在家为自己牵肠挂肚，默默包容着自己的一切；又有谁为自己驱赶忧伤，独自看着满桌的书稿替自己落泪，听着自己梦中的呢喃黯然伤神……

虽然他什么都不说，但是她都懂，她懂他的无助，懂他的落寞，懂他的惆怅，作为妻子，她用全部的温柔温暖着容若那颗受伤的心。没有甜言蜜语，没有海誓山盟，却也相敬如宾，举案齐眉，她亦在等，等他的温柔，等他的接纳，等着"一生一世一双人"。

一生一代一双人，争教两处销魂。相思相望不相亲，天为谁春？

浆向蓝桥易乞，药成碧海难奔。若容相访饮牛津，相对忘贫。

——《画堂春》[1]

任岁月流连逝去，也不愿忘曾为她许的结局。

"愿指魂兮指路，教寻梦也回廊。"（《青衫湿》[2]）每每梦中见她，模糊的影子看不真切，悔恨在心头盘踞。总负多情，难弥的愧疚聚成了他心口的一点朱砂。

林下荒苔道韫家，生怜玉骨委尘沙。

愁向风前无处说，数归鸦。

半世浮萍随逝水，一宵冷雨藏名花。

魂是柳绵吹玉碎，绕天涯。

——《山花子》[3]

他只想多留她几天，再多留几天，这一留便是一年有余。佛祖，你听到双林禅院里那一声声泣血的祈求了吗？佛说有情皆满愿，可印证又在哪里呢？

寂寞禅院，佛灯明灭，梵音轻唱，《楞伽经》抄了一遍又一遍。"佛说楞伽

---

[1] （清）纳兰性德著，聂小晴、王鹏、王青主编：《一生最爱纳兰词大全集》，中国华侨出版社2010年版，第124页。

[2] 同上书，第353页。

[3] 同上书，第146页。

好，年来自署名。几曾忘夙慧，早已悟他生"，容若为自己取了一个别号：楞伽山人。

过去并不都会过去，有些过去的，永远在你的心里过不去。

一个人的守候里，已经渐渐分不清，等待的，是回忆中的暖还是来不及说出来的不舍。

越长大，越孤单。人越长大，就越习惯压抑内心的真实感受，不再轻易倾诉，不再放声大哭、放声大笑，什么都只是淡淡地点到为止。好像越来越没有什么事，可以伤心到落泪，再也找不出，释放伤感的出口。如果有时间有机会自由地哭，总是好的；如果可以痛快地流出眼泪，就说明心田没有干涸。最可悲的是现在明明感觉到痛，却再也无法畅快地哭泣。

压抑是精神分析最为核心的概念。弗洛伊德曾指出，压抑理论是整个精神分析结构所依赖的基石。压抑作为一种自我防御机制，指的是把引起焦虑的思想、观念以及个人无法接受的本能欲望和冲动压入潜意识之中使之遗忘。这是最重要、最基本的防御机制，因为许多其他防御机制的产生，都以压抑为前提条件。

弗洛伊德认为压抑有两个重要特征：第一，压抑是一种主动性遗忘，是个体有选择地把某些能导致个体痛苦或紧张的思想从意识中删除，是一种积极主动的心理过程，不同于一般性遗忘；第二，被压抑的思想观念并没有消失，而是储存在潜意识中，产生弗洛伊德在医疗实践中所遇到的种种神经症状。如果伴随被压抑内容的消极情绪体验消失了，这些思想观念有可能重返意识领域。压抑有两种：一种是原始的压抑，即防止那些从未进入过意识的本能冲动进入意识，其作用是将本我中的大部分内容永久地封闭在潜意识中；而另一种是真正的压抑，即把某些引起焦虑的知觉、记忆驱逐回潜意识系统之中。[①]

面对皇权、生死对他爱情的阻挡，容若是想反抗的，但防御机制促使他只能将这些冲动压入潜意识使之遗忘。可这些被压抑的思想观念并没有消失，只是储

---

① 郭本禹等：《潜意识的意义——精神分析心理学》（上），山东教育出版社2009年版，第58页。

历史名人的心理传记

存在了潜意识当中久久地困扰着他。它们就如一条条毒蛇,深深地缠绕在容若心头,他的深情,竟也成了他溘然而逝的一剂毒药。

> 辛苦最怜天上月。一昔如环,昔昔都成玦。
> 若似月轮终皎洁,不辞冰雪为卿热。
> 无那尘缘容易绝。燕子依然,软踏帘钩说。
> 唱罢秋坟愁未歇,春丛认取双栖蝶。
>
> ——《蝶恋花》[①]

回忆是一座城,现实是另一座城,"不辞冰雪为卿热"也无法挽回分离的现实。明月路照惜花人。记忆中的风景如画,如今只有爱如花香残留指尖,为容若证明着曾经的拥有。他将怀抱着她的记忆老去,在漫漫时光中,与寂寞为邻。

最忧伤的日子是怎样的?就是你清清楚楚、明明白白地看到,所有幸福的点点滴滴都已经属于遥远的过去了。

再一次的错过,再一次的沉重打击,容若的心,就这样一次次被伤到鲜血淋漓,可命运的齿轮却没有停下来的迹象。

那一季的杏花微雨,打湿了衣衫,也打湿了他的心。不同的面容,却给了带来许久不曾有过的动容,唤起了心底尘封已久的温存。向往已久的江南小巷间,烟波迷蒙的西子湖畔,还有如此懂他的人,"原来你也在这里",是这次邂逅的最好诠释。

容若妇沈宛,字御蝉,浙江乌程人,著有《选梦词》。述庵《词综》不及选。《菩萨蛮》云:"雁书蝶梦皆成杳。月户云窗人悄悄。记得画楼东。归骢系月中。醒来灯未灭。心事和谁说。只有旧罗裳。偷沾泪两行。"丰神不减夫婿,

---

[①] (清)纳兰性德著,聂小晴、王鹏、王青主编:《一生最爱纳兰词大全集》,中国华侨出版社2010年版,第266页。

奉倩神伤,亦固其所。①

相携回京,西花园里,他提笔写词,她起弦风雅,也相得益彰。

  佳人南国翠峨眉。桃叶渡江迟,画船双桨逢迎便,细微见高阁帘垂。应是洛川瑶璧,移来海上琼枝。何人解唱比红儿,错落碎珠玑。宝钗玉臂樗挥蒲戏,黄金钏,么凤齐飞。潋滟横波转处,迷离好梦醒时。②

生活上,他处处关心着她,为她填词,为她买琴……可是在感情上,他却始终无能为力,他可以给她所有的一切,唯独爱情,却再也给不起。有些感情,一个人走了,也带走了全部。

"开到荼蘼花事了",不过百日相伴,家族身份的牵绊,最终无法相守。南归乌程,他没有远送。送君亭中,冷冷的白月光照着离别,心里某个地方,那么冰凉。沧山泱水,蝴蝶再无力飞过。

江南,沈宛的断肠之地,《选梦词》中承载了多少她的不悔与不怨;"沈氏御蝉,纳兰容若妇",又是怎样的痴心与决绝?她懂,懂他的情深,懂他的无法释怀,懂他的无可奈何,懂他的无能为力。她用自己的真心去守护他,去温暖他,卑微到尘埃里,却还是满心欢喜地开出花朵。情深,却奈何缘浅,无法跨越满汉的鸿沟,无法躲过命运的羁绊。

很多时候,当情感与道德一较高下的时候,有些人情感会占上风,他的情感主导了他的行为;可是有更多的人,他们是道德占了上风,理智的主导让他们做出更理性的决断,忽视了其他方面。

超我是从自我中分化、发展起来的,是人格结构的上层部分。超我"是一切

---

① (清)纳兰性德著,聂小晴、王鹏、王青主编:《一生最爱纳兰词大全集》,中国华侨出版社2010年版,第451页。
② 陈见龙:《风入松·贺成容若纳妾》。

历史名人的*心理*传记

道德限制的代表，是追其完美的冲动或人类生活的较高尚行动的主体"[1]。超我是后天形成的，是儿童接受父母是非观和善恶标准的结果。超我作为新的人格构成部分所发挥的基本功能是观察、监视自我和奖赏、惩罚自我，它观察、监视自我和奖赏、惩罚的不仅是自我的所作所为，而且包括自我的思想意图。超我的这些功能是通过超我的两个子系统，即自我理想和良心完成的，它们是超我相互统一的两个侧面。超我遵循至善原则，其目的是控制和引导本能的冲突，说服自我以道德目的代替现实目的并且力求完美，使人变成一个遵纪守法的道德成员。[2]

自我的基本任务就是保存，所以面对皇权，容若无法抗争。而超我遵循的是至善原则，使他形成了他是一个满族贵公子的道德意识，所以面对许多事，他只能选择逆来顺受，选择牺牲自己去保全家庭抑或其他。

> 而今才道当时错，心绪凄迷。
> 红泪偷垂，满眼春风百事非。
> 情知此后来无计，强说欢期。
> 一别如斯，落尽梨花月又西。
> ——《采桑子》[3]

现在才知道当时错了，错在什么地方？是当初不该与她相识，还是当初与她不该从相识走得更近？还是应该牢牢地抱住她，不放她离去？一别真成永诀，此时此刻，欲哭无泪，唯有"落尽梨花月又西"。

花期渐远，断了流年，不如就此相忘于尘世间。叹只叹他轻许了诺言，他不见她守韶华向远，谁又成全了谁的祈愿？

若随风，回忆却不随风。伤情伤心，容若爱而不得，甚至需要深埋心底的感

---

[1] [奥地利] 弗洛伊德：《精神分析引论新编》，高觉敷译，商务印书馆1987年版，第52页。
[2] 郭本禹等：《潜意识的意义——精神分析心理学》（上），山东教育出版社2009年版，第51页。
[3] （清）纳兰性德著，聂小晴、王鹏、王青主编：《一生最爱纳兰词大全集》，中国华侨出版社2010年版，第20页。

情，这样一番痛处和抑郁如何才能让人释怀？

再细的痒，经年也刻成伤，表妹、卢氏、沈宛，容若生命中最重要的三个女人，红颜刹那，单单留下容若一个人独自与过往牵扯，流年偷换，此去经年人独悲，只凭此情相记暖。太多的不可以，太多的放不开，太多的无法释怀，容若倾尽一生成全自己的情深，情深不寿，可他似乎从未发觉所谓多愁多病伤身，所谓感时伤怀意，已经在渐渐透支他的生命。

四　一日心期千劫在

改朝换代之后，满汉成见日深，很多满清贵族都看不起汉族的落魄文人，但容若却是一个例外，他倾心相交汉族文人，并主动去帮助他们改变生活的困境，这其中是否又有不为人知的原因？

> 生平挚友如严绳孙，顾贞观，姜宸英辈，初皆不过布衣，而先生固早登科第，虚己纳交，竭至诚，倾肺腑。又凡士之走京城人，侘傺而生路者，必亲访慰藉，及邀寓其家，每不忍辞去，间有经时之别书札、诗、词之寄频繁。……惟时朝野满汉种族之见甚深，而先生所友俱江南人，且皆坎坷失意之人，惟先生能知之，复同情之，而交谊益以笃。④

容若是生于富贵之家的贵公子，却长成了一个心性淡薄的磊落男子。是深情幽婉，亦是落拓不羁，全无八旗子弟之浮糜。他所热衷的相交之人，如严绳孙、顾贞观、朱彝尊、姜宸英等辈，皆是"一时俊逸，于世俗所落落难合者"。徐元文写道："子之亲师，服善不倦。子之求友，照古有烂。寒暑则移，金石无变。非

---

④ （清）纳兰性德著，聂小晴、王鹏、王青主编：《一生最爱纳兰词大全集》，中国华侨出版社2010年版，第454页。

历史名人的心理传记

俗是循，繁义是恋。"①没有虚美，他的交友，确实是"在贵不骄，处富能贫"。

初见顾贞观，深有相见恨晚之感的容若便填了一首《金缕曲》：

> 德也狂生耳。偶然间、淄尘京国，乌衣门第。有酒惟浇赵州土，谁会成生此意。不信道、遂成知己。青眼高歌俱未老，向樽前、拭尽英雄泪。君不见，月如水。
>
> 共君此夜须沉醉。且由他、蛾眉谣诼，古今同忌。身世悠悠何足问，冷笑置之而已。寻思起、从头翻悔。一日心期千劫在，身后缘，恐结他生里。然诺重，君须记。
>
> ——《金缕曲·赠梁汾》②

顾贞观步着容若的原韵，也和了一首《金缕曲》：

> 且住为佳耳。任相猜、驰笺紫阁，曳裾朱第。不是世人皆欲杀，争显怜才真意。容易得，一人知己。惭愧王孙图报薄，只千金、当洒平生泪。曾不直，一杯水。
>
> 歌残击筑心愈醉。忆当年、候生垂老，始逢无忌。亲在许身犹未得，侠烈今生已已。但结记、来生休悔。俄顷重投胶在漆，似旧曾、相识屠沽里。名预籍，石函寄。
>
> ——《金缕曲·酬容若见赠次原韵》

《金缕曲》一来一往，容若的话还没有说尽。他在顾贞观的眉宇间看到了太多的沧桑、太多的愁绪。容若不明白命运为什么这样摧残于他，正如他不明白命运为什么会这样眷顾自己。于是，赠梁汾之后（顾梁汾，即顾贞观），他又赠梁汾：

---

① 徐元文：《挽诗》。
② （清）纳兰性德著，聂小晴、王鹏、王青主编：《一生最爱纳兰词大全集》，中国华侨出版社2010年版，第317页。

第七章　我是人间惆怅客

　　酒浣青衫湿。尽从前、风流京兆，闲情未遣。江左知名今廿载，枯树泪痕休泫。摇落尽、玉蛾金茧。多少殷勤红叶句，御沟深、不似天河浅。空省识，画图展。

　　高才自古难通显。枉教他、堵墙落笔，凌云书扁。入洛游梁重到处，骇看村庄吠犬。独憔悴、斯人不免。衮衮门前题凤客，竟居然、润色朝家典。凭触忌，舌难剪。

——《金缕曲·再赠梁汾》[1]

　　三首金缕曲，道不尽的相惜知己情，心中的诸多言语，借着唱和，都讲给了"伯牙"与"子期"听。

　　吴兆骞，顾贞观之友，容若的"友人之友"，因"丁酉科场案"牵连而流放宁古塔二十年。容若，没有推辞，毅然挑起了营救吴兆骞的重任。"今之人，总角之友，长大忘之。贫贱之友，富贵忘之。相勉以道义，而相失以世情，相怜以文章，而相妒以功利。吾友吾且负之矣，能爱友人之友如容若哉！"[2]

　　洒尽无端泪。莫因他、琼楼寂寞，误来人世。信道痴儿多厚福，谁遣偏生明慧。莫更著、浮名相累。仕宦何妨如断梗，只那将、声影共群吠。天欲问，且休矣。

　　情深我自判憔悴。转丁宁、香怜易爇，玉怜轻碎。羡杀软红尘里客，味醉生梦死。歌与哭、任猜何意。绝塞生还吴季子，算眼前、此外皆闲事。知我者，梁汾耳。

——《金缕曲·简梁汾》[3]

---

[1]（清）纳兰性德著，聂小晴、王鹏、王青主编：《一生最爱纳兰词大全集》，中国华侨出版社2010年版，第318页。
[2] 谢章铤：《赌棋山庄词话》卷七。
[3]（清）纳兰性德著，聂小晴、王鹏、王青主编：《一生最爱纳兰词大全集》，中国华侨出版社2010年版，第321页。

历史名人的心理传记

忐忑的顾贞观等来的是容若的五年之期,这是男人对男人的承诺,没有迟疑,没有悬念,没有叮嘱,他一定会回来。

> 谁复留君住。叹人生、几番离合,便成迟暮。最忆西窗同剪烛,却话家山夜雨。不道只、暂时相聚。滚滚长江萧萧木,送遥天、白雁哀鸣去。黄叶下,秋如许。日归因甚添愁绪。料强似、冷烟寒月,椷迟梵宇。一事伤心君落魄,两鬓飘萧未遇。有解忆、长安儿女。裘敝入门空太息,信古来、才命真相负。身世恨,共谁语。
>
> ——《金缕曲·西溟言别赋此赠之》[①]

一路读下来,或是劝慰,或是开解,或是援手,容若用自己的方式关心着朋友,他用心体味着友人的潦倒与骄傲,小心翼翼地避开那些不快,若不是真心相交,堂堂相国公子何必如此。

这些平淡如水的君子之交,不尚虚华,要做的,不过是在那风光宜人的"渌水亭"聚一聚,读书,写字,填词,作诗,感风吟月,叹念年华。有些话语无须多说,有些感情无须宣扬,只要一个眼神,一首诗,一阕词,足矣。

人确实是一种奇怪的生物,焦虑经常莫名其妙生成就是一个证明。要考试了,焦虑;考完试了,焦虑;要放假了,焦虑;要过年了,焦虑;明天有一个聚会,焦虑;眼看开学了,还是焦虑……而就是这焦虑,时常会让人六神无主,坐卧不宁,莫名烦恼,易怒易躁。手里原本拿着水杯,根本没水,可是竟会一次次把它靠近嘴边,却居然想不起给杯子续水……脑子不时出现空白,却又觉得里面被塞得满满当当……

罗洛·梅给焦虑的定义是,当个人的人格及生存的基本价值受到威胁时所产生的忧虑即为焦虑。这里所说的威胁,不仅是危及生命的天灾人祸,也可能是对一

[①] (清)纳兰性德著,张草纫笺注:《纳兰词笺注》(修订本),上海古籍出版社2003年版,第327页。

个人的信念和理想等造成的威胁。综合弗洛伊德的"匮乏恐惧"观和克尔凯郭尔的"虚无恐惧"观。罗洛·梅认为,焦虑的基本来源是死亡,焦虑既来自实际的死亡,也来自精神空虚。

罗洛·梅还把焦虑与愧疚感联系起来。他认为,焦虑和愧疚感都是自我意识和自我选择带来的结果。个人的自我意识越强,自由选择的能力越大,他越富有创造性,越是敏感,他所负的愧疚感和焦虑也越大。在罗洛·梅看来,自由并不是一种单纯的功能,更不是一种一劳永逸的成就,自由站在可能成功可能失败的拉锯线上,它是一种紧张的过程,一种既想实现潜能又怕实现潜能的紧张状态。这种紧张状态的综合即焦虑。所以,自由选择产生的可能性,这种可能性带来焦虑和愧疚感。[1]

在生活中,我们总是有太多的抱怨、太多的不平衡、太多的不满足,犹如一个被宠坏的孩子,总是向生活不断索取着。越是拥有,越是担心失去。生活中的很多东西一旦失去,便不容我们找寻。幸福就像彼岸的花朵,隐约可见,却无法触及。

移植是指本能欲望和冲动如果不能在某种对象上得到满足,就会转移到其他对象上,以寻求满足。在移植中,本能的目的与根源保持不变,但本能的对象却发生了变化,即个体把应该对某人或某物的情感转而表达给另外的人或物[2]。

在家里,容若是堂堂的相国公子,父亲的期望和与之格格不入的行径,压得他喘不过气来;在宫中,他是人人艳羡的御前侍卫,可花瓶般的摆设让他日益疲惫不堪;在满清贵族眼里,他是人人称赞的文武全才;在荣誉的环绕中,他却找不到真正懂自己的人……所有的一切让容若产生了严重的存在焦虑感,他迷茫、彷徨,像大海中的一叶小舟,独自飘零。

　　出郭寻春春已阑。(陈维崧)

---

[1] 王国芳等:《潜意识的意义——精神分析心理学》(下),山东教育出版社2009年版,第194—195页。
[2] 同上书,第59页。

历史名人的心理传记

> 东风吹面不成寒。（秦松龄）
> 青村几曲到西山。（严绳孙）
> 并马未须愁路远，（姜宸英）
> 看花且莫放杯闲。（朱彝尊）
> 人生别易会常难。（纳兰容若）
> ——《浣溪沙》[①]

容若的倾心相交，亦换来江南名士的倾心接纳。张见阳山庄之中，每人一句，连缀成篇。一连五句的欢畅，却结束于容若的一句"人生别易会常难"的悲情。心里的有些事情，他从来就不曾放开过。他倾心相交于江南布衣文士，或许是他自我排遣的一种生活方式吧。他一方面可怜他们的遭遇，可另一方面又不禁羡慕他们的逍遥。

> 三年此离别，做客滞何方。
> 随意一尊酒，殷勤看夕阳。
> 世谁容皎洁，天特任疏狂。
> 聚首羡麋鹿，为君构草堂。
> ——《寄梁汾并葺茅屋以招之》

顾贞观南归已三年，容若的寂寞如常春藤般在墙壁上蔓延。深知好友喜好的容若，在渌水亭畔修筑茅屋等待顾贞观归来。为朋友做着他喜欢的事，容若也是开心的吧。

> 问我何心，却构此、三楹茅屋、可学得、海鸥无事，闲飞闲宿。百感都随流水去，一身还被浮名束。误东风、迟日杏花天，红牙曲。

[①] （清）纳兰性德著，聂小晴、王鹏、王青主编：《一生最爱纳兰词大全集》，中国华侨出版社 2010 年版，第 426 页。

第七章　我是人间惆怅客

尘土梦，蕉中鹿。翻覆手，看棋局。且耽闲斟酒，消他薄福。雪后谁遮檐角翠，雨余好种墙阴绿。有些些、欲说向寒宵，西窗烛。

——《满江红·茅屋新成却赋》[1]

茅屋刚刚建成，容若便像个欢喜的孩子一般告诉顾贞观，他期待着好友的归期，是那么迫不及待，对容若如此的热忱，顾贞观又会再停留多久？

容若倾心相交江南布衣文士，他同情这些失去往日优越地位的优秀人士，欣赏他们世代积累的文化底蕴，惋惜他们怀才不遇的政治遭遇，同情他们穷困潦倒的生活境地——总之，从思想到感情，容若与他们产生了强烈的共鸣。这何尝不是一种移植，壮志难酬、情路坎坷、无处诉说的容若，在江南布衣文士的身上找到了寄托，所以他沉浸在了淡如水的君子之交和心与境结合的诗词创作的和谐状态之中。

一切的一切似乎都有了很好的解释，出身显贵的容若，有着位高权重的父亲，有着平步宦海的前程，却也见惯了变幻莫测的政治风云，也不时玩味变幻莫测的人世活剧。

容若是含着金汤匙出生的贵公子，才华横溢，多愁善感，气质上深受江南布衣文士的影响。虽有满腔的报国热情，却无用武之地，因而也更向往温馨恬淡、吟诗填词的田园生活。御前侍卫的职位单调拘束，劳顿奔波，远不合他的心意，也渐渐消尽了他的雄心壮志，失去了"立德、立功"的兴趣。

诗人的秉性和生活处境的矛盾，是他忧苦憔悴，哀伤难自已的悲剧性格形成的根本原因。长期的伴驾出巡也干扰了他的家庭生活。职位的苦闷和所爱之人的接连离开，使他深陷苦海难以自拔，因此造就了他那忧郁多愁的特殊性格，也成就了他能成为清朝第一词人的特殊环境。

---

[1] （清）纳兰性德著，张草纫笺注：《纳兰词笺注》（修订本），上海古籍出版社2003年版，第257页。

五 结语：且行且珍惜

> 人生若只如初见，何事秋风悲画扇。
> 等闲变却故人心，却道故人心易变。
> 骊山语罢清宵半，泪雨零铃终不怨。
> 何如薄幸锦衣郎，比翼连枝当日愿。
> ——《木兰花·拟古决绝词》[1]

初见，是在骊山行宫，玄宗无法抑制地恋上了自己的儿媳，想方设法地接纳了她。想来在千年前初见的刹那，"回眸一笑百媚生，六宫粉黛无颜色"是惊艳的，"三千宠爱在一身"更让多少人艳羡赞叹。

初见，是合德的曼妙舞姿醉了汉成帝的心，"红颜祸水"让人脱口而出。这样的初见过后，成帝是否还会记得那日阳光正好，自己伸出手去邀她同辇的那个女子？

有太多的人喜欢这一句——"人生若只如初见"。

因为有太多的遗憾，再也寻不回那固执的往昔，所有的不甘，所有的回忆都只能长埋心底。谁在离开，谁还在等候，谁又变成了谁的执念？

很多悲伤，只能接受，却束手无策；很多结局，只能面对，却无力挽回；很多故事，只能经历，却无力改变。这也许就是人生的无奈，根本无法改变。有些人，只能是你生命中的插曲，不能成为你生命中最完美的结局。

表妹入宫，爱妻早亡，沈宛无法相守，前尘多少往事在容若心间翻涌。生而有涯，情却无期，爱而不得，掌心的线断了联络，无端惹出了太多的牵扯，回忆在彼此的生命中浮沉，最后的最后，依旧是他独自呆立到深夜，命运的齿轮不会因谁而改变。

马伊琍曾在微博中说："恋爱虽易，婚姻不易，且行且珍惜。"如果当初，

---

[1] （清）纳兰性德著，聂小晴、王鹏、王青主编：《一生最爱纳兰词大全集》，中国华侨出版社2010年版，第221页。

第七章　我是人间惆怅客

容若不那么倔强，且行且珍惜，会不会就不那么遗憾？

开始的开始，在表妹进宫之后，容若明明知道相见无期却还是说不出再见，一个人在回忆里声声叹息。那时，他对卢氏的情爱，既不能代替表妹但也不会超过表妹。得不到的永远是最美好的。隔着记忆朦胧的面纱，表妹永远都是当初最美的样子。那份感情永远盘踞在容若的心头，也永远横亘在容若夫妻之间。

任岁月静凋，三年太短，短到容若才刚刚发现妻子的好：美慧、深情、体贴、贞静……却又不得不接受她已经离去的现实，她不仅是妻子，她也是知己。他习惯了她的存在，却也忽略了她的重要。鱼在水里永远不知道水对他有多重要，当它离开水，才发现那就是它的生命。"悼亡之吟不少，知己之恨犹深。"心中记挂着表妹，就算有情，也是不够完满，总负多情，成为容若对妻子难以弥补的愧疚。一首首凄婉哀怨的悼亡词自他笔端，蘸着悔恨写出。

再遇沈宛，"曾经沧海难为水，除却巫山不是云"，动心却难再动情，无微不至的关心，却再难以再有当初那样的心情。时光清浅，再难许她岁月安然。

匆匆飞逝的时光，蓦然回首，也许曾经的执迷还印在心间，阅尽世事，也再无相见之时，心欲碎，泪先流。若是非要曲尽人散，以悲剧而终，不如就把岁月定格在初见时分……

人生若只如初见那该多好。初见时，美好的感觉就像和煦的三月阳光，不染纷华，修美于内、难以去怀，留住这份淡淡的如水的情怀，诗意地弥漫在了生命中，将会是多么幸福的事情。

然而人生的际遇有时很无奈，美丽、温馨、浪漫的初遇情结在世事无常下最终无力挽回。由心底发出"何事秋风悲画扇"的落寞沧桑，重续汉成帝妃班婕妤幽于冷宫后的《团扇歌》"妾身似秋扇"的悲怆。楼台思妇，惆怅寂寥，问花不语，自怨自艾。于是，我们长叹一声，幽幽地说，"人生若只如初见"……

人生若只如初见，很美的愿望，却如此难以实现。我们拥有了初见的美好，就不得不去接受结局的残忍。不乐意，不情愿，又怎样呢？且行且珍惜是我们唯一能做的了，改变不了结局，不如就让过程如烟花般盛开吧。

年华似流水，翻开记忆的扉页，生命，是一本太仓促的书。许多人，走着走着，就被风吹散到天涯海角，消失在彼此的生命里，许多风景，走过了，便只能留给回忆……

那些渐行渐远的背影，那些飘散于风中的诺言，那些青涩年华里懵懂的情感，那些萦绕于心头的丝丝牵念，可还会在某一个风起的日子里，伴着檐角清脆的铃音，悄然漫过柔弱的心田？

一路走来，多少风风雨雨，多少聚散分离，一些相遇，转身已是相见无期。一些感情，才进心里，却已悄然离去。明天，是一个无法预知的谜题，我们又怎能不且行且珍惜？

细细思忖，其实，无论是繁花似锦，还是雨打落红，都是生命中一笔浓重的色彩，都是人生旅程中必不可少的风景。

尘世里行走，又有几人的人生能顺风顺水？尽如人意呢？

生命本就是一场漂泊的旅程，相遇、别离、快乐、忧伤总会渐次登场。

总会有一些人渐行渐远，也总会有一些时光无处告别。

多少过往的风景，早已被岁月的风沙掩埋，只有那些珍藏在记忆里的心心念念，依然在枝头顽强地绽放着，弥漫着淡淡的馨香。

昨日已成过去，如若错过了花满枝丫的昨日，那么，切莫再错过春暖花开的今朝。

窗外，又是春暖花开了，愿能捡拾一滴滴、一缕缕岁月走过留下的温暖，将它植于心底，盛开成一株落英缤纷的树。安静地伫立于时光深处，看岁月静好，现世安稳，在如诗的岁月中且行且珍惜。

徐志摩说："成容若君度过了一季比诗歌更诗意的生命，所有人都被甩在了他橹声的后面，以标准的凡夫俗子的姿态张望并艳羡着他。但谁知道，天才的悲情却反而羡慕每一个凡夫俗子的幸福，尽管他信手的一阕词就波澜过你我的一个世界，可以催漫天的焰火盛开，可以催漫山的荼蘼谢尽。"[1]

不是人间富贵花，因是天上痴情种。容若倾其一生，写尽了他的情深与忧

---

[1] 梅边吹笛：《十年踪迹十年心 纳兰词中的初恋痕迹》，重庆出版社2012年版，第214页。

伤。他的词，篇篇成愁，卷卷永殇，诉不尽他的惆怅与落寞。一曲弦伤，弹到最后，仍是曲高和寡，容若的寂寞，终究无人懂得。尘缘如梦，痴情永伤，一切皆付词中去，黄土一抔，掩不尽那天上人间的悲切。穿越几百年的尘与土，却是依然掩不住的芳华。

看得到开始，却猜不到结局。三百年后的今天，多少人体味着他的惆怅，却无法再抵达那遗世独立的世界。

冷香半缕，繁华一瞬，他是人间惆怅客，不如归去到有她的地方，勿念山水千万重。

第八章　08

不死鸟与逝去的红尘

—— 浅析三毛之死

导读：对大部分人而言，死亡是不可预测的，因为人们既不知道何时在何地以何种方式离开这个世界，也不知道将去往何处。同时，死亡后的世界永远是未知的，它将人置于一种极端的不确定性之中，同时还包括对此前个体所有努力的彻底否定——此前所有的过错，都有重新来过的机会，但死亡则拒绝给予一切以机会，让一切回归到零，因此一旦想到死亡，恐惧油然而生，故而物皆恋命。然而有一些人，总会因为各种原因去主动拥抱死亡。但无论如何，自杀的人总是极少的一部分，自杀者总会为自己寻找充分的提前离开这个世界的理由。但如果有一个人，在没给任何离开的理由就离开了，我们作何理解呢？本章拟对三毛之死进行心理传记分析。

第八章　不死鸟与逝去的红尘

"轻轻结束了孤寂，连串着一生传奇，你就像蒲公英的哭泣"①，"你过一生，抵得上别人的好几世。生命的意义，或许你的诠释比较美丽"②。这是两位好友对三毛的评价，短短的两句话讲述着三毛的传奇，满载着好友对三毛的赞叹、理解、祝福……引人无限的遐思。那么，就让我们一起走进三毛的生命传奇。

1991年1月4日早晨7时，中国台北市士林区荣民总医院医护早班查房，发现三毛不在床上，医护人员查看房内浴厕，发现三毛身子半悬于马桶上方，已气绝身亡。10时10分检察官罗荣干与法医刘象缙到场勘验时，三毛身上穿着病号服，血液已沉于四肢，呈灰黑色，颈部勒痕相当深，显然于医护人员发现之前已死亡多时。法医推断三毛吊颈时间是凌晨2时。检警双方勘验发现：三毛是以一条肉色的丝袜，绑挂在浴厕马桶上方一个医院专门让病人挂点滴注射液的铁钩上，再将丝袜套在颈部的，检警人员认为，三毛自尽的浴厕内，医院设有马桶扶手，三毛只要有一点点的求生意念，就可立即扶住扶手，保住性命。③

那一年，她四十八岁；那一年，她选择了离开；那一年，她谜一样的人生画上了句号。彼时，距离她手术成功还不到两天，本该是令人高兴的时刻，可三毛偏偏在这个时候选择引颈自杀，令人心伤的同时满腹疑惑。三毛的一生波波折折、丧夫、流浪、病痛，这些会是其选择自杀的缘由吗？没有绝对的痛苦，甜蜜总是相伴的。三毛的一生经历了多少人没有的经历，攀到了多少人到不了的高峰，她的作品令多少人望尘莫及，她的旅程令多少人钦羡不已，她的爱情轰轰烈烈，她的父母慈爱明理，然而这许多人追求一生、渴望一生都得不到的一切，三毛却弃之如敝屣。究竟是什么原因使她如此洒脱地远去呢？

在回答这个问题之前，首先让我们对三毛的生平作一个简单的回顾。

---

① 师永刚等：《三毛：1943—1991》，作家出版社2011年版，第97页。
② 同上书，第157页。
③ 同上书，第11页。

三毛，1943年3月26日出生于重庆，取名陈懋平。三岁习字时，怎么也学不会写"懋"字，于是改名陈平。1962年以陈平为名在《现代文学》发表意识流小说《惑》。1964年得到文化学院创办人张其昀特许，到哲学系当旁听生。1967年初恋失败，赴西班牙马德里文哲学院留学，初识荷西。1972年与一德国男子相恋，结婚前夕未婚夫猝死。冬，再赴西班牙，重遇荷西。1973年7月与荷西在沙漠小镇阿雍结婚。1979年9月30日，荷西意外丧生，回中国台湾。1981年11月开始中南美之行。1986年10月回中国台北定居，被中国台湾多份报刊评为最受读者喜爱的作家。1990年，在新疆、四川等地旅行，同年，根据其剧本拍摄的电影《滚滚红尘》获金马奖八项大奖，唯独三毛没有获得最佳原著编剧奖。1991年1月2日因子宫内膜肥厚进行手术，手术十分成功，1月4日在医院以丝袜自缢身亡，结束了短暂的一生。

一　死因猜测

三毛的死亡是一个谜，至今，人们对她的死亡有诸多猜测，主要包括如下三种说法[①]。

（一）"因病厌世"说

对于三毛的死因，警方给出的说法是因病厌世，但这种说法并不能得到广泛的认同。三毛从小疾病缠身，又四处漂泊，身体状况一直不好。撒哈拉的三年，生活清苦拮据，后来又受到荷西意外身亡的打击，身体更是疲弱不堪。如果因病厌世，那就没有必要等到现在。

也有人说三毛是因为怀疑自己身患绝症而感到悲观绝望、来日无多，在这种

---

① 张景然：《哭泣的百合：三毛死于谋杀？》，中国盲文出版社2001年版，第53页。

极压抑、极灰暗、极消沉的情绪下选择自缢结束生命。三毛曾经怀疑自己同母亲一样身患子宫内膜癌，为此三毛入院进行了进一步的检查。1991年1月2日晚，三毛到荣民总医院住院。第二天上午10时，医生为三毛做了个小手术。根据手术判断，三毛患的是一般妇科疾病，并非她自己所怀疑的癌症。三毛的主治医生赵灌中在手术后明确告诉三毛：手术后加上服用药物治疗，内分泌会慢慢改善，月事也会正常，并嘱咐她不用担心。院方决定安排三毛五日后出院。只是谁也没有想到三毛竟然在手术成功即将出院时离开了这个世界。

既然三毛并未患有绝症，而且病症也成功得到了治疗，以往的病痛也没有将她打倒，那么因病厌世说自然难以成立。

（二）"为情所困"说

今生是因着初恋开始的，看破余生，是否也是因为真爱已逝？[①]

三毛的感情生活丰富多彩，曾与多名男士交往，下面选取三位对三毛的人生有较大影响的男士进行简要分析。

初恋的对象叫舒凡，本名梁光明。三毛认识他时，是文化大学戏剧学院二年级的学生，是学院大名鼎鼎的才子。三毛在《我的初恋》一文中写道：

> 那时在戏剧系有一个男生比我高一班，我入学时就听说他是个才子，才读大学不久，已经出了两本书。由于好奇，特地去借了他的书来看，一看之后大为震惊和感动——他怎么会写得那么好！看了他的文章后，我很快就产生了一种仰慕之心，也可以说是一个19岁的女孩对英雄崇拜的感情。从那时起，我注意到这个男孩——我这一生所没有交付出来的一种除了父母、手足之情之外的另一种感情，就很固执地全部交给了他。我深深地爱上了这个男孩子，一种酸涩的初恋幻想笼罩着我。

---

① 师永刚等：《三毛：1943—1991》，作家出版社2011年版，第13页。

历史名人的心理传记

然而,苦涩又甜美的初恋最终以失败而告终。

"我的二女儿,大学才念到三年级上学期,就要远走他乡。她坚持远走,原因还是那位男朋友。三毛对人家死缠烂打苦爱,双方都很受折磨。她放弃的原因是:不能缠死对方,而如果再住中国台湾,情难自禁,还是走吧。"父亲把三毛送去了西班牙,她从此开始了一生的流浪。[①]

"非常感谢这位男同学,他不只给了我人生不同的经验和气息,也给了我两年的好时光,尤其是在写作上给了我一个很好的教育。"这是三毛后来回忆起初恋时的感慨,理智而又豁达。舒凡对三毛来说并不是一道过不去的坎,他留给三毛的是一段青春陪伴的美好记忆,并不是挥之不去的阴霾。三毛与舒凡日后的发展,从1976年皇冠出版社出版的《雨季不再来》中舒凡写的序文《苍弱的健康》来看,两人还保有君子之交的情谊。

虽然初恋对三毛来说是人生的真正开始,但初恋的失败,并没有将三毛打倒,远走他乡使她的视野更广阔,使她遇到了今生的挚爱。可见,对于爱情三毛是豁达的。

三毛在西班牙遇到了热情的荷西,荷西对她一见钟情,两人有了六年之约。在西班牙、德国、美国期间,三毛有很多追求者,但都被一一拒绝。1971年,三毛回国,在文化学院政工干校家专教德语。三毛在网球场上认识了温文尔雅、沉稳深沉、对人关怀体贴的德国教师。两人相处一年后,德国教师向她求婚,三毛说"好"。然而故事的结局却是:男主角心脏病发猝死。三毛说"好"的话还在耳边,她今生心甘情愿要嫁又可嫁的人却不在了。不久之后,三毛在朋友家中吞药自杀,所幸为人发现,送医急救。

爱情的再次受挫,使三毛又动起了流浪的念头,再次整装到了马德里。此时,她与荷西的六年之约刚好到期。"荷西,记得你六年前的最大愿望吗?如果我告诉你,我要嫁给你,会太晚吗?"荷西流着眼泪说:"天啊!一点儿也不晚!一点儿也不晚!"

[①] 师永刚:《三毛:1943—1991》,作家出版社2011年版,第70页。

自此，三毛开始了人生中最快乐的时光。虽然在撒哈拉的三年，生活清苦，但心灵的欢愉是难以忘怀的，因有荷西的陪伴。

1979年，荷西潜水时意外丧生，这使三毛遭受了前所未有的打击，"我不相信那是他，我已经半疯了！"

荷西过世后，三毛有很强烈的自杀欲望，在父母和朋友的劝导下，三毛渐渐平静下来。虽然对荷西极度的怀念，想要和他重聚，但她更知道对父母的责任是她活下去的动力，同时她又不舍得父母承受丧女之痛，因而她并未放弃生命，而是继续流浪地活着。

对于爱情，三毛是崇敬而又理智的，不会因为一次失败的感情经历就心灰意冷，甚至厌世，这从她后来又交了几位男朋友但都无疾而终就可看出。因此，"为情所困"也并非三毛死亡的完美解释。

（三）"红尘压力"说

"不要问我从哪里来，我的故乡在远方，为什么流浪，流浪远方……"这是三毛所写《橄榄树》中的歌词。这首歌在台湾地区被禁唱多年，当局认为歌词中的"远方"指中国大陆。

1990年12月，三毛编剧的电影《滚滚红尘》参加金马奖角逐，夺得八项大奖，唯独三毛没有获得最佳原著编剧奖。

丧偶后的六年内，三毛生活在"大家的三毛"的日子里，很难得到放松和休息。困扰她的还有一种谣言："荷西未死，只是和三毛感情不好离婚了。"这种谣言很快受到三毛亲友的驳斥，三毛有荷西的死亡证明，西班牙政府也曾给了她一些抚恤金，这使流言不攻自破。

对于《滚滚红尘》的压力，更是微不足道。三毛写给张乐平的信中提到，虽然入围了最佳原著编剧，但自己不相信会得奖，她将这些虚名看得很淡。三毛曾周游世界多国多年，作品深受很多读者喜爱，还被台湾多家报刊评为最受欢迎的作家。她在精神层面已经获得了极大的满足，怎会因这些红尘琐事选择自杀？

另外还有人说，三毛选择自杀是因"江郎才尽"。三毛的生命并不只是写作、演讲，这一切只是她表现自己、发泄自己的一种方式，写作只是她自我完善的途径而已。后来一段时间的沉寂，大概也是因为工作劳累、身体疲弱所致。"三毛"两个字传遍华文世界，若是只因"江郎才尽"而放弃生命未免荒唐。

我认为，三毛最终选择深夜独自离去，并不能只用这些片面的原因解释，或许这些因素都有，或许这些对她来说什么都不是，最后留给大家诸多疑问与猜测。

二 三毛与死亡

叔本华说："如果没有死亡的问题，恐怕哲学也就不成为哲学了。"[1] 偏偏三毛在大学修的就是哲学，可说是巧合，但也有其必然性。三毛曾在十三岁割腕，二十六岁吞药两度自杀被救，最终四十八岁时将生命付与了一条肉色丝袜，死亡意识赋予了三毛强烈的悲剧意识。[2]

死亡是三毛相伴一生的话题。三毛两三岁时喜欢去家附近的荒坟玩泥巴，其他的小孩子都不敢去，三毛却乐此不疲。三毛对于年节时的杀羊最感兴趣，从头到尾盯着看，脸上有着满足的表情。

《蝴蝶的颜色》里，十一岁的她由于上课走神受到老师的惩罚而冲出课堂，从而想到两年前吊死的校工，又一次想到死，想到自己活不到穿丝袜的年纪。

初中由于受到墨汁涂面的影响而屡屡逃学。往后的日子，她在六张犁公墓、阳明山公墓、北投陈济棠先生墓园，以及市立殡仪馆附近一带的无名坟场游荡。"世界上再没有比与死人做伴更安全的事了，他们都是温柔的人。"逃学去坟场并不好玩，尤其是下雨天[3]。虽然环境并不舒适，但三毛贪恋的应该是那一份安静、那一份孤独吧。休学在家后，死亡再一次充斥了三毛的脑海。第一次自杀，

---

[1] 陈国庆、范立辉译：《叔本华箴言录》，吉林教育出版社1990年版，第82页。
[2] 肖芳：《三毛现象及其创作研究》，湖南大学硕士学位论文，2012年，第5页。
[3] 师永刚等：《三毛：1943—1991》，作家出版社2011年版，第38页。

手腕上留下一条丑陋的疤痕，虽然获救了，但死亡的诱惑更深地埋藏在三毛的心底。《倾城》里睡晚了，赶不及上课的时候，"逃课好了，冻死也没什么大不了，死好了，死好了……"

大姐陈田心说："我想她其实对死亡有种好奇心，总想看看是怎么回事。也可能是她觉得就这样离开也很好，或是在天上很好，让她更放松，所以就不愿回头，一路走了。"[1]母亲缪进兰说："荷西过世后这些年，三毛常与我提到她想死的事，要我答应她，她说只要我答应，她就可以快快乐乐地死去。最近她又对我提起预备结束生命的事，她说：'我的一生，到处都走遍了，大陆也去过了，该做的事都做过了，我已没有什么路好走了，我觉得好累。'"[2]父亲陈嗣庆说："虽然三毛距川端康成、三岛由纪夫、海明威等世界等级的作家还有一大段距离，但我隐约预感，三毛也会走像他们一样的路，我嘴里虽未说出，但心里阴影一直存在。我揣测，她自己也许觉得她人生这条路已经走得差不多了吧。"

对于三毛的死亡，家人并没有太大的震惊，在他们看来，"三毛"与"死亡"仿佛是紧密相连的，三毛的死亡既在意料之外又在情理之中。三毛从小就与死亡有着不解之缘。坟地、墓园、自杀、死亡，这些对一般人来说灰暗而又恐怖的字眼，在三毛眼中却是新奇的，是安全的所在、是人生的归宿。

（一）少年时期的灰暗与拯救

有一件事对三毛的人生造成重大影响，即"鸭蛋受辱事件"。

小学时期成绩一直很好的三毛，在中国台北第一女子中学读初中后，其他功课都还算不错，唯独数学成绩变得很差。三毛是个很敏感的孩子，由于数学成绩不好，总觉得老师对她是戴着有色眼镜的。数学老师在课上对她的冷淡，再加上三毛年纪比其他同学小一些，三毛的数学成绩怎么也好不起来。终于有一天，三毛发现老师每次出小考的题目都是从课本后面的习题选出来的。可想而知，这个

---

[1] 师永刚等：《三毛：1943—1991》，作家出版社2011年版，第2页。
[2] 同上书，第16页。

历史名人的心理传记

发现让三毛多么开心。良好的记忆力使三毛可以很轻松地背会习题，一个晚上可以背会十多道代数习题。从这以后，三毛连续考了好几次100分。一个成绩很差的学生竟然能连续考满分，这引起了老师的怀疑。老师将三毛带进办公室，给她一张高年级的试卷做，三毛自然是不会做的，于是老师将三毛带到全班同学面前，说："我们班上有一个同学最喜欢吃鸭蛋，今天老师想再请她吃两个。"然后老师给毛笔蘸上墨汁，在三毛的眼睛周围画了两个大黑圈，全班同学哄堂大笑。之后，老师让三毛带着满脸黑黑的墨汁站到教室的一角，直到下课，老师又对三毛说："你不要走，你从走廊走出去，到操场绕一圈再回到教室来。"正是下课的时候，走廊、操场上有很多玩耍打闹的同学，三毛走过去的时候，大家都尖叫、大笑起来。

关于这件事给三毛造成的影响，三毛如是说："第二天我一进教室看到桌椅就昏倒，从此我就得了自闭症。每天我把自己关进房里，除了爸爸妈妈谁也不见。"

"我在学校受了这么大的精神刺激和侮辱。我情愿这个老师打我一顿，但是她给我的却是我这一生从没有受过的屈辱。接着，我的心理出现了严重的障碍，而且一天比一天严重。那是一种心理疾病，患者的器官全部封闭起来，不再希望接触外面的世界，因为只有缩在自己的世界里最安全。"[①]由此可见，此次鸭蛋受辱事件对三毛造成的心理阴影是难以估量的。

每当谈到这段过往的时候三毛总会说道："只有自己的世界最安全。"那么，我们对"安全"的诠释是什么？"安全"得不到保障又会对人造成怎样的影响呢？安全需要指对稳定、安全、秩序、保障，免受恐吓、焦虑和混乱的折磨等的需要。这种需要如得到满足，人们就会产生安全感，否则便会引起强烈的焦虑和恐惧。此次受辱事件使三毛的安全感受到极大的损伤。安全感得不到保障，从而会产生焦虑，而焦虑是指当个人的人格及生存的基本价值受到威胁时所产生的忧虑。老师的行为使三毛的安全需要得不到满足，从而引发焦虑，进而启动自我

---

① 师永刚等：《三毛：1943—1991》，作家出版社2011年版，第45页。

第八章　不死鸟与逝去的红尘

防御机制，而三毛潜意识下选择的防御机制则是压抑。压抑指把意识所不能接受的冲动、情感和记忆等压制到潜意识中，是一种最基本的防御方式。"这件事发生后，我没掉过一滴眼泪，也没有告诉我的父母。"①三毛将自己的害怕、忧虑、紧张、不安统统固执地埋在心里，一埋就是七年：

> 我13岁到20岁这七年是我最痛苦的时候。每天我把自己关进房里，除了爸爸妈妈谁也不见。16岁时，我只跟三个人讲话，爸爸妈妈和顾福生，每星期我出门两次，就是跟顾福生学画。②

从这一段话中可以看出，在那些灰暗的日子里，顾福生对于三毛来说是等同于父母一样的存在。那么在十六岁的三毛心中和父母同等重要的顾福生到底是何许人也呢？

顾福生，中国台湾知名的油画家，出生于上海，就读于中国台湾师范大学美术系，他曾是"五月画会"的一员。顾福生是顾祝同将军的二公子，将门之后，却选择了艺术之途，是独特而执着的才子。③

顾福生是三毛人生的一个重要转折点，十六岁的三毛跟他学习绘画。这个机会竟然是三毛自己找来的。姐姐陈田心的同学来家里玩，有一个同学给大家画了一幅《印第安战役图》。等大家都走开后，躲在角落里的三毛才敢走上前去看个够，战马、白人、红人、战火深深地吸引了三毛。后来这位同学告诉三毛，他的油画老师是顾福生。一场纸上的印第安战役，竟把一个孤独的失学少女推到了台北最具有现代艺术概念的艺术家面前，从而扭转了三毛的命运④。顾福生安静、诚恳、温文尔雅，是台北文艺圈知名的美男子加才子，与三毛相处时总是细心而尊重的。这样的顾福生使三毛渐渐消除心防，久违的安全需要在不知不觉中得到满

---

① 师永刚等：《三毛：1943—1991》，作家出版社2011年版，第45页。
② 《顾福生、三毛师生阔别二十年对谈》，《台湾民生报》1981年9月15日。
③ 师永刚等：《三毛：1943—1991》，作家出版社2011年版，第48页。
④ 同上。

足。三毛在《我的快乐天堂》中这样描绘与顾福生的相遇：

> 许多年过去了，半生流逝之后，才敢讲出，初见恩师的第一次，那份"惊心"，是手里提着的一大堆东西都会哗啦啦掉下地的"动魄"。如果，如果人生有什么叫作一见钟情，那一霎间，的确经历过。

这或许就是人生的一种"际遇"吧。

根据前文所提到的有关陈祥美对"人际际遇"的解释，无疑可以看出，顾福生就是三毛人生中的"人际际遇"，与他的相识是三毛人生的一个重大转折点，在"缘"的驱使下，他们相遇了。

"人际际遇"是人生中难以直接把握的一部分，可以说是影响一个人事业追求的一些偶然因素，但又不全是偶然的，因为人际交往毕竟是一个交互过程[①]。其实，三毛走上文学的道路，也是顾福生的引导。但三毛之所以会受他的引导，是因为她本身就具有这种对文学的敏感性。顾福生发现三毛的才华不在绘画，给了三毛一本《笔汇》合订本、几本《现代文学》杂志。在顾福生的帮助与鼓励下，《现代文学》杂志刊登了三毛第一篇小说《惑》，署名是陈平。顾福生对三毛的影响不只是绘画与写作，是他把三毛带出了那个灰暗的世界。受到他的影响，三毛开始对衣服、鞋子、色彩留意起来，并且开始慢慢地打扮自己，重新回到那个活泼美丽的女孩。

在那段人生灰暗的日子，是顾福生点亮了三毛生活中的一盏灯。但当四周都是漆黑的时候，一盏灯到底能坚持多久呢？

（二）生与死的抉择

三毛曾在《不死鸟》中大篇幅地谈论死亡，从这些字词段落中不难看出三毛

[①] 舒跃育：《历史人物之二重形象——以诸葛亮的心理传记分析为例》，西北师范大学硕士学位论文，2009年，第67页。

第八章　不死鸟与逝去的红尘

对"生"或"死"的艰难选择和种种矛盾。

"一个有责任的人,是没有死亡的权利的。"

"我愿意在父亲、母亲、丈夫的生命圆环里做最后离世的一个,如果我先去了,而将这份我已尝过的苦悲留给世上的父母,那么我是死不瞑目的。"

"虽然预知死期是我喜欢的一种生命结束的方式,可是我仍然拒绝死亡,在这世上有三个与我个人死亡牢牢相连的生命,那便是父亲、母亲还有荷西,如果他们其中的任何一个在世上还活着一日,我便不可以死,连神也不能将我拿去。"

"如果选择了自己结束生命的这条路,你们也要想得明白,因为在我,那将是一个更幸福的归宿。"

"所以,我是没有选择地做了暂时的不死鸟,虽然我的翅膀断了,我的羽毛脱了,我已没有另一半可以比翼,但是那颗破碎成片的心,仍是父母的珍宝。再痛、再伤,只要他们不肯我死去,我便也不再有放弃他们的念头。"

毕竟,先走的人是比较幸福的,三毛是没有选择地做了暂时的"不死鸟"。这是三毛的纠结与无奈,想死却不能死,活着是自己痛苦,死了是家人朋友的痛苦,三毛在二者之间的选择充满了无尽的挣扎、痛苦和疲惫。

1920年,弗洛伊德发表了《超越快乐原则》,提出与性本能相对应的死本能这一概念,他说道:"一切生命的目标就是死亡……无生物在有生物之前存在。"《精神分析辞汇》中则这样描述死本能:"在弗洛伊德最后欲力理论的框架下,用来指陈与生命欲力对立的一个根本范畴的欲力;这些欲力具有将紧张彻底减低的倾向,换言之,将生物带到无生命的状态。"

每个人的身上有一种趋向毁灭和侵略的本能。而这冲动起初是朝着我们自己本身而发的。弗洛伊德认为这个死亡的本能设法要使个人走向死亡,因为那里才有真正的平静。只有在死亡——这个最后的休息里,个人才有希望完全解除紧张和挣扎。生命由无机物演化而成,人从黑暗、温暖而平静的子宫而来。睡眠与死

历史名人的心理传记

亡的境界与人所来自的地方条件相似,所以生命一旦开始,一种意欲返回无机状态的倾向随之而生,这就是死亡本能的来源[①]。

用死亡本能来诠释三毛再适合不过了,三毛想要的正是这种真正的平静,她一直以来对死亡的追寻或许就是无意识下受到死亡本能的驱使。好友倪匡说:"三毛对生命的看法与常人不同,她相信生命有肉体和死后有灵魂两种形式。她自己理智地选择追求第二阶段的生命形式,我们应尊重她的选择,不用太悲哀。三毛选择自杀一定有她的道理。"毫无疑问,三毛对死亡的理解是异于常人的,对三毛来说,死亡并不只是"死了",而是另一种意义上的活着,是灵魂的回归。

(三)孤独疲累——死亡才是解脱

西方现代哲学家弗洛姆说:"孤独感是现代主义的基本生存态度。"[②]孤独是由人与人的往来体会中产生出来的,就是我们在日常生活、在人际关系中所感受到的东西。孤独令人讨厌的程度、悲哀及强弱,是因人因时而有所不同的。虽然我们害怕孤独,但在内心里,谁能够抗拒那孤独的魅力?[③]

或许是因为从小看各种类型的书,尤其是对《红楼梦》爱不释手,三毛从小格外多愁善感,情感格外敏感细腻,这使她对孤独的体验格外深刻。另外,十三岁时的受辱经历是三毛深刻体会孤独的第一次契机。十七岁发表的第一部作品《惑》中,这样一个迷茫的女孩令人心痛:

窗外,电线杆上挂着一个断线的风筝,一阵小风吹过,它就荡来荡去,在迷离的雾里,一个风筝静静地荡来荡去。天黑了,路灯开始发光,浓得化

[①] [奥地利]弗洛伊德:《超越快乐原则》,见车文博主编:《弗洛伊德文集》(第四卷),长春出版社1998年版,第28—30页。
[②] 陈晓明:《无边的挑战:中国先锋文学的后现代性》,广西师范大学出版社2004年版,第183页。
[③] [日]箱崎总一:《孤独心理学》,作家出版社1988年版,第8页。

不开的黄光。雾，它们沉沉地落下来，灯光在雾里朦胧……天黑了。我蜷缩在床角，天黑了，我不敢开灯，我要藏在黑暗里。

没有一处提到孤独，却无处不透着孤独。三毛就如同那个断线的风筝，独自在风中荡来荡去，雾蒙蒙的夜晚，将自己藏起来，独自体味孤独。《极乐鸟》中三毛讲述了从小以来内心中沉淀的孤独：

以前我跟你讲到乡愁的感觉，那时我也许还小，我只常常感觉到那种冥冥中无所依归的心情，却说不出到底是什么。现在我似乎比较明白我的渴望了，我们不耐地期待再来一个春天，再来一个夏天，总以为盼望的幸运迟迟不至，其实我们不明白，我们渴求的只不过是回归到第一个存在去，只不过是渴望着自身的死亡和消融而已。

冥冥中的无所归依，说不出来的孤独，原来是死亡与消融。乡愁、无所归依、期盼的迟迟不至、回归到第一个存在、渴望着死亡和消融，尽管有慈爱的父母、友爱的兄弟姐妹，还有那么多知心的好友，但是三毛的内心深处仍旧无所归依，只能处在自己也搞不懂的不耐的期待中。期待什么呢？或许就是死亡与消融。《周末》中"脸上虽然微微笑着，寂寞却是彻骨，挥之无力"。孀居返台之后，不顾身体的疲累，固执地将行程安排得满满的，是为了减少思念的痛苦，还是遣散那无所适从的孤独？

《不死鸟》中三毛这样描述荷西走后自己一个人度过夜晚时的孤独与徘徊："许多个夜晚，许多次午夜梦回的时候，我躲在黑暗里，思念荷西几乎疯狂，相思，像虫一样慢慢地啃着我的身体，直到我成为一个空空茫茫的大洞。夜是那样的长，那么的黑，窗外的雨，是我心里的泪，永远没有滴完的一天。"苦涩的夜晚，承受着思念、孤独的折磨，无数个这样的夜晚，使三毛看不到尽头，直到再也不能忍受，直到不用忍受。

顽固的人、自我主张强烈的人、反抗的人、阴晴不定的人、不满的人、插嘴的人、过于溺爱宠物的人，都是具有容易成为孤独的危险的类型[①]。而三毛正是这样顽固的人、自我主张强烈的人、反抗的人，所以说三毛与孤独是多么的契合。直到身体和心理再也不能承受这样的孤独，直到渴求解脱的愿念达到极致，死亡是最好的解决方案。

（四）最终的归宿

从心理学角度而言，三毛的死亡也是对早年阴暗生活所击破安全感后人生秩序难以重建之后的一种艰难选择，是让自己远离尘嚣后走向一种更加极致孤独的唯一选择。从另一个层次来看，三毛的溘然长逝，是超脱于尘世的对生活和生命自身更高层次的拥抱。

自我觉知亦称自我意识或自我概念，在心理学中主要是指个体对自己存在状态的认知，是个体对其社会角色进行自我评价的结果。自我觉知理论认为："当我们将注意力集中在自己身上时，我们会根据自己内在的标准与价值观来评价和比较自己的行为。"[②]那么三毛的自我概念是怎么影响她的行为的呢？

梁光明，即三毛初恋，这样评价三毛："她是个很要强的人，什么都要最好、最高、最强，有时候一条直线已经画得很直，但她却仍拼命地画直线，仍觉得不够直。"[③]三毛在写作中不断地寻找自己，完美自己，实现自己的价值。她追求美好的自我与美丽的生活，所以不断反省着过去叛逆的自己，同时又在作品中实现着自我的超越与进步。她总是渴望能找到实现现实尘世与精神天国合二为一的途径，期盼着达到自我与世界的和谐与完美。[④] 三毛试图通过完美的自身形象来遣散早年生活中的阴霾和创伤性记忆，然而，绝对的完美总是难以达到的。追求绝对完美的愿望，常常会被现实击碎。可是，被反复击碎的梦想如何实现？三

[①] ［日］箱崎总一：《孤独心理学》，作家出版社1988年版，第13页。
[②] ［美］阿伦森：《社会心理学》，侯玉波译，世界图书出版公司2012年版，第146页。
[③] 师永刚等：《三毛：1943—1991》，作家出版社2011年版，第73页。
[④] 朱薇：《孤独的追梦者——三毛不同创作阶段的心理学观照》，《河池学院学报》2007年第27卷第2期。

毛解决不了早年心理的未完成事件，她，无路可走。

"我的一生，到处都走遍了，大陆也去过了，该做的事都做过了，我已没有什么路好走了。"三毛对母亲如是说。三毛曾对姐姐说："姐姐，我活一世比你活十世还多。"父亲陈嗣庆这样看三毛的选择："她知道自己旅途总站什么时候到了，她比谁都清楚。"

另外，三毛遍尝了人间的欢乐与艰辛，未来的生命，却不知道应该引向何方。

超越型自我实现指更经常意识到内在价值、生活存在水平或目的水平而具有更丰富超越体验的人。此类型者除具有一般自我实现的特征外，还具有一些超越自我或出世主义者的特征：更重视高峰体验的意义；能从永恒的意义上观察和理解人和事；真善美的统一是他们最重要的动机；能超越自我，超越人我之间的分歧；更重视创新、创造和发现；更尊重他人，更能平等待人，更重视精神生活。[①]对三毛来说，名利、爱情、友情、亲情都收获到了，一直以来追求的自由、孤独也都深刻体验过了，一切的一切，已经没有什么是可追求的了，唯独剩下一直好奇、一直追寻、一直探索的死亡，于是，三毛毫无悬念地选择了死亡。三毛一生的经历是许多人几辈子都体验不到的，这个时候，死亡就变成了她的目标，不仅是长久以来的夙愿，更是对超越自我的寻求。也许，死亡不是三毛生命的终结，她追寻自我升华的结果是灵魂的永存，仅此而已。

三　结语

三毛死因的猜测与解读，只是我们这些"俗人"的窥探，或许她留给我们的就是这样一个难解之谜。但毋庸置疑，三毛所传达给我们的那些文字，是能给人以震撼，能引导、呼唤人们去热爱生命、感恩世界的[②]。虽然三毛的生命早早结

---

① 郑雪：《人格心理学》，暨南大学出版社 2007 年版，第 252 页。
② 郭惠玉：《浅析三毛及其作品的永恒魅力》，《陕西师范大学学报》2006 年"专辑"，第 161 页。

束，但她对生命的解读与诠释是那么的波澜壮阔，她短暂的生命留给人们的是长久地对生命的赞叹与思索。三毛曾说："出生是最明确的一场旅行，死亡是另一场旅行的开始。"三毛的生命并不以死亡为终结，她对死亡的坦然面对是我们许多人学不来的。

死亡本能也好，孤独疲惫也好，自我超越也罢，三毛只是三毛，我们的三毛，她自己的三毛，孤独着自己的孤独，死亡着自己的死亡，传奇着自己的传奇。三毛之死遑论对错，无关简单的生死。虽然三毛选择生命的另一种存在形式，虽然她已不再存在于这个世间，但三毛留给我们的震撼犹在，三毛留给我们对生命的思索仍在继续。

第九章

六合八荒 谁能与之
——千古一帝秦始皇的心理传记分析

导读：昔日邯郸流浪儿，如何成为统一六国的千古一帝，其心理动力何在？作为我国封建王朝的缔造者和始皇帝，史书中为何没有关于其皇后的记载？是没有立皇后，还是疏忽了记录？本章通过对秦始皇的心理传记分析，来回答这两个问题。

第九章 六合八荒 谁能与之

引 言

贯穿千古一帝——秦始皇一生的词眼,便是孤独。一世伟业,谁人能与之睥睨;未曾立后,又有哪位女子能与之为偶?

嬴政(公元前260—公元前210年),自称始皇帝,《史记·秦始皇本纪》记载:"秦始皇帝者,秦庄襄王子也……以秦昭王四十八年正月生于邯郸。及生,名为政,姓赵氏。"[①]

他,十三岁继承秦国王位,二十二岁亲理朝政,三十九岁完成了统一中国的大业,缔造了一个大一统的大秦帝国,开启了中国统一多民族封建国家的肇始,在史册上留下了彪炳千秋的厚重笔墨。身为那个时代最强帝国的主宰者——秦始皇,盛誉之身亦伴随着诸多质疑与唾骂,囚母灭弟、严刑酷法、焚书坑儒、穷兵黩武、劳民伤财,万里长城尸首筑、阿房宫下黎民骨,无道之君,终二世而亡。最终,这位孤傲的帝王长眠于骊山脚下,徒留千秋功罪任人评说。

秦始皇,虽然背负了诸多骂名,但是漫长的历史长河中,仍不乏拨开迷雾且用心审视之人。

西汉政论家主父偃认为"秦皇帝任战胜之威,蚕食天下,并吞战国,海内为一,功齐三代";新朝王莽给出了"功越千世"这般高度的评价;唐太宗李世民感慨"近代平一天下,拓定边方者,唯秦皇、汉武";明代思想家李贽在《史纲评要·后秦记》中指出"始皇出世,李斯相之,天崩地坼,掀翻一个世界,是圣是魔,未可轻议",更是将其称为千古一帝。何谓千古一帝?霸道!霸主之道,古风云:"秦王扫六合,虎视何雄哉。挥剑决浮云,诸侯尽西来。"这是何等气魄;王道!称王之道,车同轨、书同文、行同伦,这又是何等远见!

[①] (西汉)司马迁:《全注全译〈史记〉》(上),刘起釪、林小安等译,天津古籍出版社1995年版,第177页。

历史名人的*心理*传记

中国近代著名史学家吕思勉在《中国通史》评论道"秦始皇，向来都说他是暴君，把他的好处一笔抹杀了，其实这是冤枉的，他的政治实在是抱有一种伟大的理想的"；鲁迅先生也认为"秦始皇实在冤枉得很，他的吃亏是在二世而亡，一班帮闲们都替新主子去讲他的坏话了。不错，秦始皇烧过书，烧书是为了统一思想。但他没有烧掉农书和医书；他收罗许多别国的'客卿'，并不专重'秦的思想'，倒是博采各种的思想"；毛泽东曾对郭沫若写道："劝君少骂秦始皇，焚坑事业要商量。祖龙魂死秦犹在，孔学名高实秕糠。百代都行秦政法，《十批》不是好文章。熟读唐人《封建论》，莫从子厚返文王。"

秦始皇的确不凡，六国能在他手中完成统一是可以见得的。但是，实事求是地看，秦国能在七国中脱颖而出，并非秦始皇一人之力，秦国历代国君的铺垫也很重要。秦王嬴政（嬴政未统一六国前，身份为战国时期秦国君王，也称秦王政）正是站在四位秦国君王肩上，才成就了现今的秦始皇。这四位君王分别是东扩的秦穆公、变法的秦孝公、称王的秦惠文王和称帝的秦昭襄王。四位秦王也曾大片开疆辟土，在他们那个时代掀起了统一的风潮。但是，实力如此强大的四位秦王却都不曾一统六国，打破诸侯割据的局面。唯独，秦始皇做到了！不可不说，奇也！这便是本部分探讨的第一个悬疑点。

众所周知，《史记》第一位记载的皇后是汉朝刘邦的皇后吕雉，后人称吕后。但是，大一统帝国的第一夫人——始皇后，《史记》却无半点笔墨，这不由让人费解不已。为何《史记》没有立传？是史料疏漏，抑或没有传主，根本无从写起。始皇后是否真有其人？如此，便有两种可能：其一，始皇后存在。那身为一国之母为什么没有立传，可疑！其二，历史上根本没有始皇后。换言之，秦始皇从未立后，那秦始皇身为一国之君却不立后，这比不立传更加可疑。偌大的秦帝国，竟然缺席了他的女主人，这就是接下来要探究的第二个悬疑点。

一 起于诸侯王的始皇帝

春秋战国，混战不休，朝代更换间，不乏实力雄厚的诸侯王想要问鼎九州。

第九章　六合八荒　谁能与之

但是，500多年间却只有秦王嬴政一人真正地突破了"诸侯王"这个身份。他，自认为德兼三皇，功过五帝，更号曰"皇帝"，后人称其秦始皇。值得探究的是，为何唯独嬴政担起了"秦始皇"这个称号？

有一首中国朝代歌是这样唱的："唐尧虞舜夏商周，春秋战国乱悠悠。秦汉三国晋统一，南朝北朝是对头。隋唐五代又十国，宋元明清帝王休。""春秋战国乱悠悠"这一句歌词简明扼要地道出了秦朝统一六国之前的中原局势，虽然周王朝是中原正主，但是分封制下的诸侯王并不安分，中原霸主的象征——九鼎，谁都想据为己有。

纷纷扰扰的春秋战国，先有老牌强国春秋五霸——齐桓公、宋襄公、晋文公、秦穆公和楚庄王[①]力压群雄，随后是迎头赶上的战国七雄——秦、齐、楚、燕、韩、赵、魏。长久以来，统一天下的阻力一直不曾少过。可能就是一个机缘巧合，某个实力强劲的君王便一统中原，自立"皇帝"了。倘若这样，也就没有秦始皇什么事了，一统六国更是无从谈起。秦国之外，留给秦始皇的机遇不多。即便放眼秦国，要想挣得一个天下也是步履维艰。

秦国立国多年，前赴后继的历代秦王不计其数，先有东扩的秦穆公（公元前682—公元前621年），手下是五张羊皮换来的国相百里奚和厚币迎得的蹇叔。随后又有支持商鞅变法的秦孝公（公元前381—公元前338年），经过变法，成功地将秦国从亡国的边缘拉回来，并使秦国迅速强大起来。二十余年，从差点被魏国兼并，到扬眉吐气地称雄于六国，从"弱秦"到"强秦"，一生呕心沥血地为强国而奋斗。紧接着是北扫义渠的秦惠文王（公元前356—公元前311年），先是成功地扑灭了秦国保守势力对新法的复辟行为，保住新法并延续下去，为秦国的强大保驾护航，后又夺得了巴蜀这个大后方与后来都江堰修建后的粮仓，为秦国统一提供了后勤基础。自称西帝的秦昭襄王（公元前325—公元前251年），一场长平之战把赵国从强国的位子上拉下来，将赵国从巅峰直接打到谷底，毁掉了赵

---

① （西汉）司马迁：《全注全译〈史记〉》，刘起釪、林小安等译，天津古籍出版社1995年版。

历史名人的*心理*传记

国统一天下的可能，为后来秦国统一天下扫清了最大的障碍。这四位皆是英雄之辈，实力的确不容小觑，同时亦构成秦王政称帝的重要前提。

上文可知：500多年的割据期间，各国之间人才辈出，心有雄图的君王不乏其人，但是终究没有一位君王脱颖而出，推翻周王朝取而代之。直到公元前221年，秦王嬴政一扫六合，才开辟了一个真正的新时代。

为何唯独秦始皇做到一统六国？难道真是天命所归，王侯将相真有种乎？

但是，《史记》给出了这样的答案："秦始皇帝者，秦庄襄王子也。庄襄王为秦质子于赵，见吕不韦姬，悦而取之，生始皇。"[1]一统六国的秦始皇并非命定的天子之命，其父秦庄襄王嬴异人（后改名为子楚）早年还曾在赵国当过质子。

"质子之说古来便有之，古代邦交、盟约多以双方互换质子或单方派遣质子的方式作保证。'质'，即抵押，'质子'即以子孙、亲属做'人质'。质子客居他国，其境遇取决于盟约的履行状况和其在本国的地位。他们都是公子王孙，通常会受到所在国家一定的礼遇。但是，他们的行动受到所在国的严密监视，命运'托于不可知之国'。一旦本国违约，就有可能被处死而'身为粪土'。"[2]

子楚虽是秦国的公子，但他在秦国的地位并不高。其母夏姬不被安国君宠爱，加之子楚在安国君二十多个儿子中排在中间，既不是长子，也不讨喜，所以才被倒霉地选中做了质子。国家之间没有永恒的朋友，只有永恒的利益。被送出去的质子基本已是王室的弃子，明面上是两国交好的表示。一旦撕破脸皮，第一个开刀的就是在异国的质子。所以，作为人质的异人朝不保夕，其质子生活并不像现在的一国大使那么风光自在，而且随时还有性命之忧。《史记•吕不韦列传》的一段话也能证实这一点："秦昭王五十年，使王龁围邯郸，急，赵欲杀子楚。"[3]

如此看来，若非吕不韦慧眼识珠，将子楚推上秦太子的宝座。那么，一介质

---

[1] （西汉）司马迁：《全注全译〈史记〉》（上），刘起釪、林小安等译，天津古籍出版社1995年版，第177页。

[2] 张分田：《秦始皇传》，人民出版社2009年版，第69页。

[3] （西汉）司马迁：《全注全译〈史记〉》（下），刘起釪、林小安等译，天津古籍出版社1995年版，第2425页。

第九章　六合八荒　谁能与之

子之子的秦始皇，只怕日后都难以染指权力，秦王之位对他那是遥不可及，之后的一统六国更是无从谈起。

先天论不大行得通，那么后天说呢？古语有言"虎父无犬子"，这样的帝王之才是否后天养成的？后天养成说便要从两个方面考虑。其一，早期抚养者的教养方式，即谁来养，怎么养的问题；其二，外部环境的影响，即什么样的成长环境。

首先探讨的是，早期抚养者的教养方式。从心理学的角度来讲，榜样对人的一生发展很重要。在人的成长当中，父母作为早期的榜样，其作用更是不容忽视。

精神分析创始人、心理学家西格蒙德·弗洛伊德将人格发展分为五个阶段：口唇期(oral stage)、肛门期(anal stage)、性蕾期(phallic stage)、潜伏期(latent stage)和生殖期(genital stage)。通过与女儿安娜·弗洛伊德的多年相处以及自己与母亲的特殊依恋中，弗洛伊德发现了性蕾期的俄狄浦斯情结（恋母情结）。女儿安娜·弗洛伊德一生未嫁，终身跟随其父探求心理学的奥秘，弗洛伊德正是基于这种情况，才正式提出了厄勒克特拉情结（恋父情结）。

所谓的"俄狄浦斯情结(Oedipus complex)，又称恋母情结，是指'男孩把性的欲望集中到母亲身上并产生了视父亲为情敌的敌对冲突'。也就是说，男孩对于母亲怀有强烈的欲望，而对于父亲极端仇视。由于指向母亲的快感的根源是他的阴茎，同时也由于他意识到父亲比自己更为强大，男孩开始体验到阉割焦虑，这使他只好压抑自己的性和攻击性的倾向。女孩处于相反的情境中，爱恋父亲，仇视母亲，想要将其父亲作为爱的伴侣，但在竞争中被母亲击败。女孩的成败冲突被称为厄勒克特拉情结(Electra complex)，但男孩与女孩的问题通常都被包括于俄狄浦斯的标签之下"。[①]

"处于性蕾期的儿童，经历了强烈的矛盾情感，寻求异性父母作为爱人，但同时都害怕并爱戴同性父母。当儿童放弃对禁忌客体、同性父母的性情感，同时认同同性父母时，就出现了对俄狄浦斯情结的恰当解决。通过认同同性父母，儿

---

① 郭本禹：《潜意识的意义》（上），山东教育出版社2009年版，第53页。

历史名人的心理传记

童既减轻了对报复的恐惧感,又纳入了同性父母的特点,这些特点使他们赢得了对方的爱……认同同性父母的结果之一是促进超我的发展。当一个儿童认同了他的同性父母,实际上儿童便内投了父母的道德标准和价值观。"[1]

可以推知,对于嬴政这样一个男性而言,父亲——这样一位同性父母,就是一种特殊的存在。而认同父亲,恰恰是嬴政走上一统六国之路的重要一步。

毫无疑问,秦王政的父亲就是秦庄襄王子楚。但是从史料可知,子楚与嬴政一起生活的时间不长。《史记·秦始皇本纪》记载:"年十三岁,庄襄王死,政代立为秦王"[2],《史记·吕不韦列传》记载:"庄襄王即位三年,薨,太子政立为王,尊吕不韦为相国"[3],《过秦论》亦曾提到"延及孝文王、庄襄王,享国日浅,国家无事"。上面三段透露的是,秦王政的父亲子楚活得并不久,成为国君三年后去世,也就是说秦始皇的父亲子楚只陪伴了他出生到三岁以及九岁回到秦国至十三岁这两段时间。

按照心理学的研究,人是记不住三岁之前的事。所以,秦始皇出生到三岁这段时间与子楚的相处相当于空白。之后四年的陪伴,相对人的一生而言,真的太过短暂。通过子楚不能伴随秦王政的成长这一点,可以明确的是子楚对嬴政的影响并不大。除了生父子楚,还有谁,能是嬴政可以寻求认同的父亲呢?

早期抚养者除了直系亲属,还能有他人吗?

英国人类学家马林诺夫斯基同意欧洲人有恋母情结,却不承认恋母情结的普遍性。因为他发现,在太平洋诸岛上的某些母系部落中,儿子从来不会与父亲发生矛盾,他们永远是好朋友,"弑父"的念头绝不会发生,反倒对舅舅却是既敬又恨。

显然,马林诺夫斯基误解了恋母情结[4]。恋母情结中的父母不是生物学意义上

---

[1] 郭本禹:《潜意识的意义》(上),山东教育出版社2009年版,第54页。
[2] (西汉)司马迁:《全注全译〈史记〉》(上),刘起釪、林小安等译,天津古籍出版社1995年版,第177页。
[3] 同上书,第2425页。
[4] 上文的例子中,母系社会里,父亲作为族外人,在家里没有任何地位。反倒是舅舅在母亲的家里行使男主人的权力,男孩恋母仿舅、亲母疏舅或杀舅娶母,正是母系社会恋母情结的表现。家中的男主人是心理上的父亲,舅舅便是家庭中心理意义上的父亲,即使他并不是孩子的直系亲属。

第九章　六合八荒　谁能与之

的父母，而是心理意义上的父母。假使，一个小孩一出生便被人领养，那么他的恋母情结不可能指向亲生父母，只能指向养父母，虽然他与早期抚养者并没有血缘关系。

心理意义上的父母是不受血缘关系影响的。或者可以这样说，心理意义上的父母，甚至可以超出亲人关系本身。条件成熟的话，许多人都可以胜任心理意义上的父母。

这样一来，除去亲属关系、血缘关系，在嬴政一生中有着较大影响的这个人选——吕不韦[①]，嬴政的仲父便脱颖而出了。

目前，并没有证据证明秦始皇是吕不韦之子，同时王立群教授的推理分析[②]也非常有道理。可以明确的是，史料上关于吕不韦和嬴政纷纷扰扰的父子纠葛，对于本文没有丝毫干扰。因为即便吕不韦和嬴政不是血亲，嬴政仍旧可以认同吕不韦为自己心理意义上的"父亲"。

徐钧曾道："谋立储君谁孕姬，巨商贩鬻巧观时。十年富贵随轻覆，奇货元来祸更奇。"张载也云："秦市金悬鲁史修，措辞当日两难求。书传果在西迁后，锥口诸儒未必休。"这两篇诗词点出了这位大秦国相——吕不韦传奇的一生，一介阳翟巨商，赵国的奇货可居，官至大秦相国（秦王政登基后改吕不韦丞相为相国，相国地位高于丞相），秦市的一字千金更是彰显了他曾权倾大秦。

从区区一介商贾一跃成为强秦相国，其后又以秦王仲父傍身。当然，这位相国大人也不是碌碌无为之辈，他在秦王政亲政前，便做了四件大事[③]：

[①] 吕不韦（公元前292—公元前235年），姜姓，吕氏，名不韦，卫国濮阳（今河南省安阳市滑县）人。战国末年著名商人、政治家、思想家，官至秦国丞相。

[②] 嬴政的身世一直是谜，现在有学者根据多种资料推断嬴政就是子楚的儿子。王立群教授曾在百家讲坛《王立群读〈史记〉之秦始皇》第8集"生父之谜"里探讨过这个问题，最终得出嬴政是异人之子。同时，他认为秦始皇的身世之所以这么引人注目，主要是因为称秦始皇叫吕政或者赵政，意味着是秦灭六国还是六国灭秦。假如叫赵政，一定是秦灭六国。假如叫吕政，那就是说，吕不韦作为一个非秦国人，在秦没有灭六国之前，他的儿子就把秦国灭了，那不是六国灭秦吗？再者就是它很能解六国人对秦灭六国之恨。六国最后被秦国灭了，六国人对秦国是怀有仇恨的。如果灭六国的秦始皇并不是秦国人的话，秦灭六国也无从说起，所以六国的人觉得这个说法特别解恨，因此也对这个说法也特别感兴趣。

[③] 张分田：《秦始皇传》，人民出版社2009年版，第84页。

历史名人的心理传记

其一，继续开疆扩土。吕不韦贯彻蚕食三晋的既定战略方针，并不断取得进展。从秦始皇元年至秦始皇九年，秦军在蒙骜等人统率下，连续攻击韩、赵、魏，攻城略地，先后夺取魏国的数十座城池、韩国的十余座城池和赵国的数座城池，还将卫国变为秦国的附庸。其中秦始皇五年，蒙骜攻占卫国的酸枣等二三十座城池，在此设置东郡，使秦国的国土与齐国接壤。这就将东方六国大致分割为南北两部分，阻碍了各国之间的相互联系。秦始皇九年，秦军以杨端和为统帅伐魏，又攻占了一批城池，并逼魏都大梁。这些军事胜利为秦国的统一大业做了重要的战略准备。

其二，广泛招揽人才。大国之间的竞争实质是人才的竞争。战国后期，各国统治者都把争人才视为争天下的重要措施，纷纷致力于招揽人才。史称："当是时，魏有信陵君，楚有春申君，赵有平原君，齐有孟尝君，皆下士喜宾客以相倾。吕不韦以秦之强，羞不如，亦招致士，厚遇之，至食客三千人。"吕不韦的这个措施为秦国集聚了大批的人才。

其三，增强基础建设。在吕不韦的主持下，秦国兴建了郑国渠等水利工程，促进了农业的发展，增强了秦国的经济实力。

其四，重视文化建设。组织门客编撰《吕氏春秋》。

不乏英伟的作风、卓有成效的功绩，同时又在秦王政身边对其耳濡目染。由此可见，秦王政认同吕不韦为"父亲"确是有凭有据。

秦王政曾把吕不韦视为父亲，但是，之后却抛弃了这位自己认同的父亲。之所以抛弃了这位父亲，究其原因，其实有两点：

其一，权力争夺。公元前238年，二十二岁的秦王政在雍城蕲年宫举行冠礼，九年的等待，青年君王终于迎来了亲政的一天。

《荀子·大略》："天子诸侯子十九而冠，冠而听治，其教至也。"为什么嬴政二十二岁举行成年礼？学术界有不同看法。一些学者持秦国异制说。秦王举行冠礼，见于《史记》记载的有三次：其一，惠文王三年，王冠；其二，昭襄王三年，王冠；其三，始皇九年，王冠。徐复补订《秦会要》转引《史记索引》："惠文王、昭襄王均十九而立，立三年而冠，是三王之冠，均在二十二也。"这

第九章　六合八荒　谁能与之

种说法与《礼记》、《荀子》所说不符。徐复的解释是秦国"异制"。这种可能性不能排除①。秦国历代国君，除去父亡较早、幼子即位的秦出公，和先代秦王在位时间较长；即位时便已是五十多的高龄的秦孝文王，以及兄死弟及的几位秦王。多数秦王即位时多半是二十岁，他们亲政的年纪应是二十岁之后了。

还有一些学者持身高说。他们认为，秦国依据身高判定成年与否，秦国三王都是因身高达到六尺五寸的成人标准而举行冠礼的。"秦始皇幼年多病，二十二岁时，身高才达到六尺五寸，才举行冠礼。"这种说法可备一说。云梦秦简确有依据身高判定刑事或民事责任能力的规则。然而，秦始皇是王子，他的父母及朝廷可以准确地知道其出生年月，似不必借助身高计算其年龄。还有一些学者推测：由于某种政治原因，秦始皇的成年礼被有意地推迟了。②而这里的政治原因十之八九，和秦王政的这位"仲父大人"有着不可脱离的关系。

吕不韦的特殊地位使他大权在握，并实际上分享秦国的最高权力。吕不韦的权力有三个来源：一是制度化权力，即相权。他是秦国的相邦（相国），作为百官之长，他的权势位极人臣，堪称"一人之下，万人之上"。二是特殊的授权。吕不韦是秦庄襄王的师傅，又有定国立君之功，君臣之间亲密的私交使吕不韦得以成为托孤大臣，被秦始皇尊为"仲父"。他还是文信侯，拥有门客三千、家僮万人，食河南洛阳十万户，很可能包括蓝田十二县。这就大大强化了吕不韦的权力地位。三是窃取的权力。他是赵姬的前夫和情人。秦庄襄王死后，他们重续旧情，史称"秦王年少，太后时时窃私通吕不韦"。这种男女之间特殊的亲密关系使吕不韦可以通过影响代行王权的赵姬而掌握最高权力。当这三种权力叠加在一起的时候，吕不韦在秦国权力结构中的地位就非同寻常了。他实际上执掌着秦国大政。③

吕不韦可以说是一个权臣，臣服于权力并玩弄权力的臣子。他爱钱，但他更爱权！对权力的向往，让他甚至敢拿全部身家放手一搏。

---

① 张分田：《秦始皇传》，人民出版社2009年版，第92页。
② 同上书，第92、93页。
③ 同上书，第83页。

历史名人的心理传记

日渐长大的秦王政，离亲政的年纪越近，离收回权力的日子也就越近。但秦王政的权力偏偏是要从王后赵姬和丞相吕不韦手中收回的，这对爱权的吕不韦无疑是切肉之痛。一个恋权，一个要权，你迟一日亲政，我便多一日掌权。看似平静的君王亲政背后，实则暗波汹涌。

其二，政见不同。吕不韦曾命门客编著《吕氏春秋》，有八览、六论、十二纪共20余万言，汇合了先秦各派学说，"兼儒墨，合名法"，故史称"杂家"。书成之日，悬于国门，声称能改动一字者赏千金[①]。单单通过秦市悬赏，便能轻易判断秦人对丞相的认可程度。由此可见，吕不韦确实不是平凡之辈。

但是，这恰恰不是秦王政想看到的，而且秦王政也不需要杂家的理念，因为一统六国需要霸道，此时的秦王政只对法家情有独钟，权力才是一切！

综上，秦王政最初是把吕不韦当作"父亲"，但是这位"父亲"一来过于掌控他；二来已经无法提供他更多的动力。那么，急需成长的秦王政绝不会就此止步不前。

心理学的角度可以认为，秦王政认同他的曾祖父秦昭襄王为"父亲"。

"当儿童认同同性父母的结果之一是促进超我的发展，当一个儿童认同了他的同性父母，实际上儿童便内投了父母的道德标准和价值观"[②]，简单来说就是模仿。通过对父亲的模仿，的确构成了男孩逐渐形成自我的一种方式。关于美国前总统乔治·W.布什（George W. Bush，又称小布什）研究发现，在大大小小的事情，小布什都追随着父亲的足迹，父亲去了安德佛（Andove）和耶鲁（Yale），儿子也去过那里。父亲去了海军，成为一个战斗机飞行员；儿子也加入了空军国民警卫队，也成为一个战斗机飞行员。父亲去得克萨斯州做石油生意，儿子也这样做了。父亲和儿子都是在成年期转向政坛的，而且他们都要处理伊拉克和萨达

---

① 《史记·吕不韦传》：迥当是时，魏有信陵君，楚有春申君，赵有平原君，齐有孟尝君，皆下士喜宾客以相倾。吕不韦以秦之彊，羞不如，亦招致士，厚遇之，至食客三千人。是时诸侯多辩士，如荀卿之徒，著书布天下。吕不韦乃使其客人著所闻，集论以为八览、六论、十二纪，二十余万言。以为备天地万物古今之事，号曰《吕氏春秋》。布咸阳市门，悬千金其上，延诸侯游士宾客有能增损一字者予千金。

② 郭本禹：《潜意识的意义》（上），山东教育出版社2009年版，第54页。

姆•侯赛因的问题，在这件事上，儿子完成了父亲没有完成的事情。在家庭生活中，模仿是最真诚、最深刻的认同方式。此外还有一些相似的地方更细微、更亲密，早在与劳拉•韦尔奇结婚以前，小布什就与卡西•沃尔夫森订婚。她是史密斯大学的学生，小布什的母亲也曾毕业于这所学校。小布什20岁时订婚，他的父亲也是在相同的年龄与巴拉拉结婚的。小布什与未婚妻决定在圣诞节订婚，这一天也是他父母的结婚纪念日。他们还计划在位于纽黑文的耶鲁度过大学最后一年，就像他父母在过去所做的那样。这是巧合吗？不可能。从他们人生轨迹中的其他相似之处也很容易看出，小布什成年早期和中期的生活是从模仿父亲开始的。①

古时的诸葛亮便曾自比管乐，当世的俄罗斯总统普京也以彼得大帝为自己的目标。而秦始皇走的路子，恰和自己的曾祖父秦昭襄王多有相似。

首先必须承认，秦始皇的这位曾祖父的确不容小觑。秦昭襄王，亦是命途多舛之人。这位秦王其实并不是有正统继承人席位的太子，反倒只是秦国在燕国的一位质子而已。但公元前306年，其兄秦武王因举鼎而死，加上膝下无子，朝局一片混乱。此时，秦昭襄王在赵武灵王的插足、其母宣太后以及舅舅魏冉的帮助下，这才艰难继位。

这位青年君王的称霸之路，却依旧是长路漫漫。因其年幼，所以，由其母宣太后以太后之位主政，魏冉辅政。

虽有君王之名，却无君王之实。十九岁即位的秦昭襄王，却硬生生挨过了数十个年头，直到秦昭襄王四十一年（公元前266年），秦昭襄王开始废太后，并把两个舅舅穰侯魏冉、华阳君，以及两个弟弟高陵君、泾阳君逐出国都，同时任命范雎为丞相，此时才真正将权力攥在自己手中，强化了中央集权。

而同样年少即位的秦始皇，也曾有过收复王权、强化集权的经历。未亲政前，秦始皇的王权被母后赵姬代行，朝中政务又由相国吕不韦代理，年幼的帝王只能默默等待举行冠礼亲政的那一天。

秦王政九年（公元前238年），二十二岁的嬴政迎来了一个巨大的危机，同时

---

① ［美］舒尔茨主编：《心理传记学手册》，郑剑虹等译，暨南大学出版社2011年版，第390、391页。

历史名人的心理传记

亦是一个巨大的契机——嫪毐之乱。假宦官嫪毐被封长信侯之后，仍不满足现有的生活，便与私通已久的王太后赵姬商议，企图杀死秦王政，让他和王太后生的儿子继承王位。而嬴政借着这场大乱，一举收复由母后代行的王权，并流放软禁赵姬，将王权完完全全地掌握在自己手中。随后，更是借着这场嫪毐之乱，撼动了吕不韦的相权，于第二年十月，免去吕不韦相国职位，一举收回相权，使权力高度集中于中央。

年少无权，夺相权固皇权，这是秦王政第一次向曾祖父秦昭襄王靠拢。

时年六十岁的秦昭襄王，在真正掌握大权之后，一改前代秦王"连横破合纵"的做法，采取范雎的"远交近攻"战略。"利用秦国强大的军事实力迫使韩、魏两国亲秦，再利用韩、魏胁迫赵、楚。这一战略使军事、外交两方面的力量发挥到极致。总之，'远交而近攻'的提出，标志着秦国的统一战争已经进入战略思想非常完备的阶段，接下来只剩具体的实施了。"[①]

而他的曾孙秦王政恰好接下了这一棒，将"远交近攻"发挥到了极致。首先远交齐楚，其次伐韩、魏，然后又从两翼进兵，攻破赵、燕，统一北方，攻破楚国，平定南方，最后灭齐国。明确远交近攻的方向，秦王政第二次跟从了曾祖父的脚步。

一统六国的秦王政认为自己"功过德兼三皇，功过五帝"，更号曰"皇帝"，首开皇帝制度，不免让人觉得这位帝王很是嚣张，但秦王政的曾祖父秦昭襄也曾做过类似的事情。

昭襄王十九年（公元前288年），秦昭襄王嬴稷称西帝，派遣使臣尊称齐湣王田地为东帝。虽然两个月过后便被迫取消帝号，恢复称王，但从中已经能感觉到，这位君王想要一试称霸中原的迫切心情了。

其三，两位帝王的称霸之路都是始于所立的丞相。秦昭襄王善用人才，于昭襄王四十一年，任魏国人范雎为秦国丞相，而秦始皇亦是不拘一格，起用楚国人李斯为丞相。这两位大秦丞相也不是泛泛之辈，皆凭借自己的才学，给两位秦王

[①] 王立群：《王立群读〈史记〉之秦始皇》（上），广西师范大学出版社2008年版，第67页。

的称霸之路扫平了障碍。

其四，除了发掘丞相之才，两位秦王对外国人才的包容吸纳皆是不予余力，都可谓是爱"才"如命的君王。

其五，秦昭襄王期间灭了义渠国，一举解决秦国西部的后顾之忧。而秦始皇在一统六国后首先做的就是南征百越，北击匈奴，解除了新生秦国的外患。

从以上五点可以看出：秦王政正是一路追寻曾其祖父的统一之路，直至完成了一统六国的壮举。

有着如此雄才大略的曾祖父，秦王政认同其为"父亲"也是理所应当的。除却以上行事作风的类似，他们还都有过极其相似的经历：质子生活、母亲淫乱、外戚专权，这些都在无形中给了秦王政更多的线索，去寻找并认同这位"父亲"。

线索一：

《史记·秦始皇本纪》记："秦始皇帝者，秦庄襄王子也。庄襄王为秦质子于赵。"[1]

《史记·赵世家第十三》记："十八年，秦武王与孟说举龙文赤鼎，绝膑而死。赵王使代相赵固迎公子稷于燕，送归，立为秦王，是为昭王。"

秦王政自身虽不是质子，但是他的父亲子楚曾在赵国为质，秦王政自出生至九岁都是在赵国成长，体验的也是质子的待遇，这一点和秦昭襄王早年的质子生活还是多有类似的。

线索二：

《史记·吕不韦列传》记："秦王少，太后时时窃私通吕不韦"[2]、"始皇九年，有告嫪毐实非宦者，常与太后私乱，生子二人，皆匿之。与太后谋曰"王即

---

[1] （西汉）司马迁：《全注全译〈史记〉》（上），刘起釪、林小安等译，天津古籍出版社1995年版，第177页。
[2] （西汉）司马迁：《全注全译〈史记〉》（下），刘起釪、林小安等译，天津古籍出版社1995年版，第2425页。

历史名人的心理传记

薨，以子为后"①。

《史记·匈奴列传》曾记："秦昭王时，义渠戎王与宣太后乱，有二子。宣太后诈而杀义渠戎王于甘泉，遂起兵伐残义渠。"②

秦王政的母亲赵姬淫乱后宫，从而引发嫪毐之乱，这恰和宣太后与义渠王的私通不谋而合。

线索三：

《史记·吕不韦列传》记："庄襄王元年，以吕不韦为丞相"、"庄襄王即位三年，尊吕不韦为相国，号称'仲父'。"③

《史记·穰侯列传》记："穰侯魏冉者，秦昭王母宣太后弟也。其先楚人，姓芈（mǐ）氏。秦武王卒，无子，立其弟为昭王。昭王母故号为芈八子，及昭王即位，芈八子号为宣太后……昭王少，宣太后自治，任魏冉为政。"④

一位是仲父摄政，一位是舅舅专权，不得不说，历史总是惊人的相似。

前文已经可以看出：秦王政在不断地成长，不断地寻找并认同"父亲"。那么，促使他不断前行的动力又是什么？现在，回到最初那段秦王政在赵国流亡的时期。

秦昭王五十年，使王齮围邯郸，急，赵欲杀子楚。子楚与吕不韦谋，行金六百斤予守者吏，得脱，亡赴秦军，遂以得归。赵欲杀子楚妻子，子楚夫人赵豪家女也，得匿，以故母子竟得活。⑤

---

① （西汉）司马迁：《全注全译〈史记〉》（下），刘起釪、林小安等译，天津古籍出版社1995年版，第2426页。
② 同上书，第2852页。
③ 同上书，第2425页。
④ 同上书，第2221页。
⑤ 同上书，第2425页。

第九章　六合八荒　谁能与之

两国交恶，子楚命在旦夕，在吕不韦的帮助下才仓皇回国，却留下赵姬和年幼的秦王政逃亡在赵国。秦王政享受了三年的较安定生活，之后便和其母赵姬开始了长达六年的流亡生活，直至才九岁回到秦国。年幼的嬴政和嬴弱的母亲在赵国追兵下拼命存活，虽是秦国公子，但却丝毫不能享受公子的待遇，反而像个逃犯一样朝不保夕。

早期的生活给年幼的秦王政第一个感受，便是缺乏安全感。

人本主义心理学家对安全感的解释是，当生理需要多少得到满足后，安全的需要就成为最主要的需要，这些需要主要是免于身体危险及剥夺基本生理需要的恐惧的需要。换言之，这是一种自存的需要。自存的需要不仅要考虑到当前，还要考虑到未来，考虑到能否维持自己的地位以保证将来生理上的需要是否能得到满足。马斯洛的需要层次理论就把安全感放在一个很基础的层次，一个人若是没有安全感，生活质量便无从谈起。

秦王政的第二个感受，英雄气短。

一般而言，大部分男性角色都会有所谓的英雄情结。情结，由心理学家荣格提出。

荣格认为潜意识有两个层次：个体潜意识和集体潜意识，个体潜意识的主要内容是情结。情结是一种经常隐匿的，以特定的情调或痛苦的情调为特征的心理内容的聚集物。例如，一个有恋母情结的人，当母亲出现在面前时，甚至提到母亲这个词的时候，都会引起他明显的情绪反应。简单来说，"不是人支配情结，而是情结支配人"[①]。但是情结的来源是人性中某些更深邃的东西，也就是集体潜意识。

集体潜意识位于心灵的最深处，一般指人类祖先经验的积淀，是在生物进化和文化历史发展过程中所获得的心理上的沉淀物，是人类做出特定反应的先天遗传倾向，它在每一世纪只增加极少的变异，是个体始终意识不到的心理内容。集体潜意识的主要内容是原型（先天的思维倾向）。最主要的原型有人格面具、阿

---

① 郭本禹：《潜意识的意义》（上），山东教育出版社2009年版，第92页。

历史名人的*心理*传记

尼玛（男性心中的女性成分）和阿尼姆斯（女性心中的男性成分）、母亲原型、英雄原型等。拿最明显的母亲原型为例子，纵观世界各地对母亲的艺术描绘，不论是绘画、文学作品还是雕塑，出现在人们视野里的母亲的形象多半是一个温暖且能包容孩子的柔和女性。

英雄原型亦是如此，一种无私忘我，不辞艰险，为人民利益而英勇奋斗，令人敬佩的形象。身为男性的秦王政，对母亲有着强烈的保护欲，并以母亲的保护神而自居。但是流亡期间，秦王政的年龄是三岁到九岁，即使身为一名男性，但他的力量甚至不及一个成年女性。这种想要保护却只能被保护的感觉，的确让年幼的秦王英雄气短。

想要去保护却没办法做到，个体心理学创始人阿德勒把这种"个体面对困难情景时产生的一种无法达成目标的无力感和无助感，对自己所具备的条件作为和表现感到失望与不满，对自我存在的价值感到缺乏重要性，对适应环境生活缺乏安全感，对自己想做的事不敢确定，定义为自卑感。他认为个体的自卑感源于婴幼儿时期的无力、无能和无知。无论是否存在器官上的缺陷，任何人在生命之初都具有自卑感，因为所有儿童都要完全依赖成年人才能生存，与那些他们所依赖的强壮的成年人相比，儿童总是显得那样的无力虚弱"。①

那么秦王政自卑的来源又是来自哪里？生理还是心理方面？从生理方面分析。司马迁《史记·秦始皇本纪》中尉缭的原话记载："秦王为人，蜂准，长目，挚鸟膺，豺声，少恩而虎狼心。"郭沫若曾分析"蜂准"意思乃是马鞍鼻，是一个人面孔中央突然凹陷下去一块。"豺声"表明有气管炎和心肌梗死，"长目"疑似马目。对于"挚鸟膺"，郭老先生的分析是鸡胸，也就是软骨症。

现在已有一部分学者并不这么认为，他们的解释是：长目即长长的大眼睛，秦王政有一双长长的漂亮眼睛。挚鸟膺，鸷鸟是一种凶猛的鸟，如鹰、雕。《史记》也有记载，鸷鸟，鹘，膺突向前，其性悍勇。"蜂准"，自唐代就开始通行的《史记·三家注》集解，徐广曰："蜂，一作'隆'，蜂，虿也，高鼻也。"至

---

① [美] 舒尔茨主编：《心理传记学手册》，郑剑虹等译，暨南大学出版社 2011 年版，第 111 页。

第九章　六合八荒　谁能与之

于"豺声",豺狼的声音听起来洪亮深沉。

分析完《史记》的记载,再从如今的遗传学来看。首先,有一点毋庸置疑,嬴政的母亲赵姬确实很美。因此,公子异人才会在第一次看到她后,便问吕不韦讨要了她。回过来看公子异人,身为秦国王孙,后宫佳丽层层筛选,按说基因不会太差。再者,在第一次面见华阳夫人时,华阳夫人就愿意收他做干儿子,并赐名"子楚"。试想一下,如果异人的外貌形象不过关,就算利益再大,华阳夫人都不会犹豫一下吗?秦国王室会接受这样的继承人吗?所以,一对携带不错基因的父母,生下的孩子他的底子可想而知也不会差。

综上可以知晓:秦王政是一名有着高挺鼻梁、细长眼睛、声音洪亮,如鹰、狼、虎般的男子。而他的身高,根据许多史学家的研究推测估计接近190。因为秦王政随身佩带的长剑,长度为一米六二到一米六八,一个比大多女人的身高还要见长的长剑,如果身高不及一八五,又怎能挥动起如此长的长剑。

这样可以得出:在生理上秦王政自卑的理由不充分。那么秦王政的心理是否自卑?

明明是一国公子,幼年却在外流亡,不论其母赵姬身份如何,到底是出自大户人家还是一介歌姬舞女,秦王政的日子其实并不好过。因为即使有母亲背后家族的庇佑,但如此敏感的身份和尴尬的处境,长年累月下来,在这样的大家族会受到怎样的待遇,总归不是什么美满的日子。

假使母亲是歌姬舞女,那么他们流亡的日子便更加步履维艰。除去心理层面要担惊受怕,就连日常生活的物质保障都必须要放在每日的行程之前。这种讨生活的日子,让这位秦国公子心里如何能有好滋味可言。

明明是男性角色,却一直被母亲庇佑。想要强大保护母亲,无奈生理条件限制,这种郁郁不得志的苦闷又有谁人知晓。因此,秦王政一统六国和对权力的热衷,极有可能是为了获取早年缺失的安全感和被剥夺的掌控感。

很多人都是为了保护自己而不得不走上领导者的位置。社会心理学研究者指出,人类社会中的领导人物之所以能够对社会产生影响,除了自身的素质和领导才能之外,主要是在社会个体中存在着对权威与控制的畏惧心理,对杰出人物的

历史名人的心理传记

重报心理，对法定领导的服从心理，对行为表率的模仿心理，对卓越领导艺术的佩服心理，以及渴望安定满足基本需要（生理、安全、社交、受人尊敬和自我实现）。

根据上文可以知晓的是：秦王政心理会有自卑。但是，这样一位心有雄图的君王，又岂会让自己蹉跎下去。心理学家阿德勒认为，自卑感能够成为个体发展的动力根源，其原因在于每一个个体都存在着与生俱来的追求优越的向上意志。而秦王政的选择恰恰就是追求优越！所以他要争权，他要强大。

人本主义精神分析学家弗洛姆认为实现超越的途径之一就是创造。所以，秦王政要超越诸侯王，他要一统六国，从此给自己一个无忧的天下。

威廉·F.斯通曾在他的《政治心理学》提到"追求权力是被剥削感的一种补偿：权力是用来克服自身的自卑心理的，其方法不是改变自身素质就是改变环境"。

秦王政将"改变自身"和"改变环境"这两者完美结合。前期，从辅政的丞相和代行王权的母亲手中夺权来强大自身，寻找强大的"父亲"来超越自我。后期，开疆扩土，自己挣得一个天下。而秦始皇对早年权力被剥夺的补偿，恰是体现在称帝后的"天下之事，无大小皆决于上"[1]，以及"上至以衡石量书，日夜有呈，不中呈不得休息"[2]。

五百多年间的格局，变数多端。但秦始皇硬是借着诸侯王之势，一举称帝。早年不安定的生活让他有了危机意识，其后便开始了寻找"父亲"的漫漫长路，不断地认同"父亲"，超越"父亲"，用最后伟大的成就弥补了早年的缺失，正是这种对自我的清醒认识和不断完善，才给了后世一位值得称道的"千古一帝"！

---

[1] （西汉）司马迁：《全注全译〈史记〉》（上），刘起釪、林小安等译，天津古籍出版社1995年版，第196页。
[2] 同上书，第196页。

第九章　六合八荒　谁能与之

二　不应缺席的始皇后

中国历代王朝的皇帝，其后宫都有详细记载。特别是皇后，相当于现在的第一夫人，在制度上有专门的规定，是必须大书特书、树碑立传的。所以，中国历史上第一位皇帝的皇后，也就是始皇后，她应该是最浓墨重彩的一道笔触。但是《史记》第一位记载的皇后却是吕后，关于始皇后，史书上却完全没有记载。这不由让人深思，身为始皇帝的嬴政，为什么历史上对他的始皇后却无多少笔墨。始皇"无"皇后，原因为何？

在皇帝神圣、皇权至高无上的封建社会里，皇后在内宫中的地位最为尊贵，"后正位宫闱，同体天王"，在她下面有众多的嫔妃、女官以及宫女。我国自古就有"男主外，女主内"之说，《礼记·昏义》云："天子听男教，后听女顺；天子理阳道，后治阴德；天子听外治，后听内职。"按照《周礼》的比附："天子与后，犹日之与月，阴之与阳，相辅而成。"[①]

"皇帝专管前朝政务，统治天下臣民；皇后统摄六宫，掌管内廷事务，以辅助天子。皇帝与皇后的婚姻是政治的联姻，他们治家、治内宫便是治天下的缩影。内治与外治是相辅相成的，所谓'治天下者，正家为先，正家之道，始于谨夫妇'；'天子之与后，犹父之与母'。皇帝为天下之父，皇后就是天下之母。'母仪天下'就成了封建君主专制政治的一个重要组成部分。专制君主通过'立纲陈纪，首严内教'，使皇后为天下众多家庭昭示母仪，为天下女性树立楷模，从而'助宣王化'，确立起封建帝王为天下大宗、万民君父的形象。皇后作为后宫之主，后宫中所有的妃嫔、女官、宦官、宫女都得听命于她。皇后还可以劝谏君主，惩处有过失的宫人，拥有执行宫中法纪、维护宫内等级秩序的权力。"[②]

简单来说，皇后是一国女性楷模，除了管理后宫，还负责管理大臣家眷。母

[①] 朱子彦《后宫制度研究》，华东师范大学出版社1998年版，第2页。
[②] 同上书，第2、3页。

历史名人的心理传记

仪天下的皇后如此重要，为什么秦始皇却给后世留下"后宫三千，群凤无首"的迷局？

皇后乃后宫之主，始皇后在历史上无迹可寻，种种猜测开始涌现。莫非始皇后被废，史官便不加记录，还是史料疏漏，抑或是秦始皇痛恨母亲淫乱从而不喜女人？

关于始皇后是否被废，史料有无疏漏，这两点从现今史学界掌握的资料出发，都不便下定论。只能通过现有的资料来揣测，秦始皇是否因为个人原因从而没有设立后宫之主。

种种史实表明：始皇是没有后宫的。

秦始皇有儿女，其子女多达数十人之多，其中，皇子就有二十余人[1]，公子扶苏、二世胡亥等都有记载，那他必然与女子有过亲密接触，并不是不喜女人。作为一国之君，为始皇帝生儿育女的女子也不会全都无名无分，起码夫人的身份还是会有人拥有的，也就是广义上的后宫。史载，秦始皇后宫的嫔妃女官达万人之多[2]。

李开元教授在《秦始皇的秘密》一书中写道："以秦国成例而言，秦王的婚姻多由太后决定。一般而言，太后为秦王选定的王后，往往是自己出生国的娘家。就像秦武王的母亲惠文后是魏国夫人，她为武王迎娶的是魏夫人。秦昭王的母亲宣太后是楚国夫人，她为秦昭王迎娶的夫人是楚夫人。所以公子扶苏的母亲可能是出生于楚国的王女，因为母亲的关系，扶苏与楚国就有了血缘上的关联。之后扶苏冤死于二世皇帝之手，楚人同情扶苏，复兴楚国的起义军以扶苏的名义为号召，也就可以得到合理的解释了。"[3]

除却大公子扶苏的母亲，还有一位公子的母亲也是不可忽视的，她就是二世皇帝胡亥的母亲。胡亥的母亲在其子胡亥即位以前默默无名，这是可以理解的。然而，二世即位以后，也没有听说过有关她的任何活动，她的名字也完全不见于

---

[1] 张分田：《秦始皇传》，人民出版社2009年版，第530页。
[2] 同上书，第530页。
[3] 李开元：《秦始皇的秘密：李开元教授历史推理讲座》，中华书局2009年版，第158页。

第九章　六合八荒　谁能与之

任何记载，这就不但只是奇怪，而是非常异常了。

秦始皇是否有夫人？结论是有！那为什么他却没有册封皇后，他有什么顾虑吗？有以下两种可能：

其一，政治因素。从理性层面，身处权力顶峰的秦始皇，担心后宫的存在会威胁中央权力；其二，心理因素。从情感层面，母亲赵姬的不贞，让秦始皇的婚恋观有了异于常人的考量。

其一，政治原因。"在古代中国，特别是秦汉体制的政治格局中，王后或者皇后往往比较低调，对政治干预也比较少。但是待到夫君过世，儿子做了皇上和自己做了太后权高位重以后，却经常会高调出场、积极干政。特别是有儿子年幼即位的太后常常会成为施政的中心，太后的亲属们也形成一大政治集团，这就是不时耳闻的母后干政和外戚擅权。母后干政和外戚擅权，是世袭王政体制下的制度性产物。秦国历史上，始皇帝的高祖母宣太后、养祖母华阳太后、母亲帝太后都曾经擅权一时。"[①]对于自己亲手缔造的大秦帝国，这位千古一帝是否也在担忧在百年之后他的皇后干政和外戚专权？现在，只能说暂且还不能排除这个可能性。

其二，是立足于嬴政和他的母亲赵姬的微妙关系。从心理学的角度讲，子女与其异性父母的早期交往对其以后的婚恋观有较大的影响。

"以弗洛伊德为代表的'精神分析爱情心理学'，是人类爱情求索史上的一朵奇葩。它把爱情的心理机制挖掘至人脑深处的潜意识王国，而俄狄浦斯情结则是它解释爱情何以发生的一把钥匙……若要解释我们究竟爱什么样的人这个问题，弗洛伊德的'俄狄浦斯情结'概念是再合适不过了。中国人把爱情归结为'缘分'，可什么是缘分，多少又有点神秘。但弗洛伊德给我们解开了这个谜团。"

"原来，幼儿从三岁左右开始，便对异性双亲产生了一种不可遏制的强烈愿望：对男孩来说，这种愿望就是想要排挤甚至杀死父亲，从而独享母亲的爱（对

[①] 李开元：《秦始皇的秘密：李开元教授历史推理讲座》，中华书局2009年版，第137、138页。

女孩，则反之亦然）。因为母亲在给他的哺乳、亲吻、爱抚、触摸和注视等过程中，她的美丽和音容笑貌便深深地铭刻在他的脑海中。但男孩渐渐发现，他的这种独占母亲的爱的愿望实际上是不可能实现的，因为父亲太过强大，他是不可战胜的。于是到了五岁左右，男孩便开始有意识地压抑这种愿望。这一压抑过程是如此之长（一直到青春期），以至这种愿望慢慢地被男孩遗忘了，也就是逐渐地变成了潜意识。这种潜意识，就是'俄狄浦斯情结'，或叫'恋母情结'。'情结'首先是指一种情感，而这种情感之所以叫情结，是因为这个男孩长大以后他自己无论如何也意识不到。意识不到的情感，并不意味着它在头脑中不存在，实际上它总是在那里起作用。这样，对于男人来说，他终其一生，爱的就是同一个女人，即他的母亲，只是他自己意识不到罢了！这样，当一个小伙子产生不了爱情却又列举种种'理由'说，这个女孩不漂亮，那个女孩性格不好等时，实质上是他的潜意识没有认可某个女孩，也就是他还没有找到与他潜意识中的母亲形象相符合的那种女孩。原来，中国人所说的'缘分'，就心理机制来说，不过就是恋母情结在起作用罢了。"[①]

　　同样的，女性亦是如此。在某种程度上，女性选择的另一半恰好和她的父亲会有较大的相似性。有四点原因：

　　其一，恋父情结的变相满足。为了避免乱伦，女性可以选择和父亲相像的异性，以此来满足自己爱恋父亲的需求。

　　其二，女性早期与父亲建立的交往模式，很难有质的改变。假使，一位女性的原生家庭里存在一位家庭暴力行为的父亲，那么这位女性未来的丈夫，极有可能也有家庭暴力的行为。心理学上认为，尽管这位女性的丈夫之前可能没有家庭暴力的倾向，但是因为女性受到之前生活的原生家庭的影响，长年累月下来，她的丈夫还是会被带到家庭暴力的方向。一旦夫妻之间发生争执，女性遵循固有的行为模式，可能会脱口而出"你打我啊，你打死我算了，你今天不打死我，你就不是男人"诸如此类的言语。一位从前没有家庭暴力的经历的男性，不论他的脾

[①] 熊哲宏主编：《心理学大师的爱情与爱情心理学》，中国社会科学出版社2007年版，第11页。

第九章　六合八荒　谁能与之

性再好，在某一时刻终究会被激怒，从而出现家暴行为。这也是所谓的，你身边的人怎么对待你，其实都是你亲手培养出来的。

其三，拯救情结。一些女性的父亲有酗酒、抽烟的习惯，可能会引起女性的厌恶，同时也会觉得自己的母亲很是无能，因为没有办法阻止父亲的这些行为。在拯救情结的驱动下，女性最终也会寻找这样的伴侣，并希望能通过自己的努力来改正伴侣的陋习。

其四，规避风险。虽然父亲吸烟、酗酒，抑或是脾气古怪，但是多年的相处，让女性对这类脾气的男性有了诸多了解。与其找一个什么都不了解的男性作为伴侣，还不如出于保险，找寻和自己父亲类似的男性作为伴侣。

这样可以明确的是，幼年早期与异性父母的关系，会影响成年之后同异性的关系。而秦王政最早和异性的互动，便是与其母赵姬。

赵姬，秦始皇生母，赵国邯郸人，本是吕不韦的姬妾，后成为秦庄襄王的王后。其子嬴政即位为秦王以后，她又成了王太后。秦始皇统一天下后，便追尊她为帝太后。

关于赵姬[①]身份有诸多解释，但是不管其真实身份如何，她独特的人格魅力还是能从《史记》中提取出来：

容貌出众，长袖善舞。一介女流，确是不凡。

她的不凡之处在于一介妇人，独自带着幼子在外流亡，前不知去处，后有追兵追杀。能在如此险恶的环境生存，其心理素质之强大，这都是可以捕捉到的细节。

六年的相依为命，加上母亲赵姬对秦王政的严密保护，在秦王政心中，母亲有着任何人都无法取代的地位。然而，在回到秦国之后，本来是自己一个人的母亲，却和仲父吕不韦纠缠不清。随后，又与假宦官嫪毐生育两子。这些对秦王政

---

① 赵姬的真实姓氏已失载，"赵姬"一词始于长篇历史小说《东周列国志》，故史家也称她为赵姬。"赵姬"这个称呼，确切理解应该是"赵国女子"之意。赵姬的身世即使在《史记·吕不韦列传》一卷中，前后记载也自相矛盾，先说"吕不韦娶邯郸诸姬绝好善舞者与居"，这句话分明表示赵姬只不过是个社会地位低下的舞女而已，但是后面又说"赵欲杀子楚妻子，子楚夫人赵豪家女也，得匿，以故母子竟得活。"这里赵姬又成了赵国大户人家的女儿。

历史名人的心理传记

而言，无疑是一种莫大的背叛。

赵姬在当上太后之后的所作所为，放之当今，也是难以让人接受的。即使回到赵姬所处的年代来看，也的确过于糜烂。战国末期便认为社会原始信仰遗存过于主观，经过青铜时代到了铁器时代，秦国的社会文明礼法已较周全，加之赵姬来自春秋礼法更为完善的中原，她当上太后之后的诸多行为，确实不妥。

此时，可能会忆起前文提到过秦始皇和曾祖父秦昭襄王诸多类似的经历，即母亲都淫乱后宫。

《史记·匈奴列传》记："秦昭王时，义渠戎王与宣太后乱，有二子。宣太后诈而杀义渠戎王于甘泉，遂起兵伐残义渠。"[①]

宣太后[②]曾与义渠王淫乱，并且有两个儿子。但是后期却使计攻灭义渠国，一举灭亡了秦国的西部大患。寥寥数语透露的是，宣太后并不是一个沉迷儿女私情的区区弱女子，反而是一位胸怀经纬海纳山河，有着包藏宇宙之机、吞吐天地之志的巾帼，这和之前在赵国与嬴政相依为命的赵姬不无相似之处，皆是心有七窍的玲珑女子。

但是，这位宣太后出自楚国，楚国本就以蛮夷自居，行事作风本就和中原正统多有不同。《战国策》曾记载：

宣太后谓尚子曰："妾事先王也，先王以其髀加妾之身，妾困不疲也；尽置其身妾之上，而妾弗重也，何也？以其少有利焉。今佐韩，兵不众，粮不多，则不足以救韩。夫救韩之危，日费千金，独不可使妾少有利焉。"

宣太后对尚子（尚靳）说：我曾经服侍先王（秦惠文王），他用大腿压在我

[①] （西汉）司马迁：《全注全译〈史记〉》（下），刘起釪、林小安等译，天津古籍出版社1995年版，第2852页。
[②] 宣太后，芈姓，又称芈八子。战国时期秦国王太后，秦惠文王之妾。

身上，我就感到浑身疲乏非常吃力；可当他全身压在我身上时，我却不感到重。这是为什么呢？因为这个姿势对我有利。现在要救韩国，我们兵不多，粮草不足，根本救不了。要想救韩国于危难之中，必须耗费大量的人力、物力、财力，而这样做不会让我获得什么好处。

宣太后在外交场合用自己和惠文王的房中事来举例，可谓豪放不羁，可以明确的是宣太后的一些做法和赵姬还不能等同而论。与此同时，如此有政治才能的宣太后，的确不容小觑，这恰恰也在印证前文，秦始皇担忧太后会影响中心权力的可能。

宣太后，毕竟只是宣太后，她终究不是赵姬！秦昭襄王从小和母亲分离，被送去燕国做质子。宣太后于秦昭襄王而言，更像是一位可以携手的政治同谋、利益共同者。其母子间的感情可以用淡薄形容，母亲淫乱更多是她自身的事情，而且又有楚国风俗的大背景，所以，对秦昭襄王来讲没有太多触动。

然而，母亲淫乱对嬴政却是致命的打击！年少时，嬴政把自己的母亲当成依恋对象，但是因为父亲的存在，他需要通过"认同"父亲来解决"恋母情结"，获得自己的"性别认同"并形成自己的婚恋观。不过，嬴政的父亲子楚恰恰缺席了这段时光，在这期间，赵姬一直是被嬴政一人独占，这样的深厚感情不是一朝一夕就可以抹去的。

失恋、亲人的去世都会给人带来莫大的悲伤，这种悲伤来源于亲密关系的丧失。失恋，一段亲密关系的丧失。这种丧失，说白了就是一段关系的死亡。死亡，便是不复存在，这种失控感给人的悲伤和恐惧总是很强烈，所以，那么多人没有办法接受亲人的亡故，或者和朋友的关系决裂。而秦王政恰是处在这样的恐惧中，一路相伴从不曾背离你、抛弃你的母亲，或者可以说是"恋人"，你们一同经历前一半的人生。

但是，有一天，你却发现身边的人早已不见。这样一个不求回报、一心一意只为你着想的人，突然开始远离你。紧接着，你和她开始陌路。更可怕的是，她将之前对你的不求回报和全心全意全部交付于其他人，这种"得到再失去"的确比"从未得到"更痛苦。有人说，人世间的男女之情多是因为得到了，最后失去

历史名人的心理传记

了才会觉得十分可惜,如果没有得到也就不会那么懊悔。俗话说的因爱生恨也不无道理。

而嬴政对母亲的"怨恨"极可能影响了他对婚恋观的看法。

从一些史料中,便能捕捉到嬴政对夫妻相处之道的观点。《史记·货殖列传》记:"而巴寡妇清,其先得丹穴,而擅其利数世,家亦不訾。清,寡妇也,能守其业,用财自卫,不见侵犯。秦皇帝以为贞妇而客之,为筑女怀清台。夫倮鄙人牧长,清穷乡寡妇,礼抗万乘,名显天下,岂非以富邪?"[1]

两千多年前的巴寡妇清,其先辈得丹砂(汞矿)洞穴,几代人擅于经营获丰厚利益,家族财富难以计数。而巴清作为一名寡妇,能守其业,用财做好产业的保护,多年没有侵犯的事情发生。秦始皇对她以"贞妇"的名义迎去咸阳客居颐养天年,并为她筑"怀清台"树碑立传以示彪炳。巴寡妇清作为穷乡僻壤的一名寡妇,能够得到有万乘之尊的秦始皇如此敬重而名扬天下,仅仅是因为其富有吗?

除去巴寡妇清的富有,清虽为寡妇,但是能守妇道,这一点恰恰是嬴政想要表彰的重点。可以看出:嬴政终究还是因为母亲的淫乱而心怀不满,他更希望自己的伴侣能一心一意,简单而言,就是守妇道。

始皇一统六国后,除了建长城、修阿房(现有学者研究发现阿房宫并没有建成)等工事建设;南征百越、北击匈奴等军事建设;设立皇帝制,推广郡县制等制度建设。他最喜欢做的就是巡视,巡游还会刻石碑以示留念。这石碑绝不是"始皇到此一游"的纪念意义这么简单,它是研究秦始皇宝贵的第一手资料。下面石碑上的这段文字,就透露了赵姬对秦始皇的婚恋观所产生的影响。

"三十七年十月癸丑,始皇出游。左丞相斯从,右丞相去疾守。少子胡亥爱慕请从,上许之。十一月,行至云梦,望祀虞舜於九疑山。浮江下,观籍柯,渡海渚。过丹阳,至钱唐。临浙江,水波恶,乃西百二十里从狭中渡。上会稽,祭大禹,望于南海,而立石刻颂秦德。其文曰:

---

[1] (西汉)司马迁:《全注全译〈史记〉》(下),刘起釪、林小安等译,天津古籍出版社1995年版,第3325页。

第九章 六合八荒 谁能与之

> 皇帝休烈，平一宇内，德惠脩长。三十有七年，亲巡天下，周览远方。
> 遂登会稽，宣省习俗，黔首斋庄。群臣诵功，本原事迹，追首高明。
> 秦圣临国，始定刑名，显陈旧章。初平法式，审别职任，以立恆常。
> 六王专倍，贪戾㳦猛，率众自彊。暴虐恣行，负力而骄，数动甲兵。
> 阴通间使，以事合从，行为辟方。内饰诈谋，外来侵边，遂起祸殃。
> 义威诛之，殄熄暴悖，乱贼灭亡。圣德广密，六合之中，被泽无疆。
> 皇帝并宇，兼听万事，远近毕清。运理群物，考验事实，各载其名。
> 贵贱并通，善否陈前，靡有隐情。饰省宣义，有子而嫁，倍死不贞。
> 防隔内外，禁止淫泆，男女絜诚。夫为寄豭，杀之无罪，男秉义程。
> 妻为逃嫁，子不得母，咸化廉清。大治濯俗，天下承风，蒙被休经。
> 皆遵度轨，和安敦勉，莫不顺令。黔首脩絜，人乐同则，嘉保太平。
> 后敬奉法，常治无极，舆舟不倾。从臣诵烈，请刻此石，光垂休铭。[①]

此文是三十七年（公元前210年）十月癸丑日，始皇外出巡游至浙江，登上会稽山刻石立碑，颂扬秦朝功德的碑文。因为当时吴越之地民风彪悍，存在男女淫乱的现状，所以才需要整肃风气，同时在碑文中记载此件大事。

吴越之地乃现在的江浙之地，但当时的情形却不是现今这样的国家经济强省。古时吴越被中原人称为南蛮之地。顾炎武的《日知录·秦纪会稽山刻石》载："《吴越春秋》有谓勾践以寡妇、淫泆过犯，皆输山上；士有忧思者，令游山上，以喜其意。"说的是勾践为了平息战士的情绪，将犯了淫戒的寡妇运至山上供士兵玩乐，也就是之后营妓的雏形。同时，从另一个侧面可以看出寡妇的生活还是比较自由，民风也是较为奔放。

正是因为目睹吴越的民风，对婚恋观有着自己独特看法的秦始皇在这篇碑文中，间接地传达了自己的观点。会稽山刻石中最值得品味的是该段：

---

① （西汉）司马迁：《全注全译〈史记〉》（下），刘起釪、林小安等译，天津古籍出版社1995年版，第197、198页。

> 饰省宣义，有子而嫁，倍死不贞。
> 防隔内外，禁止淫洗，男女絜诚。
> 夫为寄豭，杀之无罪，男秉义程。
> 妻为逃嫁，子不得母，咸化廉清。

碑文的意思是治有过扬道义，有夫弃子而嫁，背夫不贞无情。以礼分别内外，禁止纵欲放荡，男女都应洁诚。丈夫在外淫乱，杀了没有罪过，男子须守规程。妻子弃夫逃嫁，子不认她为母，都要感化清正。

仔细品味，这碑文里的情况和秦始皇的经历不无相似之处。"弃子""背夫"这何尝不是秦始皇在从侧面诉说，自己当初被生母赵姬抛弃，母亲同时又背弃了早逝的父亲子楚，投向吕不韦和假宦官嫪毐的怀抱，这种种行为都让这高高在上的千古一帝心寒不已。

话说回来，通过秦始皇对吴越之地民风淫乱的整顿措施中，恰能看出他对母亲做法的真正态度。首先，有夫弃子而嫁、背夫不贞的女子无情！的确，在嬴政心中，赵姬背弃了子楚就是无情，但是这也只是无情。如果是个正常家庭，异性父母背离同性父母，不管异性父母是男是女，或强势或弱势。总而言之，被背叛的一方终究是受伤害的，也就会更容易得到同情，孩子也不自主地跟随排斥背叛的一方。

但是，秦始皇却只是认为母亲无情。丈夫在外淫乱，杀了没有罪过，男子须守规程。妻子弃夫逃嫁，子不认她为母，都要感化清正。同样是不忠，男子不忠就要拿性命来换，妻子不忠得到感化，即改正便好。难道，千年之前的秦始皇还是绅士一位，在处理事件上对女子更为客气？

可以知道，事实并不是这样。

途经吴越，此地的男女淫乐很容易让秦始皇想起母亲的不忠，但从碑文中的处理方法能捕捉到的信息是，秦始皇对母亲始终是持着原谅的态度。

还能得出的另一点：秦始皇对婚姻有着崇高的认识，他向往干净、永久的伴侣关系。从他坚持用礼来分别内外，禁止纵欲放荡，而且男女都应洁诚中体现出来。同时，他认为男子须守规程，如果丈夫在外淫乱，那么杀了也是没有罪过。这其实也是嬴政对自己的另类要求，类似严于律己，宽以待人。

可以试想一下，这样重情的秦始皇，一旦他投入自己的感情，定是携手至老，不离不弃！遗憾的是，我们不知道是否有这样一个女子有幸得到这样纯净的感情。可能有，嬴政将她层层保护，没有让外人知晓；也可能，秦始皇终其一生，都没有找到这样一份值得他至死不渝的感情。

一切都只能是猜测，因为历史什么都没有留下。但是可以知道的是，秦始皇对母亲赵姬的特殊情感，影响了秦始皇随后的婚恋观。至于始皇不肯立后的原因，一则是向往纯洁专一的感情；二则是担忧后宫专政。

三　小　结

即使再伟大的人物，最初也不过是芸芸众生中普通的一员。可是，在伟人的人生中，是什么力量让他最终成就别人难以企及的伟业？成就伟业所需要的强大心理动力从何而来？这是心理传记学乃至心理学所关注的关键问题之一。的确，对于像秦始皇这样早年曾经流连于邯郸街头、一度远离政治中心的人，是谁给他了扫六合、匡天下的魄力？当然，任何事情的成功，都需要多方合力。单从心理动力的角度而言，依据精神分析的观点，这一切都可以从个体早年的家庭关系，特别是与父母的关系中寻找根源。个体对早期心理发展任务的完成情况会极大影响个体人格的塑造。对秦始皇而言，早年对家庭及身边成年男性，特别是对秦昭襄王和吕不韦的男性角色的内化，以及对权威的反抗（即心理学意义上的"弑父"），构成他从诸侯王一跃而成为中国封建王朝一个皇帝的心理动力基础。早年的生活经历不仅影响个体人生的发展高度，同时也影响着生活的方方面面。对秦始皇而言，早年与母亲的过度依恋及此后的"遗弃"主题构成他在两性关系中难以建立良好信任关系的心理根源。内心缺乏的，往往是个人孜孜以求的。始皇

历史名人的心理传记

帝内心的缺失,也记载于他为清寡妇所立怀清台和会稽山的石碑上。

历史是一面镜子。伟人的人生经历,是对普通人生活的高倍放大。从前文的分析中不难发现,在个人的成长过程中,早年的生活经历对人生的影响是不可估量的。而在早年的经历中,早期的家庭关系,特别是与父母的关系间的张力,构成个体早期心理发展的心理动力根源。因此,对于父母而言,教育的关键不仅仅是知识和能力的培养,还包括健全人格的塑造。这就要求,称职的父母,一定需要接受专业的心理学和教育学的训练。在人类文明高度发达的今天,不是生理上成熟就有资格成为父母的。因为父母的很多不经意行为,可能成为孩子一生的"结"。

第十章

"编制内"的编外人
——关于蒋廷黻[①]入教动机的心理分析

---

① 蒋廷黻（1895—1965），湖南邵阳人，著名历史学家、民国外交家、中国台湾"中央研究院院士"。民国学者从政中最有成就的一位，有"国士无双"之美誉。1911年由教会资助赴美留学，先后就读于派克学堂、奥柏林学院和哥伦比亚大学研究院。在哥伦比亚大学攻读历史，获哲学博士学位。1923年回国先后任南开大学、清华大学教授，清华大学文学院院长、历史系主任。1935年，出任国民党行政院政务处长，1936—1938年，任驻苏大使。1944年出任联合国善后救济总署中国代表及国民党行政院善后救济署署长。1947年，任国民党驻联合国常任代表。1961年冬，改任中国台湾"驻美大使"。1965年10月9日殁于美国纽约市。

导读：蒋廷黻作为中国近现代史上的风云人物，在中国大陆却鲜有人问津。目前中国大陆只有张玉龙教授对于蒋廷黻的政治思想有比较系统的研究，其他均集中于其他国家和地区，以美国为甚。蒋廷黻入教是其人生中的一件较为重要的事情，然而遗憾的是，在这些为数较多的研究中缺乏对于蒋廷黻入教动机的系统性研究，而入教动机却对了解蒋廷黻有重要意义。本章将心理学知识与史料相结合，可以使蒋廷黻入教动机和人格进一步明晰化。

在近代，蒋廷黻是一位特殊人物。一方面，他作为学者，开创了中国近代史研究的主流框架，对后来史学的发展产生了深远影响；另一方面，他又是学者在仕途较有成就的一位。但纵观蒋氏一生，其最让人不解之处还在于他与宗教的关系。因为无论从他的少年成长环境，所受启蒙教育还是他自己对教会学堂及宗教的看法上，他都不可能成为教徒。然而就是这样一位看来最不可能入教的人，却在1911年秋季接受洗礼，加入基督教。那么，是什么力量改变了蒋氏对于基督教的态度？

一 启蒙教育与宗教观

（一）社会教育

每个人都处于特定的社会文化中，文化对于人格是有很大影响的。"文化对每个人塑造的力量很大。平时我们不太可能看出这种塑造过程的全部力量，因为它发生在每个人身上，逐渐缓慢地发生，它带给人满足，同样也带给人痛苦，人除了顺着它走以外，别无选择。因此这个塑造过程便很自然，毫无理由地被人接受。"[1]蒋氏所处的社会文化自然也会对他的人格养成产生很大影响。

蒋氏1895年出生于湖南邵阳。受湖南地理位置，太平天国运动和数次教案的影响，邵阳对外来宗教并不欢迎。"在十九世纪后半叶，当其（基督教传教士）将触角延伸到近代传统文化重镇湖南地域时，所遭到的反弹是异常强烈的，因此湖南被传教士描述成所谓的'铁门之城'。"[2]《邵阳县乡土志》中也记载："邵阳民风浑噩，妇孺群知孔教宜宗。"另外基督教在传播之初，只求数量，吸纳了很多投机分子，导致百姓对其印象不佳。成长于这样的社会环境中，蒋氏难以获得加入基督教的社会性引导。另外蒋氏很早就有很强的民族主义倾向。在1900

---

[1] [美] L.A. 普汶：《人格心理学》，郑慧玲译，杨国枢校阅，桂冠图书股份有限公司1995年版，第17页。
[2] 向长水：《"铁门之城"是如何锻造的——晚清基督教在湘传播缓慢的原因分析》，《湖南农业大学学报》2006年第5期。

年，"我记得很清楚，当时我的长辈和我都把那个姓贺的（因参与义和团运动而被官兵枭首）当作大英雄"。"在以后的若干年月中，我一直想着与那件事有关的许多事情，无疑的那是因为我同情那位姓贺的英雄和他的部下的缘故。"[1]成长于对基督教印象不佳的社会环境中，同时很早就产生了民族主义倾向，由这样的组合形成的社会教育难以使蒋氏产生对于基督教的好感。

（二）家庭教育

中国传统社会中，长幼有序，家庭成员的地位不平等。一般而言幼辈要对长辈言听计从。在这样绝对不平等的家庭地位下，长辈很容易将自己的价值观传输给幼辈，因此幼辈也就很容易被"拿捏成文化所定的塑形"[2]。蒋氏言及给他印象最深的长辈是其祖母。在蒋氏母亲[3]去世后祖母照顾蒋氏衣食将近两年，祖母是一位传统的中国妇女，同时她也是一位虔诚的佛教徒。蒋氏父亲和伯父"都崇奉儒家思想"[4]积极入世，并且一心想要蒋氏考取功名以光耀门楣。蒋氏继母是一个虔诚的迷信者，"她说姓贺的英灵未泯仍然活在那一代人们的心中。群医束手的病人，久婚不育的妇女，只要许愿为他修庙，无不有求必应"。"我于一九二三年间就知道继母很迷信。"[5]一方面，蒋氏家人中没有任何人有基督教背景，另一方面，无论是祖母笃信的佛教，父亲和伯父崇奉的儒家思想，还是继母的迷信思想都给基督教在近代中国传教过程中制造了很大的阻碍。而蒋氏在这种家庭环境中耳濡目染多年，定会受到家人的影响，所以其少年时几乎没有对于基督教的热忱也就不难理解。

---

[1] 蒋廷黻：《蒋廷黻回忆录》，东方出版社2011年版，第14页。
[2] 何友晖、彭泗清、赵志裕：《世道人心——对中国人心理的探索》，香港三联书店有限公司2006年版，第41页。
[3] 蒋氏生母于蒋氏六岁时去世，对于蒋的家庭教育影响较小。
[4] 蒋廷黻：《蒋廷黻回忆录》，东方出版社2011年版，第4页。
[5] 同上书，第14页。

（三）学校教育

蒋氏从小接受了传统的私塾教育。"赵家私塾两年加上邓家私塾两年，我已能背诵'五经'中的四种，只有《易经》还不会读。另外还要背一些其他诗文。我读过宋人司马光的《资治通鉴》。进而我要自己作文甚至作诗。"[①] 蒋氏学习的这些都是典型的中国传统文化知识。后来他每次借回台湾述职之机，都要悄悄去接济他在湖南乡下时的启蒙老师[②]，可见这些启蒙老师对其影响之深。但这些深受儒家传统思想影响的启蒙老师和典型的中国传统文化知识是无法将他和基督教联系起来的。另外在传统中国社会中倡导"师道尊严"，学生对教师敬重且崇拜，这种情况下，教师的价值观也就很容易会影响到学生。而这些私塾中的先生却没有任何的基督教价值认同。

蒋氏接受了包括社会教育，家庭教育和学校教育的一整套传统教育，蒋氏少年时的宗教观的形成只能从这些传统教育中汲取营养，然而这些传统教育却无法将他和基督教构建起积极的联系。

二　教会学堂与宗教观

1905年科举废除后，蒋氏进入教会学堂接受西学教育。"二伯[③]送我们进教会学校的想法很简单，主要是要我们学英语、数学和一些其他课程。他认为这些课程可以在未来的新中国谋生[④]……他嘱咐我们努力读书，但对教士所讲的上帝和耶

[①] 蒋廷黻：《蒋廷黻回忆录》，东方出版社2011年版，第24页。
[②] 《蒋廷黻传记资料》二，见张玉龙：《蒋廷黻社会政治思想研究》，中国社会科学出版社2008年版，第26页。
[③] 在中国传统家庭中，长幼有序，父亲去世后，一般由长子主事。但蒋氏的大伯因为吸食鸦片，所以导致其在家族地位下降，故而家里的大小事情都由二伯主事。在中国古代，子侄教育是家族的事情，它影响到家族的繁荣与发展，所以蒋氏兄弟的教育都由蒋氏二伯主管。因为二伯对自己的喜爱和二伯的权威，蒋廷黻很听二伯的话。
[④] 清政府废除科举，兴办新式学堂。儒家知识再不是入仕的敲门砖，而西方知识却逐渐成为救国的必备品。所以只有学习西方知识才是旧文人的出路。——引者注。

稣要留心。他对于教会并未表示强烈反对,但他却使我们感到传教在中国是没有必要的,因为教义实在比不上中国文化。"[1] 蒋氏二伯对其期望以及蒋氏自身对宗教的认知,导致蒋氏在进入教会学堂前是严厉拒绝接受基督教宣传的。

  蒋氏求学于教会学堂时期一心向学,对于宗教事务很不热心。他认为林格尔先生的《圣经》课"给我带来最大灾难"。对待《圣经》课,他选择"我从不发问,也从不请老师讲解"。他还述及"星期天上主日学和进教堂比上《圣经》课还令我讨厌。在教堂坐在硬板凳上身体和精神均感痛苦。我能在益智的五年漫长岁月中在教堂里保持安静,实在是家庭教育和乡村教育训练我尊敬老师和长辈的结果"。[2] 蒋氏从十岁入益智学堂,直到十五岁其对宗教仪式仍感反感,其在教会学堂期间的宗教观可见一斑。

三 最终入教

  蒋氏在多年后回忆论及"林格尔夫妇[3]对于传教实在是不遗余力的",多年后蒋氏仍有此印象足见对此印象之深。林格尔夫妇曾多次采用各种方式鼓励蒋氏受洗,蒋氏参加湘潭长老会聚会有五年之久,其间多次被鼓励加入基督教。距离蒋氏加入基督教的最后一次被鼓励加入基督教是在1911年夏季。"虽然我在夏季到来前早已痊愈,她(林格尔夫人)仍要给二伯写信,告诉他我应该陪她到长江中游的牯岭去避暑,借以修养,实则牯岭是教士们在长江沿岸的避暑胜地,那里有很多教会活动。到了牯岭后,林格尔夫人安排我和丁牧师(丁丽美,极负盛名的牧师——引者注)单独会晤。"另外还有多名牧师在传教,我特别记得布克曼和罗勃森两位先生。他们联合证道。当时我感到很大压力。"但蒋氏始终都拒绝受洗,最终以"是年夏季,我令林格尔夫人很失望"收场。

  但就在该年秋季,蒋氏最终成为一名基督徒。"我想一个对人类深具影响力,又能使很多教士热心公益的宗教必然是一种好宗教。经过这一番推理,我最

---

[1] 蒋廷黻:《蒋廷黻回忆录》,东方出版社2011年版,第38页。
[2] 同上书,第40页。
[3] 美国传教士,蒋氏在益智学堂时的老师。

后终于答应林格尔夫人受洗,这就是我做基督徒的经过。"①

蒋氏自己述及入教动机是"凯卜勒博士、杜克尔博士、温德堡博士,特别是林格尔夫妇,他们的热心以及对社会福利事业的关怀,使我深受感动。然而,此时距离蒋氏上一次拒绝林格尔夫妇受洗仅仅一月左右,教士们五年来热心公益事业的状况没能打动蒋氏,仅仅一月有余蒋氏为何却会如此深深打动?而且,从前文论述来看,由于传统教育的引导,蒋氏对于基督教早已产生了相对负面的刻板印象②。虽然刻板印象会随着环境而产生变化③,但蒋氏晚年在回忆录中论及"人民的信仰,是传统中最内层的部分。的确,宗教信仰是传统的。没有传统,特别是反传统,就得不到精神安慰……传教可以视为十足的精神侵略"。④足见,蒋氏对于传教的厌恶,也从侧面反映出蒋氏始终没有改变对于基督教的刻板印象。

显然蒋氏的入教理由难以令人信服,究竟蒋氏入教的原因何在?

四 入教动机分析

可以认为蒋氏对于留学的认同、林格尔夫人的影响和长期求学经历对于其入教产生了重大影响这三个方面,对其最终入教有重要影响。

(一)家族、社会期望下,产生依从心理,留学认同加强

家族期望下的奇迹,视读书为正途。蒋氏二伯,一心想要考取功名,但屡次考试落第,最后才打消求学念头,改而经商。因此他决心寄望于下一代,希望他

---

① 蒋廷黻:《蒋廷黻回忆录》,东方出版社,2011年版,第47页。
② 刻板印象属于一种社会认知偏差,是由人们对于某些社会群组的知识、观念和期望所构成的认知结构。作为一种特定的社会认知图式,刻板印象是有关某一群体成员的特征及其原因的比较固定的观念或想法。刻板印象的具体内容即目标群体的主要特征随着评价者、评价对象、评价时间和情景的不同而变化。
③ 群体间的沟通,尤其是群体间的间接沟通,对减轻甚至抑制人们对外群体成员的刻板印象有一定的效果,通过不断的群际沟通则可能修正刻板印象和偏见。
④ 蒋廷黻:《蒋廷黻回忆录》,东方出版社2011年版,第67页。

历史名人的*心理*传记

的子侄能够努力读书求取功名。但他（蒋二伯）的独生子没有念书兴趣，而蒋氏兄弟在幼时却显露出读书的慧根，在宗族观念的影响下[1]，蒋二伯很看重蒋氏和其兄长。又因蒋二伯在家主事，所以蒋氏由于读书得到了整个家族的认可。"我家老少都说我将来会有出息。"后来蒋氏在回忆录中谈到"由于长辈们都把我看成是一块读书的材料，所以我的行为就必须比别人好"，可见蒋氏感受到了家人寄予的很高的期望，并且努力做出符合家人期望的行为，随着时间的推移，家人对他的"预言"就会实现。蒋氏家人都期望他能在读书上有所成就，在这种期望的影响下，也就不难理解蒋氏会认为读书是正途。

事实上，在个体幼年的时候，并没有特别确切的价值取向，一切价值观都是后天习得的。蒋廷黻最终视读书为正途，并在这方面展露自己的才能，与家人对他的"期望"有密切的关系。因为在家人的期望中，他的内心产生了神奇的效应，即"罗森塔尔效应"。1966年，美国心理学家罗森塔尔和他的助手来到一所乡村小学，对18个班进行了一次煞有介事的"智力测验"。测完之后，他并没有公布结果，而是从名单中随机抽出20%的学生的名单交给老师，并告诉他们说，这些学生将来比其他学生更有出息，并嘱咐他们不要将这些信息告诉学生。8个月后，当罗森塔尔再次来到这所小学的时候，对18个班的同学进行了重新的测验，结果发现，名单上的学生的成绩有了显著的进步，性格也更开朗，好奇心和求知欲都很强。这份名单的确定本来就是随机的，名单上面的有些学生原本还是表现比较差的学生，为什么上了名单之后，他们的表现和成绩会发生这么大的变化呢？关键是老师们的作用。老师们相信了心理学家们的话——因为心理学家对他们而言是权威——因此，他们就真的认为那些上了名单的孩子更有前途，于是对他们寄予了更高的期望，投入了更大的热情，给予了更多的肯定和鼓励，而这些都会被孩子们感受到，于是，奇迹就发生了。后来，心理学家们将这种因为别人的期望而促使人们改变发展方向的心理效应称为"罗森塔尔效应"，又称为"皮格马利翁效应"。在蒋廷黻的成长过程中，二伯作为家里的主事人，自然扮演着权威的角色。他通过自己对蒋廷黻的印象，认为他有读书的慧根，这个观念很容

---

[1] 中国历来是宗族士绅社会，血缘在社会关系中占有很大地位，很看重宗族的发展，光宗耀祖历来是人们的追求。

易被家族的其他人接受。而其他人又会在和蒋廷黻的交往中，无意识地将这种态度表现在言行举止上，比如对他读书的肯定、鼓励和认可，这些当然会被蒋廷黻感受到，于是，他因为受到权威和长辈的认可，将会努力去迎合长辈们的这种期望。随着时间的推移，长辈们的预言实现了——他的确是块读书的料。

社会期望下的认同，留学得到认可。蒋氏十二岁左右曾经遇到过一位骑白马的留学亲戚，使蒋氏感受到了当时的社会期望。"当我在乡村度假时，我看到有一个身穿制服、戴一顶新式草帽的人，骑着一匹白马到我家来。他的外表令乡人侧目，羡慕不止，他……刚从日本人留学回来。……当时（这个当时具体是什么时候，蒋氏未明言，但应该在其十二岁到十六岁之间。——引者注）我就发誓：如果在'东洋'念书就能受到如此的尊敬，将来我一定要到'西洋'念书。"[①] 骑白马亲戚的"威风"，使得蒋氏感受到了当时社会对于西学和西方人才的期望，于是，对这个亲戚的认同由此产生，使蒋氏对于留学产生好感。埃里克森认为，个体在青年阶段会面临着同一性形成的阶段。同一性就是个体对过去、现在、将来"自己是谁"及"自己将会怎样"的主观感觉和认识，因此，同一性的形成是每个个体个性成熟的必经阶段。个体在自我同一性的形成过程中，周围的榜样作用非常重要。许多青少年都会以历史名人或者家族、邻近的成就人物作为自己的榜样，从而建立起自己的自我同一性，比如诸葛亮青年的时候就自比管仲、乐毅。很显然，对蒋廷黻而言，就是青年时期的偶然机会，遇到东洋留学的亲戚，而这个亲戚又受到大家的广泛尊重，他心向往之，暗暗地将出国留学当作自己的人生目标，内心认同了这个榜样的行为。按照时间推算，蒋氏当时的确也处于树立自我同一性的关键时期，无疑这位骑白马的亲戚，为其树立了一个读书人的榜样，更为他找到了将来的目标和方向——留学。

另外，蒋氏生存的年代，民族危机深重，爱国和救国是当时社会对于每一个人的期望，爱国主义教育遍布在教学的各个领域，蒋氏自然也接受了这种教育。启蒙时期，蒋氏入读的明德小学有革命背景。"后来，我获悉这所学校和国父孙逸仙先生所领导的革命有关系……有人背地告诉我，那不是一所真正学校，是革

---

① 蒋廷黻：《蒋廷黻回忆录》，东方出版社2011年版，第44页。

命分子的秘密机构。"明德因其革命背景,经常会有爱国主义教育活动,宣传革命思想。"晚间下课后,我们排队到礼堂听代校长训话。训话的内容都是要我们爱国。"蒋氏置身明德虽然不足一年,但明德却留给他很深的印象。"长沙和明德使我进入一个新世界。革命令人感到困惑、浪漫、兴奋。我没有听人谈论过国父的具体革命计划,我只对未来的理想世界有个基本的想法。只有一件事我是肯定的:所有中国青年都应该努力用功,以备将来为国牺牲。"[①] 此虽为蒋氏多年后的回忆之语,如此深刻的记忆,使我们不难得出明德时期的爱国主义教育对蒋氏产生了很大的影响,甚至一定意义上,使蒋氏拥有了学生使命感和民族担当感。换言之,蒋氏深刻感受到了这种社会期望,并努力践行。而那一时期留学救国就是爱国主义的实际行动。这样,在社会期望下产生的依从就导致了蒋氏对于留学的强烈向往。

蒋氏由于读书的成就,得到家族的厚重期望,依从家族期望的过程中,使其坚定走读书一途。偶然留学榜样的出现,使蒋氏意识到当时社会对于西学和西方人才的期望,为蒋氏找到学习的方向和目标;在社会形势激变的情况下,留学救国成为社会期望,适时为蒋氏找到学习的目的和动力。最终蒋氏找到留学这一工具,并且渴望通过这一工具满足自己在社会期望的切身感知下,建立起了自我同一性。在家庭、社会期望下,蒋氏一味最终走向了为学、留学之路。而这种留学的道路的选择,为后面依从林格尔夫人奠定了思想的基础。

(二)移情与自卑

按照心理学的观点,母亲对于个体幼年的成长具有重要的意义,她能够为孩子提供最初的情感依恋,满足他们爱的需要。对于那些幼年因为各种原因缺乏母爱的孩子来讲,他们母爱的缺失就会成为心理发展过程中的"未完成事件",这种需要就被压抑在潜意识中,并在时机成熟的时候,将这种需要转移到其他人的身上,比如照顾自己的姐姐或其他年长的女性身上。蒋廷黻幼年丧母,林格尔

---

① 蒋廷黻:《蒋廷黻回忆录》,东方出版社2011年版,第32—33页。

夫人对他照料有加。很显然，年长女性的悉心照料就会引起蒋氏将母亲的形象投射到林格尔夫人身上，他们之间的互动就可能成为幼年母子互动缺失的补偿。正如费正清[①]先生的印象。"他（蒋廷黻）的老师珍·林格尔女士，几乎像他的养母一样。"[②] 早已产生的移情，当由于社会形势的变动，林格尔夫人由于对时局的误判，打算回国时，就出现了一个令蒋氏难以解决的难题——无法再见到林格尔夫人。在这里，林格尔夫人的离开不再是一位老师的远去，而再次上演母爱的缺失，这是蒋廷黻所难以接受的。蒋氏这样表述这个难题："我当时回忆麦尔斯《通史》中所述的法国和美国革命。我想：难道说要我苦等七年或者甚至二十五年，静待革命过去再读书吗？不，这样不行。"由于对这位替代"母亲"的依恋是一种潜意识的依恋，因此，在意识层面解决这个问题比如需要一个更加冠冕堂皇的理由，那就是早年的另一个重要人生主题——留学的机会不容失去。事实上，在这个时候，母爱的再次缺失和留学机会的失去是合二为一的。总之，一旦这种难题出现，就会产生阿德勒意义上的自卑情结——当个体对面临的问题没有做好恰当的准备或者应对，且他认为自己无法解决时，自卑情结就出现了[③]。也就会生发紧张，紧张情绪的产生就会转移当事人的注意力，使当事人更多去注意摆脱紧张，而原来的问题反而会被减弱。也就是说，林格尔夫人要走的讯息使蒋氏在一定程度上减弱了对于基督教负面形象的在意程度。当然其入教阻力也就会相应减少。

（三）勇气与依从

蒋氏长期在外求学，拥有较强独立生活能力，心理上在应对独立生活方面有较强的罗洛·梅意义上的勇气[④]，即将自我与可能性联系起来的方式和渠道。蒋

[①] 美国著名汉学家，与蒋廷黻先生有过较深的交往。
[②] ［美］费正清：《中国回忆录》，中信出版社2013年版，第87页。
[③] ［奥地利］阿尔弗雷德·阿德勒：《自卑与超越》，吴杰，郭本禹译，中国人民大学出版社2013年版，第33页。
[④] ［美］罗洛·梅，科克·J.施耐德：《存在心理学——一种整合的临床观》，杨韶刚、陈世英、刘春琼译，中国人民大学出版社2010年版。

历史名人的心理传记

氏深信自己独立生活的可能性很大,故而也就少了远渡重洋、举目无亲的顾虑。同时由于长期的被人认可,这种勇气原本就很强,使其敢于做出一些不合常规的举动。

人是社会性的动物,因此,个人的任何抉择都会或多或少受到所在群体或相应的人际关系的影响,依从就是人际关系对个体行为抉择产生影响的重要方式之一。社会心理学认为,依从指人因为他人的期望压力而接受他人请求,行为符合别人期望的现象[1]。在依从现象发生的过程中,个体并不存在对权威者的绝对服从,他们是通过影响者对个体施加直接的(比如要求募捐)或隐含的影响(比如通过广告宣传)而发生的。很显然,蒋廷黻的入教过程,既非对权威的服从,也非在群里压力下的从众,而是通过长期的多方面的影响下,逐渐地对林格尔夫人的依从。社会心理学表明,潜在损失危机和互惠都是影响个体对他人的期望发生依从的重要因素。很显然,当林格尔夫人即将回国的时候,对蒋廷黻而言,存在两个方面的潜在损失:母爱的失去和留学机会的丧失。另外,和林格尔夫人在一起,他得到了别人的关怀,从互惠的角度讲,他也应该通过某种方式"回报"别人。因此,尽管他并没有对基督教有太深的认同,但最终依然入教。

蒋氏在家庭、社会的期望下,产生了依从现象,产生了对于留学的强烈向往。同时由于移情于林格尔夫人,林格尔夫人的离开引发了蒋氏的紧张情绪,一定程度上淡化了蒋氏对于基督教负面认知的在意程度。又由长期独立生活和被人认可中长大带来的勇气促发,使蒋氏最终在该年秋季,在入教与放弃留学和林格尔夫人间,做出了一种两害相权取其轻的决断——成为一名基督徒。

在蒋接受洗礼并且陪同林格尔夫人行至上海后,林格尔夫人突然要返回湘潭,放弃回美,并且要求蒋氏和其一起回湘潭。蒋氏经过了重重努力,包括向家人借钱以及放弃信仰,将最终得到的留学机会与对于林格尔夫人的移情发生了冲突。但蒋氏最终以拒绝林格尔夫人的方式来应对这种冲突,这样的选择也可看出蒋氏对于留学的渴望与认同程度,其功利化的入教动机也就不言自明。蒋氏就这样带着一个基督信徒的身份,毅然出海留学去了。

---

[1] 金盛华:《社会心理学》,高等教育出版社2010年版,第351页。

五 赴美期间于教会学校求学时的宗教观

蒋氏依靠林格尔夫人的保荐进入密苏里派克维尔派克学堂。派克学堂是一所半工半读的长老教会学校,主要以培养从事传教或与教会相关工作的神职人员为职志。对家境贫寒的学生而言,该校推行的工读制度颇具吸引力①。派克学堂期间,蒋氏每天都必须做祈祷,但他把参与这项活动的原因解释为"因为别人都不抱怨,我也只好跟着祈祷"。②可见蒋氏参与祈祷活动的不情愿。

三年后蒋氏转入俄亥俄欧柏林学院。"欧柏林学堂的理想是自由教育。说明白一点,就是要使其学生成为一个品行好、学问棒的基督徒。"③在欧柏林学院期间,蒋氏对于该学院的教会活动的看法是:"我对整个教会活动都感到怀疑。第一,我认为中国不会变成一个基督教国家。第二,我认为中国道德精神价值高于西方。"④可以看出蒋氏认为这些教会活动无益于自己的救中国计划,对于教义也不甚认同。蒋氏忆及在欧柏林大学的学生生活时谈道:"我对纽曼作品虽不尽理解,但我想纽曼神异的动机,的确是找到了最后的精神安慰,我可能不太重视最后的安慰,因为我不喜欢隔绝的、一元化的世界。"⑤明确显露了其对于宗教生活的态度。

蒋氏在留学海外后对于宗教的态度表明,他并未虔心入教。

著名政治家陈之迈先生在其著作《蒋廷黻的生平和志事》曾言及:"他(蒋廷黻)从十一岁进益智学堂起到二十三岁大学毕业所进的都是基督教会学校,但他是否信仰基督教则不得而知,我和他谈话不知何故,从未涉及他的宗教信仰,也不会听说他到教堂做过礼拜。"⑥

---

① 董显光:《董显光自传:一个中国农夫的自述》,见张玉龙:《蒋廷黻社会政治思想研究》,中国社会科学出版社2008年版,第32页。
② 蒋廷黻:《蒋廷黻回忆录》,东方出版社2011年版,第57页。
③ 同上书,第63页。
④ 同上书,第66页。
⑤ 蒋廷黻:《蒋廷黻回忆录》,东方出版社2011年版,第66页。
⑥ 陈之迈:《蒋廷黻的志事与生平》,传记文学出版社1967年版,第16页。

六　结语

蒋氏在1911年因为以上种种原因降低了对于基督教的厌恶态度,接受了林格尔夫人的洗礼。但当蒋氏到达美国,以上的这些降低蒋氏对基督教厌恶程度的因素都不存在了,故而蒋氏也就再一次恢复了对基督教的刻板印象。也就出现了陈之迈先生所看到状况,蒋氏最终成了一个在基督教编制内的编外人士。放弃信仰可能是蒋廷黻先生一生的痛,或许这也是他一生都不愿与人谈论有关基督教的话题的原因。

参考文献

安意如：《当时只道是寻常》，人民文学出版社2006年版。

车文博：《弗洛伊德文集》，长春出版社1998年版。

陈新华：《林徽因》，河北教育出版社2003年版。

陈之迈：《蒋廷黻的志事与生平》，传记文学出版社1967年版。

程步：《真秦始皇·仁定四海》，昆仑出版社2009年版。

顾长声：《传教士与近代中国》，上海人民出版社2012年版。

郭本禹等：《潜意识的意义——精神分析心理学》，山东教育出版社2009年版。

何友晖、彭泗清、赵志裕：《世道人心——对中国人心理的探索》，三联书店（香港）有限公司2006年版。

纪连海：《历史上的多尔衮》，中国民主法制出版社2006年版。

蒋廷黻：《蒋廷黻回忆录》，东方出版社2011年版。

金性尧：《清代宫廷政变录》，上海远东出版社2012年版。

金盛华：《社会心理学》，高等教育出版社2010年版。

李开元：《秦始皇的秘密：李开元教授历史推理讲座》，中华书局2009年版。

林徽因：《林徽因文存》，四川文艺出版社2005年版。

林徽因：《花开一季，暖到落泪——最美人间四月天》，福建人民出版社2012年版。

林语堂：《武则天传》，长江文艺出版社2009年版。

林崇德：《发展心理学》，人民教育出版社2014年版。

林剑鸣：《秦史稿》，中国人民大学出版社2009年版。

刘义光：《秦朝——被曲解的历史》，江苏人民出版社2012年版。

朴月：《西风独自凉》，天津教育出版社2007年版。

苏樱、毛晓雯、夏如意：《纳兰容若词传》，江苏文艺出版社2009年版。

申圣云：《人生若只如初见——纳兰容若词传》，中央文献出版社2011年版。

沈德灿：《精神分析心理学》，浙江教育出版社2005年版。

史明星：《多尔衮》，军事科学出版社1991年版。

师永刚等：《三毛：1943—1991》，作家出版社2011年版。

滕绍箴：《多尔衮之谜》，中国社会科学出版社2008年版。

滕绍箴：《努尔哈赤评传》，辽宁人民出版社1985年版。

王忠和：《清末四公子》，东方出版社2008年版。

王洪军：《武则天评传》，山东大学出版社2010年版。

萧然：《大秦帝国》，上海科学技术文献出版社2009年版。

熊哲宏：《心理学大师的爱情与爱情心理学》，中国社会科学出版社2007年版。

徐志摩、林徽因：《你我相逢在黑夜的海上——徐志摩林徽因诗选精选集》，新世界出版社2011年版。

余沐：《正说清朝十二臣》，中华书局2005年版。

张分田：《秦始皇传》，人民出版社2009年版。

张玉龙：《蒋廷黻社会政治思想研究》，中国社会科学出版社2008年版。

张景然：《哭泣的百合：三毛死于谋杀？》，中国盲文出版社2001年版。

朱子彦：《垂帘听政——君临天下的"女皇"》，上海古籍出版社2007年版。

朱寿心：《文艺心理发生论——人文视野中的心理学研究》，吉林人民出版社2009年版。

周远廉、赵世瑜：《皇父摄政王多尔衮》，吉林文史出版社1993年版。

（汉）班固：《汉书》，中华书局2007年版。

（宋）欧阳修，宋祁：《新唐书》，中华书局1975年版。

（唐）李白：《李白全集》，上海古籍出版社1996年版。

（清）纳兰性德：《一生最爱纳兰词大全集》，中国华侨出版社2010年版。

（汉）司马迁：《史记》，中华书局2009年版。

（汉）司马迁：《全注全译史记》，刘起釪、林小安等译，天津古籍出版社1995年版。

（清）赵尔巽：《清史稿》，中华书局1976年版。

[奥]阿尔弗雷德·阿德勒：《自卑与超越》，吴杰、郭本禹译，中国人民大学出版社2013年版。

[美]阿兰·艾萨克：《政治学的视野与方法》，张继武、段小光译，南京大学出版社1988年版。

[美]戴维·迈尔斯：《社会心理学》，侯玉波等译，人民邮电出版社2006年版。

[奥]弗洛伊德：《弗洛伊德后期著作选》，林尘等译，上海译文出版社1986年版。

[奥]弗洛伊德：《精神分析引论新编》，高觉敷译，商务印书馆1987年版。

[美]费正清：《费正清中国回忆录》，中信出版社2013年版。

[美]费慰梅：《梁思成与林徽因——一对探索中国建筑的伴侣》，曲莹璞、关超译，中国文联出版社1997年版。

[美]兰格：《希特勒的心态:战时秘密报告》，程洪雁译，中央编译出版社2011年版。

[美]罗洛·梅等：《存在心理学——一种整合的临床观》，杨韶刚等译，中国人民大学出版社2010版。

[美]马斯洛：《动机与人格》，中国人民大学出版社2007年版。

[英]麦克·阿盖尔：《宗教心理学导论》，中国人民大学出版社2005年版。

[战国]孟轲：《孟子》，万丽华、蓝旭译注，中华书局2006年版。

[美]舒尔茨：《心理传记学手册》，郑剑虹等译，暨南大学出版社2011年版。

[美]朗彦：《生命史与心理传记学》，丁兴祥等译，远流出版事业股份有限公司2002年版。

[法]西蒙娜·德·波伏娃：《第二性》，郑克鲁译，上海译文出版社2011年版。

陈祥美、丁兴祥：《人际际遇与生命梦想的形成与发展：以梁启超的心理传记学研究为例》，《本土心理学研究》1998年第10期。

陈学勇、王一力：《林徽因徐志摩"恋情"考辨》，《上海大学学报》(社会科学版)2002年第5期。

丁兴祥、赖诚斌：《心理传记学的开展与应用：典范与方法》，《应用心理研究》2001年第12期。

傅安国：《人格与事业生涯的发展——以金庸的心理传记学研究为例》，《湛江师范学院学报》2006年第5期。

谷传华：《周恩来的柔性人格从何而来》，《西北师大学报》(社会科学版)2015年第4期。

谷传华、陈会昌：《周恩来中和性人格的心理学分析》，《武汉大学学报》(人文科学版)2009年第2期。

勾利军、汪润元：《武后之立与唐高宗的"恋母心理"》，《学术月刊》1995年第10期。

勾利军：《武则天的自卑心理与性格特征》，《史学月刊》1998年第1期。

靳帅、舒跃育：《爱情在左，婚姻在右——心理传记学视阈下林徽因早年的恋情、婚姻与人格形成》，《阴山学刊》2016年第6期。

李晓东、林崇德：《终生控制理论:关于人的整个生命历程的动机理论》，《心理学探新》2002年第2期。

卢文丽：《超现实的爱情对话——论林徽因的爱情诗创作》，《广播电视大学学报》(哲学社会科学版)2012年第2期。

舒跃育：《战争狂人的心路历程——一份改变"第二次世界大战"进程的秘密报告》，《阴山学刊》2014年第3期。

舒跃育：《心理传记:架设在普通人和伟人之间的桥梁》，《心理技术与应用》2014年第1期。

索斌：《试论林徽因的情诗心迹及其意象对象》，《延边大学学报》(哲学社会科学版)1999年第3期。

王正：《徐志摩、林徽因恋情新证》，《浙江社会科学》2007年第2期。

魏万磊：《康有为政治人格的形成与发展》，《中国青年社会科学》2016年第5期。

吴继霞、薛飞：《梅贻琦人格特征的历史心理学分析》，《学术交流》2008年第11期。

萧延中：《在明澈"冰山"之下的幽暗底层——写在《心理传记学译丛》即将出版的时候》，《中国图书评论》2010年第6期。

燕良轼、姚树桥、谢家树、凌宇：《论中国人的面子心理》，《湖南师范大学教育科学学报》2007年第6期。

闫恒：《论婚姻与爱情及其关系》，《中华女子学院山东分院学报》2001年第2期。

杨宜音：《"自己人"：信任建构过程的个案研究》，《社会学研究》1999年第2期。

周宁、刘将：《心理传记学:概念、方法及意义》，《教育学术月刊》2008年第4期。

郑剑虹：《梁漱溟人格的心理传记学研究》，西南师范大学硕士学位论文1997年版。

舒跃育：《历史人物之二重形象研究——以诸葛亮的心理传记分析为例》，西北师范大学硕士学位论文，2009年。

后　记

　　十年前，在我刚刚了解到心理传记学这个领域之后，就决定将这个领域作为硕士学位论文的选题方向，此后对这个领域的关注就从未中断过。

　　在攻读博士学位期间，由于受到理论心理学的训练，我对心理传记学的理解，不再仅仅停留在"猎奇"和对具体人物解释的水平上，并对心理传记学与心理学科的关系有了进一步的思考，并希望有一天，能组织一些对这个领域怀有极大兴趣的志同道合者，一起从事这方面的研究。

　　2012年6月，在获得博士学位之后，我有幸回到母校西北师范大学工作。就在我回到母校的前一个月，西北师大成立了心理学院。新学院，新气象，西北师大心理学科的发展一片生机。学院的新风貌与院长周爱保教授宽容、博大的胸怀融合在一起，为学院的年轻教师们提供了宽广的发展平台。2012年9月，就在新学院迎来第一批本科生的时候，作为新生班主任的我就组建了"心理传记学研究小组"，并招收了首批成员，定期召开研讨会。我希望，在兴趣的驱动下，假以时日，我们小组必能有所收获。在研究方向上，我对心理学传记学的关注点，已经从"人格特质"转移到"悬疑性问题"。也就在那个9月，《心理传记学》被列为心理学本科生和硕士生的专业选修课程。2013年初，我在全校开设本科生公选课程《历史名人的心理传记分析》，以便让更多的人了解这个领域。2013年6月，在学院领导和老师们的大力支持下，正式成立了"心理传记学研究所"（机构网站：http://psychobiography.nwnu.edu.cn/），同时在全校范围内选拔了少量对心理传记感兴趣并有一定基础的同学参与（第二批成员），继续我们定期的研讨和学习。经过前面一年多的准备，我们对一些历史人物的分析已经初步形成了自己的理解。于是，我们就准备将前期的研讨结果以著作的形式呈现出来，这就有了本书的雏形。希望以本书为契机，以后能陆续地将本研究所的成果展示给本领域的爱好者。

后　记

　　我既不希望本书仅仅是少数本领域的学者能看懂的学术著作，同时也不希望它沦落为纯粹为了迎合大众口味而没有底线的消遣读物。为此，我对本书的性质界定为"轻松活泼的学术作品"，同时具备学术作品和通俗读物的双重特色。这样，本书在研究对象的选取、参考资料的甄别和分析方式上首先符合心理传记学的学术要求。但在表述上，我们又力求通俗活泼，希望能让本书成为心理学与大众沟通的一座桥梁，让更多的人通过对历史人物的分析，进一步了解心理学，通过对心理学的关注增进对人性的认识和思考。

　　本书是集体创作的结果，具体分工是这样的：第一章：舒跃育；第二章：靳帅；第三章：温永良；第四章：喻雅琪；第五章：舒跃育、刘晓梦；第六章：王瑞玲、舒跃育、第七章：张丽霞；第八章：魏志清；第九章：许文蕾；第十章：乔佳伟。尽管分析和写作主要由各章撰稿人独立完成，但分析思路从提出到凝练到成熟，都离不开每次讨论会上大家的集体智慧。与此同时，本书又包含着我个人对人性、人类基本动机、人的安全感、控制感等问题的看法。本研究所的成员，都是在我的带领下进入心理传记学领域的。在我看来，心理学就是通过分析人类动机来实现对人性系统的解释。心理传记学作为心理学的一种努力方向，它试图通过对无法直接实验研究的对象的系统分析，扩展我们对人类基本动机的理解，进而加深对人性的认识。因此，在我们所做的所有历史人物的分析中，主要都是通过"悬疑性问题"来透视人性。研究所成员在对人物的具体分析过程中，一般先通过课程的学习和课后的补充阅读，初步了解心理传记学的工作模式。然后由他们自己选定人物，并确定一个初步的研究思路，比如选定悬疑性问题和初步的解释方案，经由研讨会讨论，最后由我在方向上把关。在撰写过程中，通过我和各位作者多次沟通，反复修改，最后由我统稿。但由于这是对历史人物系统分析的尝试性努力，再加上我们能力有限，错误、疏漏之处在所难免，请读者多多批评指正。同时，在写作过程中，我们也参考了国内外相关的研究成果，在此对这些成果的作者们表示感谢。

　　本书作为集体智慧的结晶，在此需要特别感谢的是参与本研究所讨论的前两批正式成员（其中，部分成员参与了本书部分章节的撰写）：

　　第一批成员：喻雅琪、张丽霞、张丽娜、王宴庆、马婧妮、王瑞玲、魏志清、许文蕾。第二批成员：刘晓梦、乔佳伟、靳帅、张坤、温永良。

历史名人的心理传记

遗憾的是，由于各种原因，部分成员的成果暂时没有被收录，但因为有这些成员对研究所活动的支持，心理传记学的研讨才能得到不断推进，本书的成型也蕴含着他们的付出与期待，我在此对参与但作品未能收录的成员表示非常的感谢。曾几何时，研究所的成员们将满腔的热情倾注在这个领域，给我以莫大的鼓舞。我想，无论如何，当他们见到这本书的时候，往日的情形历历在目，本研究所的学习经历必然是他们大学生活中浓墨重彩的一笔。在此，特别需要感谢的是秘书组王宴庆、张丽娜、张丽霞和魏志清为研究所的日常工作所付出的努力，还有2014届硕士生何海涛同学为本所网站所付出的辛勤工作。

此外，由于本书部分同学的研究获得了西北师范大学2015年"本科生创新能力提升计划"的资助，从项目的申报、中期检查、结题答辩等环节中，同学们在学术训练方面获得了很大的提高。相关的项目有：马婧妮主持的"女政治家的人生经历、人格特质对人生决策的影响—以吕雉的心理传记分析为例"、政治家心理传记研究小组主持的"影响政治家决策的心理因素比较分析—武则天、秦始皇的心理传记分析"和文学家心理传记研究小组主持的"感性与理性的抉择—基于文学家的心理传记分析"。同时，心理传记学研究团队还被西北师范大学创新创业学院列为2016年资助计划的"创新团队"，在此，感谢西北师范大学创新创业学院对心理传记学研究所成员的资助和支持，特别感谢校团委副书记慕小军老师一直以来对本团队支持和帮助。

感谢心理学院院长周爱保教授、我的硕士导师杨玲教授、学院原党委书记程跟锁博士、副院长丁小斌教授和学院办公室一直以来对心理传记学研究所的工作所提供的各种方便，没有他们的关心和支持，心理传记学研究工作的推进难以如此顺利，我的设想就只能停留在思想层面。同时，学院的诸位老师和同事对心理传记学研究所工作的支持和鼓励也是促成本书完成的重要动力。

最后需要感谢的是中国社会科学出版社对本选题的支持，还有本书的策划编辑周游女士和责任编辑黄山女士，没有她们的努力，本书也难以如此顺利面世。

舒跃育

2016年11月8日 于西北师范大学

名人推荐

如何用中文讲心理学？那就首先用心理学的知识成功地分析中国人。要实现心理学的中国化，深入分析那些影响历史进程的中国非凡人物是不可或缺的一步。

——第十一届全国政协委员、中国心理学会前理事长、中国社会心理学会前理事长、教育部高等学校心理学教学指导委员会委员、天津市社会心理学会理事长、南开大学心理学教授　乐国安

本书以让人兴趣昂然的文笔，揭示了我们熟知的历史人物不为人知的一面，是一本从心理学角度分析历史人物进而深度剖析人性的佳作。

——国务院心理学科评议组成员、教育部心理学教学指导委员会副主任、中国心理学会常务理事、重庆市心理学会理事长、西南大学心理学部部长、教授　陈红

人心，潜藏着世间的万千气象。历史名人，内心的波澜转化成了的历史的印迹。重新从历史名人的内心透视他们所经历的壮阔画卷，追寻出关键历史事件背后的惊世骇俗的行为历程和行动者的内心体验，是心理传记专家的独门技艺，也是我们管窥历史的一个色彩斑斓的透镜。舒跃育博士的《心理传记：心理学视野中的历史名人》一书正是国内少有的心理传记佳作，读来饶有兴味，掩卷感慨万千。为此，特向读者推荐这本书，并期待着本书续集更加精彩纷呈，早日问世。

——中国心理学会副理事长、中国社会心理学会前副理事长、北京师范大学心理学教授　金盛华

历史名人的*心理传记*

以"悬疑性问题"为研究起点的心理传记分析，确实为拓展人格心理学的研究领域提供了契机，作为出自心理学界的第一本本土心理传记学著作，本书拓展了人文取向心理学的范围。

——国务院学位委员会心理学科评议组成员、中国心理学会理事、上海市科学技术协会委员、《心理科学》杂志主编、华东师范大学心理学教授　梁宁建

如果不照镜子，我们可能永远不会知道自己的面貌。如果从来没有系统专业地分析过别人，我们又怎么认识自己的心灵？本书为我们认识自己提供了一面镜子。

——中国心理学会理事、中国社会心理学会理事、全国维果茨基研究会理事、南京师范大学心理学教授　郭本禹

性格决定命运，但什么决定性格呢？通过对非凡人物早年成长经历的心理学分析会告诉你答案。

——中国心理学会理事、教育部高等学校心理学教学指导委员会委员、国家级心理学实验教学示范中心主任、南京师范大学教授　郭永玉

心理学的著作可以是严谨的、深刻的、客观的、科学的，但同时，心理学的著作也可以是生动的、活泼的、富有想象力的、艺术化的。在基于严谨研究的基础上，本书让我们领略到心理学生动活泼的一面，贴近生活的一面。

——中国心理学会理事、山东省心理学会副理事长、山东师范大学心理学院院长、教授　高峰强